Fortgeschrittene Techniken im SAP®-Berechtigungswesen inklusive Fiori® und J2EE

Manfred Sprenger

Willkommen bei Espresso Tutorials!

Unser Ziel ist es, SAP-Wissen wie einen Espresso zu servieren: auf das Wesentliche verdichtete Informationen anstelle langatmiger Kompendien – für ein effektives Lernen an konkreten Fallbeispielen. Viele unserer Bücher enthalten zusätzlich Videos, mit denen Sie Schritt für Schritt die vermittelten Inhalte nachvollziehen können. Besuchen Sie unseren YouTube-Kanal mit einer umfangreichen Auswahl frei zugänglicher Videos: *https://www.youtube.com/user/EspressoTutorials*.

Kennen Sie schon unser Forum? Hier erhalten Sie stets aktuelle Informationen zu Entwicklungen der SAP-Software, Hilfe zu Ihren Fragen und die Gelegenheit, mit anderen Anwendern zu diskutieren:

http://www.fico-forum.de.

Eine Auswahl weiterer Bücher von Espresso Tutorials:

- Marcel Schmiechen:
  Berechtigungen in SAP® ERP HCM – Einrichtung und Konfiguration *http://5160.espresso-tutorials.de*
- Marcel Schmiechen:
  Berechtigungen in SAP® ERP HCM – Erweiterung und Optimierungen *http://5161.espresso-tutorials.de*
- Martin Metz & Sebastian Mayer:
  Schnelleinstieg in SAP® – GRC Access Control
  http://5164.espresso-tutorials.de
- Julian Harfmann, Sabrina Heim, Andreas Dietrich:
  Compliant Identity Management mit SAP® IdM und GRC AC
  http://5222.espresso-tutorials.de
- Bianca Folkerts:
  Praxishandbuch für die Risikoanalyse mit SAP® GRC Access Control *http://5292.espresso-tutorials.de*
- Denis Reis:
  SAP BI Berechtigungen sind einfach: Das Wesentliche auf den Punkt gebracht
- Andreas Prieß, Manfred Sprenger:
  Schnelleinstieg SAP®-Berechtigungen für Anwender und Einsteiger – 2., erweiterte Auflage *https://es-tu.de/9abQwV*

Bibliografische Information der Deutschen Nationalbibliothek
Die Deutsche Nationalbibliothek verzeichnet diese Publikation in der Deutschen Nationalbibliografie; detaillierte bibliografische Daten sind im Internet über https://portal.dnb.de abrufbar.

Manfred Sprenger
Fortgeschrittene Techniken im SAP®-Berechtigungswesen inklusive Fiori® und J2EE

ISBN: 978-3-960121-87-9

Lektorat: Bernhard Edlmann

Korrektorat: Die Korrekturstube

Coverdesign: Philip Esch

Coverfoto: iStockphoto.com | Edwin Tan No. 1323650268

Satz & Layout: Johann-Christian Hanke

1. Auflage 2023

URL: *www.espresso-tutorials.de*

Feedback:
Wir freuen uns über Fragen und Anmerkungen jeglicher Art. Bitte senden Sie diese an: *info@espresso-tutorials.com*.

Inhaltsverzeichnis

Vorwort **9**

1 Neuerungen: Technische Durchführung einer Berechtigungsprüfung **13**
1.1 Berechtigungsprüfungen in Core Data Services 13
1.2 Berechtigungsprüfungen im ALV Grid 22

2 SAP Business User **25**
2.1 SAP-Benutzerstammsatz versus Business User 25
2.2 Mitarbeiter und Geschäftspartner zuordnen (ohne HR-Integration) 28
2.3 Mitarbeiter und Geschäftspartner zuordnen (mit HR-Integration) 34

3 Fiori-Rollen **39**
3.1 Grundbegriffe 39
3.2 Berechtigungsrelevante Informationen zu einer App bestimmen 44
3.3 Fiori-Frontend-Rolle definieren 60
3.4 Berechtigungen im Backend- und im Frontend-System 66

4 Spezielle Berechtigungen für das Launchpad **71**
4.1 SAP-Standardrollen für das Fiori Launchpad 71
4.2 Personalisierung deaktivieren 72
4.3 Berechtigungen für die Enterprise Search 74

5 Profilgenerator: Fiori-spezifische Installations- und Upgradearbeiten **81**
5.1 Aktualisierung von Fiori-Frontend-Rollen 81
5.2 Vorschlagswerte für Fiori-Apps 83

6 Definition eigener Berechtigungsobjekte **87**
6.1 Objektklasse anlegen 87
6.2 Berechtigungsobjekt anlegen 88
6.3 Fallbeispiel: Kostenstellenstammsatz 91

7 Berechtigungszuordnung über Organisationseinheiten 109
7.1 Beispiel für ein Organisationsmodell 109
7.2 Definition der Beispielrollen 110
7.3 Zuordnung einer Rolle zur Organisationseinheit 113
7.4 Zuordnung von Rollen zu Stellen und Planstellen 117
7.5 Anzeige der Zuordnungen in SU01 119
7.6 Änderung der Organisationsstruktur 120

8 Funktionstrennung (SOD) 123
8.1 Grundbegriffe 123
8.2 Transaktion für Definition und Auswertungen 126
8.3 Definition einer kritischen Berechtigung 127
8.4 Auswertung einer kritischen Berechtigung 130
8.5 SAP-Muster für kritische Berechtigungen 132
8.6 Kritische Kombination von Berechtigungen 133
8.7 Auswertung kritischer Kombinationen 136
8.8 Download und Upload von kritischen Berechtigungen 138

9 Zentrale Benutzerverwaltung 143
9.1 Beispielkonstellation 143
9.2 Einrichtung der ZBV – Teil 1 145
9.3 Einrichtung der ZBV – Teil 2 153
9.4 Benutzer im ZBV-Zentralsystem anlegen 165
9.5 Verteilungsprotokoll auswerten 169
9.6 Benutzerpflege im Tochtersystem 170
9.7 Fehleranalyse 172
9.8 Hintergrundinformationen zur ZBV 177
9.9 ZBV auflösen 183
9.10 Check und Monitoring der ZBV 186

10 Berechtigungskonzept für SAP-J2EE-Systeme 189
10.1 Grundbegriffe 189
10.2 UME-Konsole 192
10.3 UME-Rolle anlegen 198
10.4 ABAP-System als Datenquelle 201

10.5 Log-in-Vorgang bei Datenquelle »ABAP-System« 210
10.6 Analyse von Berechtigungsfehlern 212

11 Relevante System-Profilparameter/Customizing-Schalter 219
11.1 System-Profilparameter 219
11.2 Ausnahmeliste für Kennworte 225
11.3 Customizing Benutzermenü SAP Easy Access/ Rollenpflege 226
11.4 Konfiguration des Fiori Launchpad 229

12 Definition von Sicherheitsrichtlinien 231
12.1 Grundbegriffe Sicherheitsrichtlinien 231
12.2 Sicherheitsrichtlinie anlegen 231
12.3 Sicherheitsrichtlinie prüfen 233
12.4 Änderungshistorie für Sicherheitsrichtlinien 234
12.5 Sicherheitsrichtlinie zuweisen 235

13 Archivierung von berechtigungsrelevanten Daten 237
13.1 Informationen zur Archivierung 237
13.2 Änderungsbelege für Benutzer (US_PASS) 240
13.3 Übrige Änderungsbelege archivieren 244
13.4 Auswertung der archivierten Belege 246

14 Security-Audit-Log 249
14.1 Grundlagen des Security-Audit-Log 249
14.2 Relevante Transaktionen 251
14.3 Konfiguration des Audit-Log 252
14.4 Security-Audit-Log auswerten 264
14.5 Logdateien und Logtabelle reorganisieren 266

15 Fazit 269

A Der Autor 271

B Index 273

C Disclaimer 276

Vorwort

Die Möglichkeiten des »SAP-Berechtigungskonzepts« sind so umfangreich, dass es einem Kunden eigentlich nie gelingt, zur Produktivsetzung eines SAP-Systems den vollen Funktionsumfang zu nutzen. In meinem »Praxishandbuch SAP-Berechtigungswesen« (Espresso Tutorials, 2023) erläutere ich Ihnen, was für die Definition von Rollen in einem SAP-System technisch mindestens vorzubereiten ist. Mithilfe dieser Rollen können Sie SAP-Benutzer mit genau den Berechtigungen versehen, die diese für die Erfüllung ihrer Aufgaben mit den Anwendungen eines SAP-Systems benötigen.

Mit der Ersteinrichtung ist es aber nicht getan. Die SAP erweitert Ihre Systeme ständig um neue Technologien und Funktionen, die auch Auswirkungen auf das Berechtigungsthema haben. So wurden beim Übergang von SAP ERP zu S/4HANA eine Vielzahl neuer Berechtigungsprüfungen eingeführt, insbesondere durch den verstärkten Einsatz des Fiori Launchpad als zusätzlichem Zugang eines SAP-Benutzers zu den Anwendungen.

Nicht nur Neuerungen führen dazu, dass wir uns immer intensiver mit dem Thema »SAP-Berechtigungskonzept« befassen müssen. Das von einem Kunden umgesetzte Konzept gerät zunehmend in den Fokus von Auditoren. Sie müssen sich daher zwangsläufig im Laufe der Zeit damit befassen, wie Sie ihr implementiertes Berechtigungskonzept so optimieren, dass es einem Audit standhält.

Zielgruppe

In diesem Buch liegt der Schwerpunkt auf den technischen Aspekten des SAP-Berechtigungskonzepts. Ich möchte Ihnen zeigen, welche Möglichkeiten es gibt, das von Ihnen bereits implementierte Berechtigungskonzept zu optimieren oder neu hinzugekommene Funktionen zu unterstützen. Angesprochen sind alle, die bisher schon für die Konzeption und Definition von Rollen verantwortlich waren. Ich gehe also bei meinen Ausführungen davon aus, dass Sie mit Transaktionen wie

SU01 und PFCG sicher umgehen können und Ihnen Begriffe wie Berechtigungsobjekt, Rolle und Profil geläufig sind.

Über dieses Buch

Ich beginne dieses Buch mit einem Überblick, welche zusätzlichen Möglichkeiten es heute gibt, Berechtigungsprüfungen zu implementieren. Kapitel 2 befasst sich mit dem Konzept »SAP Business User«, eine Erweiterung des Benutzerstammsatzes um Geschäftspartner- und Personalstammdaten. Danach zeige ich Ihnen, wie Sie ein Berechtigungskonzept für das SAP Fiori Launchpad einrichten. In Kapitel 3 lernen Sie wichtige Begriffe zu Fiori kennen und erfahren, wie Sie mithilfe von Launchpad-Katalogen, Launchpad-Gruppen etc. geeignete Rollen aufbauen. Diese Rollen ermöglichen es einem Anwender, im Fiori Launchpad genau die für ihn relevanten Anwendungen zu finden. In Kapitel 4 sehen Sie, wie man bestimmte Funktionen des Launchpad wie die Personalisierung oder die SAP Enterprise Search berechtigt. Vervollständigt wird die Fiori-Thematik in Kapitel 5, in dem ich darauf eingehe, welche Einflüsse ein Upgrade auf Fiori-Rollen haben kann und woher die Transaktion PFCG die Vorschlagswerte für Fiori-spezifische Rollen erhält.

Die Definition eigener Berechtigungsobjekte ist Inhalt von Kapitel 6.

In Kapitel 7 geht es darum, wie Sie Rollen und damit Berechtigungen den Elementen einer Organisationsstruktur zuordnen. Sie haben damit eine Möglichkeit, Rollen nicht direkt SAP-Benutzern zuzuweisen, sondern stattdessen z. B. an Stellen und Planstellen zu koppeln. Dies hat den Vorteil, dass etwa bei einer Umbesetzung innerhalb des Unternehmens die Zuordnung von Rollen zu Benutzern automatisch angepasst wird.

Das in einem SAP-System implementierte Berechtigungskonzept ist regelmäßig Gegenstand von Audits, z. B. seitens eines Wirtschaftsprüfers. Untersucht werden bei einem solchen Audit insbesondere kritische Berechtigungen und kritische Kombinationen von Berechtigungen. In Kapitel 8 gehe ich näher darauf ein und zeige Ihnen, welche

Möglichkeiten Sie haben, Ihr Berechtigungskonzept auf ein Audit vorzubereiten.

Die Benutzerverwaltung ist umso aufwendiger, je mehr SAP-Systeme und Mandanten zu berücksichtigen sind. In Kapitel 9 stelle ich die Zentrale Benutzerverwaltung (ZBV) vor, ein relativ einfach einzurichtendes Werkzeug zur Verwaltung von Benutzern. Die ZBV erlaubt es Ihnen, nur noch in einem einzigen Mandanten Benutzerstammsätze pflegen zu müssen.

Jeder Kunde der SAP ist prinzipiell verpflichtet, zur Verwaltung seiner SAP-Systemlandschaft einen SAP Solution Manager zu verwenden. Der Solution Manager besteht aus zwei SAP-Systemen. Eines dieser Systeme basiert technisch auf einem Application Server ABAP, das andere auf einen Application Server Java. Das ABAP-basierte System verwendet das Ihnen bekannte Berechtigungskonzept. In Kapitel 10 erfahren Sie, dass dem Java-basierten System ein davon stark abweichendes Konzept zugrunde liegt.

Kapitel 11 thematisiert, welche Parameter der SAP-Systemprofile Einfluss auf z. B. das Verhalten der Transaktion PFCG oder des Benutzermenüs SAP Easy Access haben. In Kapitel 12 stelle ich dar, wie Sie sogenannte Sicherheitsrichtlinien verwenden, um das Regelwerk für die Kennwortvergabe und das Systemverhalten bei der Anmeldung individueller zu gestalten.

Im Laufe der Zeit sammeln sich in einem SAP-System eine große Anzahl von Logs an, die Änderungen an Benutzerstammsätzen und Rollen protokollieren. In Kapitel 13 lernen Sie die Archivierung solcher Logs kennen.

In Kapitel 14 komme ich noch einmal auf das Thema »Audit« zurück. Ich stelle Ihnen das Security-Audit-Log vor, einem Mechanismus, mit dem Sie sicherheitskritische Ereignisse protokollieren und auswerten können.

In den Text sind Kästen eingefügt, um wichtige Informationen besonders hervorzuheben. Jeder Kasten ist zusätzlich mit einem Piktogramm versehen, das diesen genauer klassifiziert:

Hinweis

Hinweise bieten praktische Tipps zum Umgang mit dem jeweiligen Thema.

Beispiel

Beispiele dienen dazu, ein Thema besser zu illustrieren.

! Achtung

Warnungen weisen auf mögliche Fehlerquellen oder Stolpersteine im Zusammenhang mit einem Thema hin.

Die Form der Anrede

Um den Lesefluss nicht zu beeinträchtigen, verwenden wir im vorliegenden Buch bei personenbezogenen Substantiven und Pronomen zwar nur die gewohnte männliche Sprachform, meinen aber gleichermaßen Personen weiblichen und diversen Geschlechts.

Hinweis zum Urheberrecht

Sämtliche in diesem Buch abgedruckten Screenshots unterliegen dem Copyright der SAP SE. Alle Rechte an den Screenshots hält die SAP SE. Der Einfachheit halber haben wir im Rest des Buches darauf verzichtet, dies unter jedem Screenshot gesondert auszuweisen.

1 Neuerungen: Technische Durchführung einer Berechtigungsprüfung

Berechtigungsprüfungen wurden in der Vergangenheit (SAP ERP) im Coding von ABAP-Programmen mithilfe der Anweisung AUTHORITY-CHECK durchgeführt. Dies ist natürlich nach wie vor auch für S/4HANA richtig, doch sind neue Möglichkeiten hinzugekommen, Berechtigungsprüfungen aus den Programmen in Richtung Datenbank zu verlagern. Diese Neuerungen werden im aktuellen Kapitel vorgestellt. Es richtet sich in erster Linie an Entwickler, die Berechtigungsprüfungen implementieren müssen.

1.1 Berechtigungsprüfungen in Core Data Services

Mithilfe der *Core Data Services* definieren Sie Views, über die eine Anwendung auf die relevanten Tabellen zugreifen kann. Diese sogenannten *CDS-Views* bieten einen entscheidenden Vorteil: Berechtigungsprüfungen können in die View-Definition ausgelagert werden. Daher ist keine Berechtigungsprüfung im Programm mehr erforderlich, wenn die benötigten Daten über eine mit Prüfungen versehene View gelesen werden.

1.1.1 CDS-View ohne Berechtigungsprüfung

Abbildung 1.1 stellt beispielhaft die CDS-View ZCDS_MARAV ❶ vor. Sie enthält noch keine Berechtigungsprüfung. Daher zeigen sowohl die DATA PREVIEW ❷ (als Beispiel für eine Non-ABAP-Anwendung) als auch das Programm ❸ alle Zeilen ❹ an.

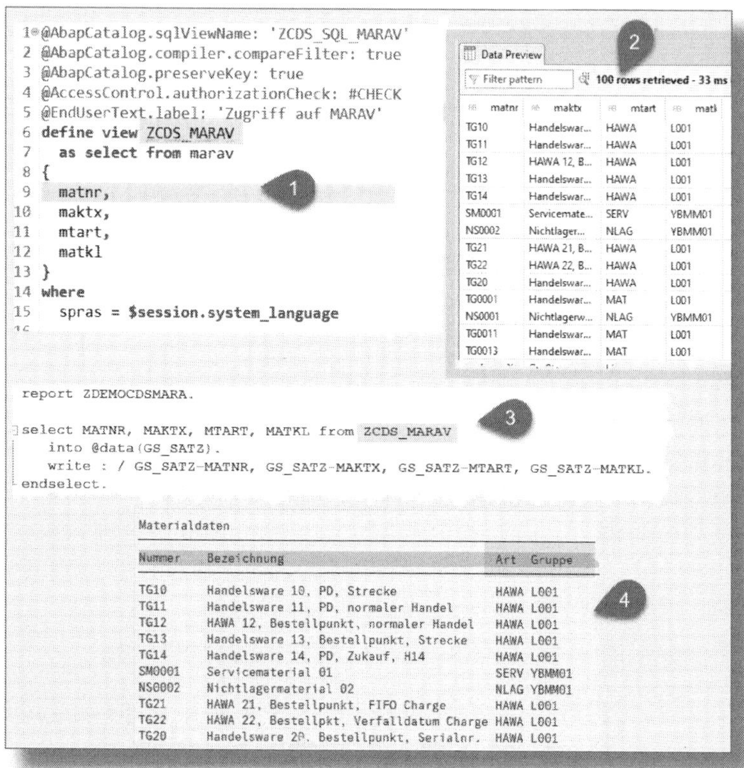

Abbildung 1.1: Beispiel für eine CDS-View

1.1.2 CDS-View mit Berechtigungsprüfung

Der CDS-View wird nun eine Berechtigungsprüfung (engl. *Access Control*, *CDS-Rolle*) zugeordnet (siehe Abbildung 1.2).

> **☛ Der Rollen-Begriff**
>
> Beachten Sie, dass der Begriff »Rolle« von der SAP in verschiedenen Zusammenhängen verwendet wird. Eine CDS-Rolle sollte nicht mit einer Rolle verwechselt werden, die Sie mithilfe der Transaktion *PFCG* definieren (PFCG-Rolle).

Im konkreten Beispiel wird eine CDS-Rolle ZCDS_MARAV_MATKL ❶ für die View ZCDS_MARAV ❷ ergänzt. Diese stellt damit nur Zeilen zur Verfügung, für die der Wert des Feldes MATKL ❸ zulässig ist. »Zulässig« bedeutet hier, dass der Anwender eine Berechtigung für das Feld BEGRU des Objekts M_MATE_WGR ❹ besitzt und zusätzlich für das Feld ACTVT der Wert *03* ❺ erlaubt ist.

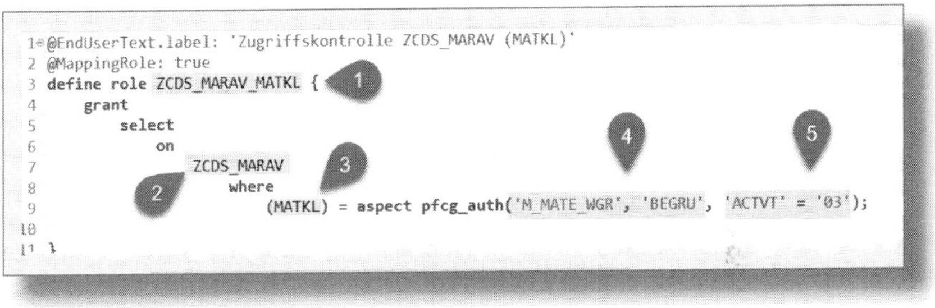

```
@EndUserText.label: 'Zugriffskontrolle ZCDS_MARAV (MATKL)'
@MappingRole: true
define role ZCDS_MARAV_MATKL {
    grant
        select
            on
                ZCDS_MARAV
                    where
                        (MATKL) = aspect pfcg_auth('M_MATE_WGR', 'BEGRU', 'ACTVT' = '03');

}
```

Abbildung 1.2: Definition einer Zugriffskontrolle (Access Control)

Für einen Berechtigungstest habe ich die Rolle MM_MATSTAMM_LXXX_ROH ❶ definiert (siehe Abbildung 1.3). Sie erlaubt für das Berechtigungsobjekt M_MATE_WGR (WARENGRUPPEN) im Feld BEGRU alle mit »L« beginnenden Werte ❷. Für weitere Tests enthält die Rolle zusätzlich eine Berechtigung zum Objekt M_MATE_MAR (Materialarten), die für das Feld BEGRU den Wert ROH zulässt ❸.

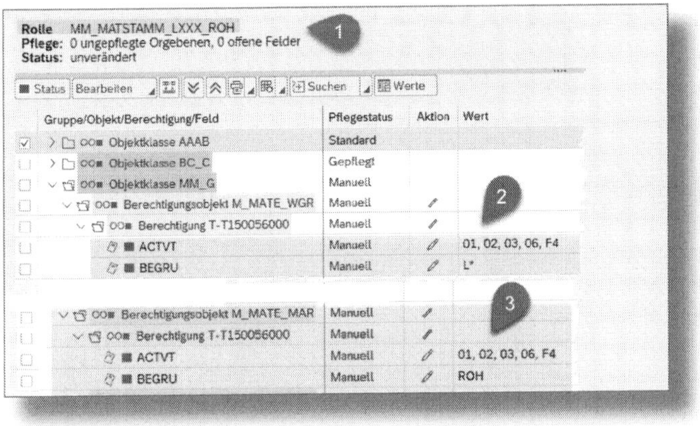

Rolle MM_MATSTAMM_LXXX_ROH
Pflege: 0 ungepflegte Orgebenen, 0 offene Felder
Status: unverändert

Status | Bearbeiten | Suchen | Werte

Gruppe/Objekt/Berechtigung/Feld	Pflegestatus	Aktion	Wert
Objektklasse AAAB	Standard		
Objektklasse BC_C	Gepflegt		
Objektklasse MM_G	Manuell		
Berechtigungsobjekt M_MATE_WGR	Manuell		
Berechtigung T-T150056000	Manuell		
ACTVT	Manuell		01, 02, 03, 06, F4
BEGRU	Manuell		L*
Berechtigungsobjekt M_MATE_MAR	Manuell		
Berechtigung T-T150056000	Manuell		
ACTVT	Manuell		01, 02, 03, 06, F4
BEGRU	Manuell		ROH

Abbildung 1.3: Musterrolle MM_MATSTAMM_LXXX_ROH

Startet jetzt ein Anwender, dem die Rolle MM_MATSTAMM_LXXX_ROH zugeordnet ist, unser Beispielprogramm, werden nur noch die berechtigten Warengruppen angezeigt. Das Programm selbst wurde nicht verändert (siehe Abbildung 1.4).

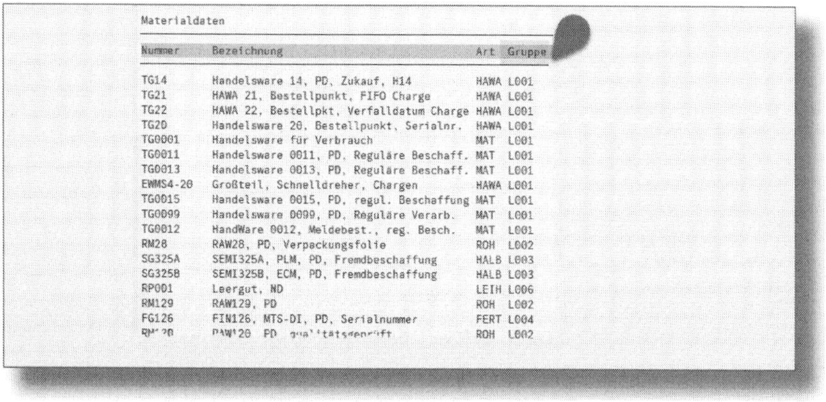

Materialdaten

Nummer	Bezeichnung	Art	Gruppe
TG14	Handelsware 14, PD, Zukauf, H14	HAWA	L001
TG21	HAWA 21, Bestellpunkt, FIFO Charge	HAWA	L001
TG22	HAWA 22, Bestellpkt, Verfalldatum Charge	HAWA	L001
TG20	Handelsware 20, Bestellpunkt, Serialnr.	HAWA	L001
TG0001	Handelsware für Verbrauch	MAT	L001
TG0011	Handelsware 0011, PD, Reguläre Beschaff.	MAT	L001
TG0013	Handelsware 0013, PD, Reguläre Beschaff.	MAT	L001
EWMS4-20	Großteil, Schnelldreher, Chargen	HAWA	L001
TG0015	Handelsware 0015, PD, regul. Beschaffung	MAT	L001
TG0099	Handelsware 0099, PD, Reguläre Verarb.	MAT	L001
TG0012	HandWare 0012, Meldebest., reg. Besch.	MAT	L001
RM28	RAW28, PD, Verpackungsfolie	ROH	L002
SG325A	SEMI325A, PLM, PD, Fremdbeschaffung	HALB	L003
SG325B	SEMI325B, ECM, PD, Fremdbeschaffung	HALB	L003
RP001	Leergut, ND	LEIH	L006
RM129	RAW129, PD	ROH	L002
FG126	FIN126, MTS-DI, PD, Serialnummer	FERT	L004
[illegible]	[illegible]	ROH	L002

Abbildung 1.4: Berechtigungstest für das Beispielprogramm

> **☛ Berechtigungsvariante ASPECT PFCG_AUTH**
>
> Im konkreten Beispiel filtert bereits die CDS-View alle nicht berechtigten Warengruppen (Feld MATKL) aus. *ASPECT PFCG_AUTH* bedeutet, dass das angegebene Berechtigungsobjekt zur Prüfung herangezogen wird und die Berechtigungen selbst mithilfe einer PFCG-Rolle einem Anwender zugewiesen werden.

1.1.3 Mehrere CDS-Rollen zu einer CDS-View

Definieren Sie nun eine weitere CDS-Rolle ZCDS_MARAV_MTART ❶ für die View ZCDS_MARAV ❷ (siehe Abbildung 1.5). Die Filterung erfolgt für das Feld MTART ❸. Zulässig sind die Materialarten, die über ausreichende Berechtigungen für das Objekt M_MATE_MAR ❹ verfügen.

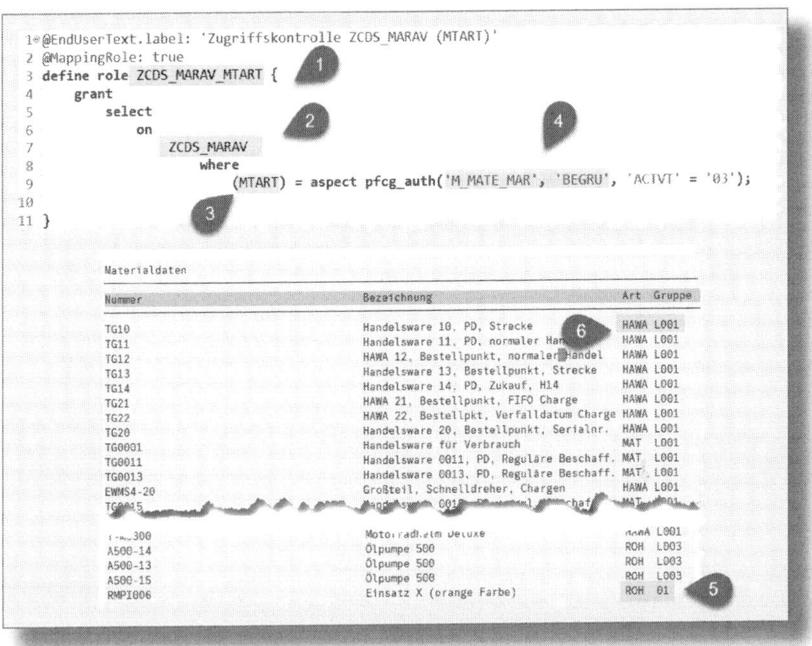

Abbildung 1.5: Zusätzliche Access Control für die CDS-View

Startet unser Anwender jetzt das Beispielprogramm, ist das Ergebnis überraschend: Es erscheinen auch Warengruppen, die nicht mit »L« ❺ beginnen, und außerdem Materialarten, die nicht den Wert ROH ❻ haben. Die beiden Access Controls werden offensichtlich mit **ODER** verknüpft.

Um das nachvollziehen zu können, führen Sie für das Programm zunächst mithilfe der Transaktion *STAUTHTRACE* einen Berechtigungstrace ❶ aus (siehe Abbildung 1.6).

Laut Trace werden ZUGRIFFSFILTERUNGEN ❷ ausgeführt, auch die zu prüfenden Objekte werden erkannt ❸. Erst der SQL-Trace ❹ zeigt, dass die Filterung der Daten durch das SQL-Statement mithilfe einer **OR**-Verknüpfung erfolgt ❺.

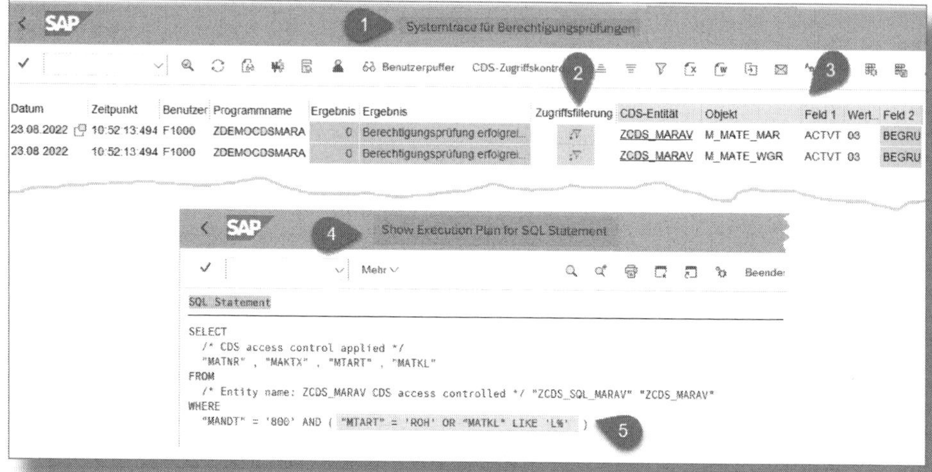

Abbildung 1.6: Traces für das ABAP-Programm

> **Berechtigungsfilterung durch die Datenbank**
>
> Der SQL-Trace beweist, dass die Filterung der berechtigten Zeilen tatsächlich bereits durch die Datenbank erfolgt sein muss. Die vorhandenen Berechtigungen des Anwenders wurden ausgewertet und es wurde ein SQL-Statement erzeugt, das tatsächlich nur noch die berechtigten Zeilen liest.

Es gibt zwei Alternativen, wie Sie das Problem lösen können, wenn eine Access Control mehrere Berechtigungsobjekte prüfen soll (siehe Abbildung 1.7).

- Variante 1: Sie definieren eine Zugriffskontrolle, die beide Objekte gleichzeitig prüft ❶. Der Zusatz `REDEFINITION` ❷ sorgt dafür, dass andere für die View definierte CDS-Rollen nicht mehr relevant sind.
- Variante 2: Mit dem Zusatz `COMBINATION MODE AND` ❸ sorgen Sie für eine `UND`-Verknüpfung der vorhandenen CDS-Rollen einer View.

! Release-Einschränkung

Die Zusätze `REDEFINITION` und `COMBINATION MODE` sind verfügbar ab dem SAP-Basis-Release 7.54.

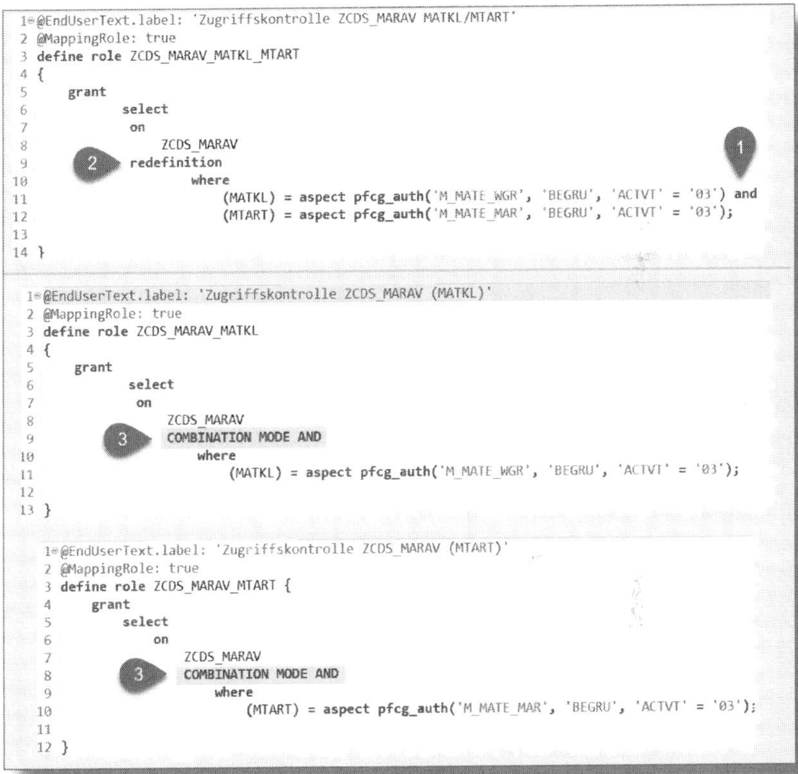

```
@EndUserText.label: 'Zugriffskontrolle ZCDS_MARAV MATKL/MTART'
@MappingRole: true
define role ZCDS_MARAV_MATKL_MTART
{
    grant
          select
           on
               ZCDS_MARAV
           redefinition
                 where
                    (MATKL) = aspect pfcg_auth('M_MATE_WGR', 'BEGRU', 'ACTVT' = '03') and
                    (MTART) = aspect pfcg_auth('M_MATE_MAR', 'BEGRU', 'ACTVT' = '03');

}
```

```
@EndUserText.label: 'Zugriffskontrolle ZCDS_MARAV (MATKL)'
@MappingRole: true
define role ZCDS_MARAV_MATKL
{
    grant
          select
           on
               ZCDS_MARAV
               COMBINATION MODE AND
                 where
                    (MATKL) = aspect pfcg_auth('M_MATE_WGR', 'BEGRU', 'ACTVT' = '03');

}
```

```
@EndUserText.label: 'Zugriffskontrolle ZCDS_MARAV (MTART)'
@MappingRole: true
define role ZCDS_MARAV_MTART {
    grant
        select
            on
               ZCDS_MARAV
               COMBINATION MODE AND
                  where
                     (MTART) = aspect pfcg_auth('M_MATE_MAR', 'BEGRU', 'ACTVT' = '03');

}
```

Abbildung 1.7: Definition einer korrekten Access Control

Der SQL-Trace (❶ in Abbildung 1.8) zeigt nun, dass die Berechtigungsprüfungen mit AND ❷ verknüpft werden.

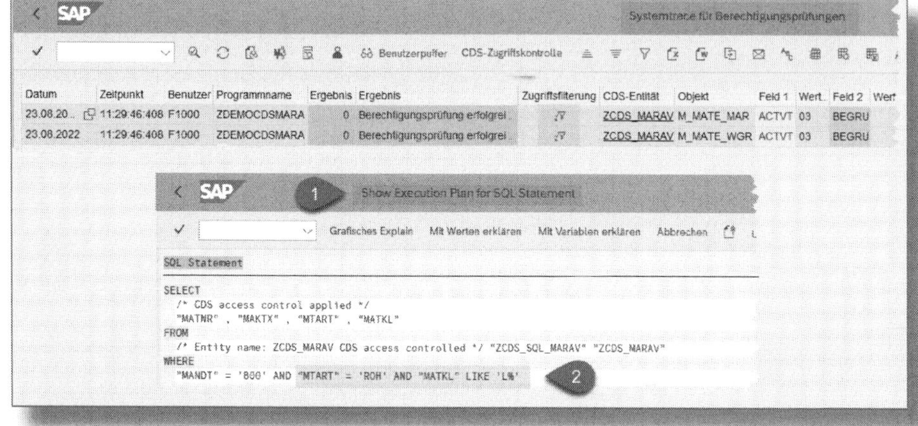

Abbildung 1.8: SQL-Trace für veränderte CDS-Rollen

Berechtigungsprüfungen von CDS-Views nicht immer wirksam

Durch den Zusatz WITH PRIVILEGED ACCESS ❶ können Berechtigungsprüfungen, die für CDS-Views definiert wurden, außer Kraft gesetzt werden (siehe Abbildung 1.9). Das Beispielprogramm zeigt jetzt Materialien aller Materialarten und Warengruppen an.

```
report ZDEMOCDSMARA_PRIV.

select MATNR, MAKTX, MTART, MATKL from ZCDS_MARAV
   WITH PRIVILEGED ACCESS
   into @data(GS_SATZ).
   write : / GS_SATZ-MATNR, GS_SATZ-MAKTX, GS_SATZ-MTART, GS_SATZ-MATKL.
endselect.
```

Materialdaten

Nummer	Bezeichnung	Art	Gruppe
TG10	Handelsware 10, PD, Strecke	HAWA	L001
TG11	Handelsware 11, PD, normaler Handel	HAWA	L001
TG12	HAWA 12, Bestellpunkt, normaler Handel	HAWA	L001
TG13	Handelsware 13, Bestellpunkt, Strecke	HAWA	L001
TG14	Handelsware 14, PD, Zukauf, H14	HAWA	L001
SM0001	Servicematerial 01	SERV	YBMM01
NS0002	Nichtlagermaterial 02	NLAG	YBMM01
TG21	HAWA 21, Bestellpunkt, FIFO Charge	HAWA	L001
TG22	HAWA 22, Bestellpkt, Verfalldatum Charge	HAWA	L001
TG20	Handelsware 20, Bestellpunkt, Serialnr.	HAWA	L001
TG0001	Handelsware für Verbrauch	MAT	L001
NS0001	Nichtlagerwaren für Verbrauch	NLAG	YBMM01

Abbildung 1.9: Einsatz von WITH PRIVILEGED ACCESS

! QuickViewer/Data Browser

Transaktionen wie *SQVI* (QuickViewer) und *SE16* (Data Browser) sind derzeit noch nicht in der Lage, CDS-Views zum Lesen von Daten zu verwenden. Stattdessen können Sie aber die einer CDS-View zugeordnete Datenbank-View (sqlViewName) verwenden. Prinzipiell ist das auch im Coding von ABAP-Programmen möglich. Die einer View zugeordneten CDS-Rollen werden dann nicht berücksichtigt.

In Abbildung 1.10 sehen Sie die Definition der CDS-View ZCDS_MARAV ❶. Der View ist die Datenbank-View ZCDS_SQL_MARAV zugeordnet ❷. Verwendet ein ABAP-Programm statt der CDS-View zum Lesen die Datenbank-View ❸, zeigt das Programm trotz der CDS-Rollen, die der CDS-View zugeordnet sind ❹, alle Materialien an. Gleiches gilt für eine QuickView, die die Datenbank-View verwendet ❺.

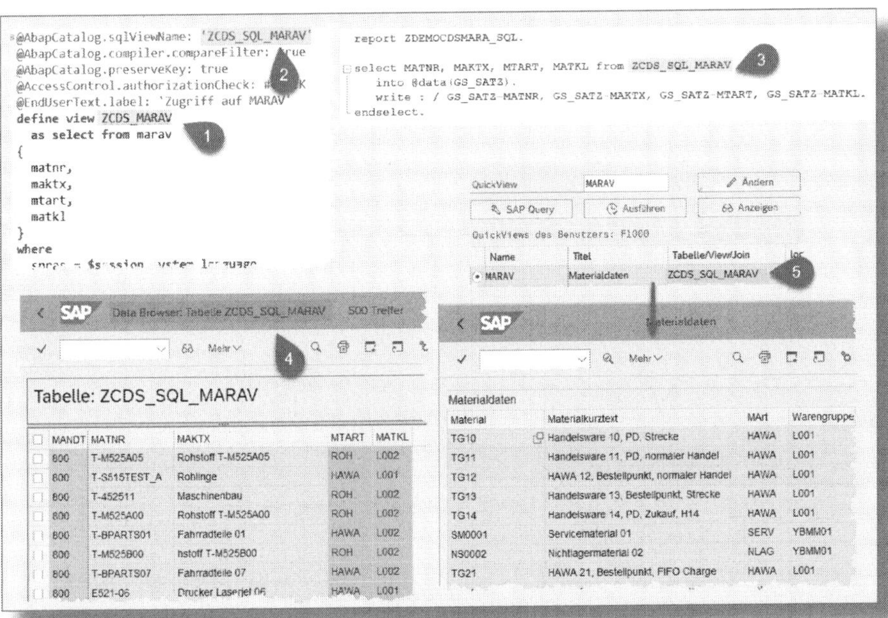

Abbildung 1.10: Zugriff auf die Datenbankview zur CDS-View

1.2 Berechtigungsprüfungen im ALV Grid

Programme können zur Datenanzeige auch den *ABAP List Viewer with Integrated Data Access (ALV IDA)* verwenden.

Diese in erster Linie für das S/4HANA-System entwickelte Ausprägung des ABAP List Viewer lässt es zu, Berechtigungsprüfungen direkt mithilfe der Datenbank auszuführen.

Abbildung 1.11 zeigt ein entsprechendes Musterprogramm.

Ein ALV IDA kann über eine Referenz auf das Interface IF_SALV_GUI_TABLE_IDA ➊ angesprochen werden. Über die Methode ADD_AUTHORIZATION_FOR_OBJECT ➋ werden die Berechtigungsprüfungen festgelegt. Beachten Sie dabei, dass der Methodenparameter IT_ACTIVITIES obligatorisch ist!

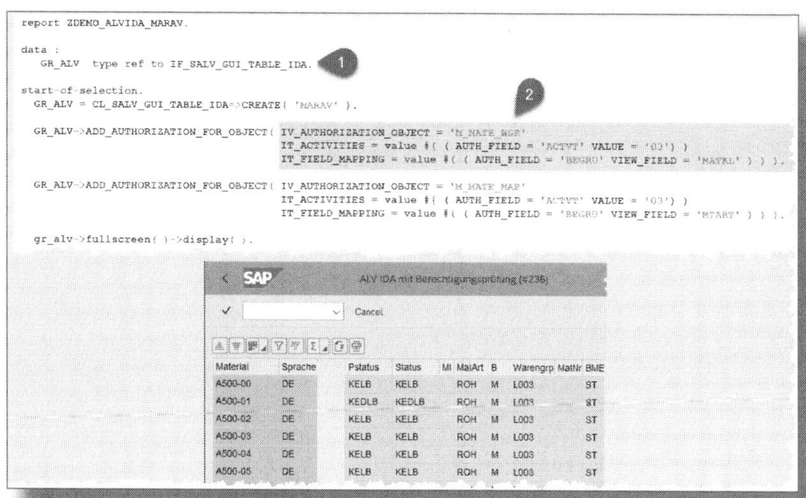

Abbildung 1.11: ALV IDA mit Berechtigungsprüfung

Der Berechtigungstrace (➊ in Abbildung 1.12) lässt erkennen, dass Zugriffsfilterungen ➋ für die angegebenen Berechtigungsobjekte ➌ erfolgen. Der SQL-Trace ➍ verdeutlicht, dass die Berechtigungsprüfung automatisch durch geeignete SQL-Statements ❺ auf der Datenbank ausgeführt wird.

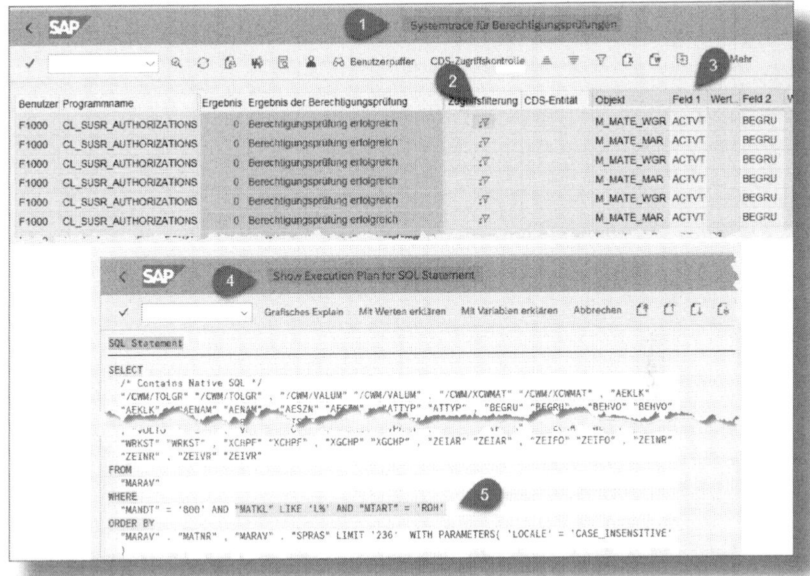

Abbildung 1.12: SQL-Trace für ALV IDA

2 SAP Business User

Ein SAP-Anwender benötigt für den Zugriff auf ein SAP-System einen Benutzerstammsatz, dem z. B. die Berechtigungen für den Zugriff auf Daten und Anwendungen zugeordnet sind. Die meisten SAP-Anwender sind aber nicht nur Anwender, sondern meistens gleichzeitig Mitarbeiter des Unternehmens. Die entsprechenden Personalstammdaten werden von der Personalabteilung gepflegt. Nicht selten taucht aber ein Anwender innerhalb von Geschäftsprozessen als Geschäftspartner auf, z. B. als Ansprechpartner, Serviceteam-Mitarbeiter etc.

Stammdaten wie Name, E-Mail-Adresse, Telefonnummer etc. werden somit an verschiedenen Stellen von unterschiedlichen Personen gepflegt, was die Gefahr von Inkonsistenzen birgt. Mit S/4HANA hat die SAP deshalb das Konzept des *Business User* eingeführt (gelegentlich auch als Business-Benutzer bezeichnet), das eine redundanzfreie Stammdatenpflege erlaubt.

2.1 SAP-Benutzerstammsatz versus Business User

Benutzerstammsätze für den Zugang zu einem SAP-System werden mit der Transaktion *SU01* bearbeitet (siehe Abbildung 2.1). Zum Benutzer werden u. a. Name, Kommunikationsdaten und Arbeitsplatzdaten erfasst. Ist die Person zu diesem Benutzerstammsatz zudem Mitarbeiter des Unternehmens, werden diese Daten auch noch einmal (redundant) von der Personalabteilung mithilfe der Transaktion *PA30* erfasst. In SAP-Anwendungsszenarien, in die Personen als Geschäftspartner (Business Partner) involviert sind, muss zusätzlich mit der Transaktion *BP* ein Geschäftspartnerstammsatz gepflegt werden. Geschäftspartner-basierte Szenarien waren bisher z. B. in CRM-Systemen zu finden. Wenn Sie sich schon einmal mit dem Thema »Servicemanagement«, speziell im Solution Manager mit dem »Incident Management« oder

»Change Request Management« befasst haben, werden Sie schon Erfahrung damit gemacht haben, dass ein Benutzerstammsatz allein nicht ausreichend ist.

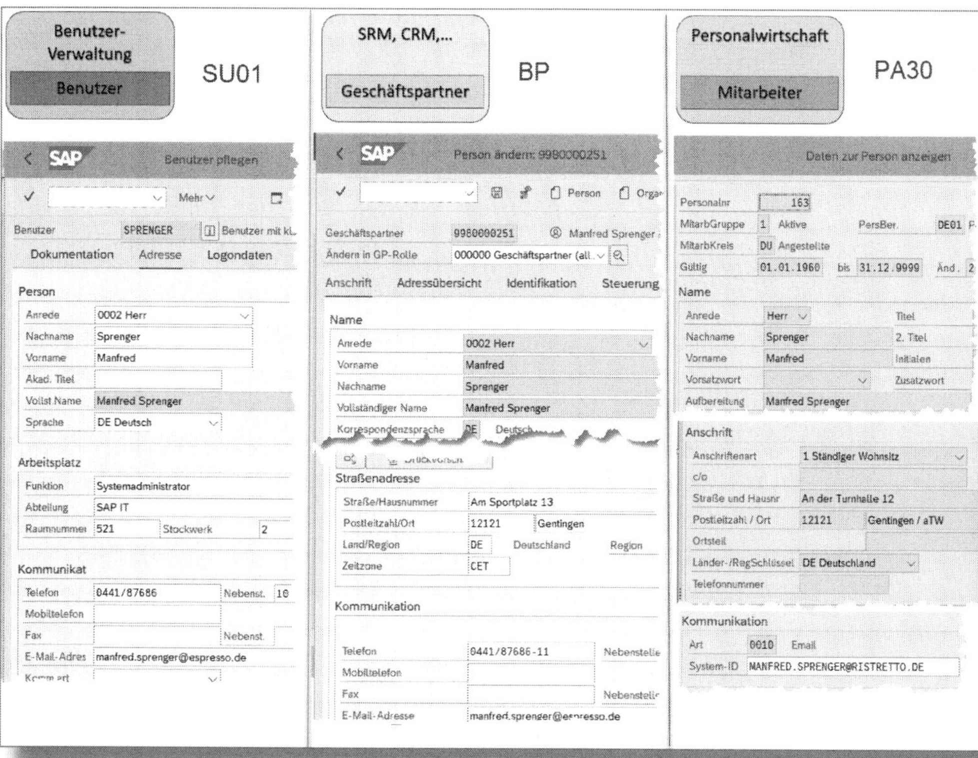

Abbildung 2.1: Klassische Benutzerverwaltung

Mit der Einführung von S/4HANA hat das Thema *Geschäftspartner (GP)* eine zentrale Bedeutung erhalten. Viele Anwendungsszenarien setzen voraus, dass ein Benutzerstammsatz immer eins zu eins mit einem Geschäftspartner verknüpft ist; manche Szenarien erfordern außerdem eine Verbindung dieses Geschäftspartners mit einem Personalstammsatz. Dies kann auch ein HR-Ministamm sein, also ein stark reduzierter Personalstammsatz, etwa in Unternehmen, die für das Personalwesen gar nicht die SAP-Komponente HCM nutzen.

Mit dem *Business User* hat die SAP in S/4HANA ein neues Modell zur Benutzerverwaltung etabliert, dessen Ziel es ist, eine doppelte Datenpflege zu vermeiden (siehe Abbildung 2.2). Die zentrale Rolle übernimmt dabei der Geschäftspartner. Wer für welchen Teil der Datenpflege verantwortlich ist – Benutzerverwaltung, Geschäftspartnermanagement oder Personalwirtschaft –, hängt von verschiedenen Faktoren ab, etwa ob eine HCM-Integration aktiv ist (siehe Tabelle T77S0 in Abbildung 2.9). Zusätzlich wird die Zuständigkeit durch Customizing mithilfe der Tabelle TBZ_V_EEWA_SRC (*Attributquelle*, siehe Abbildung 2.8) gesteuert.

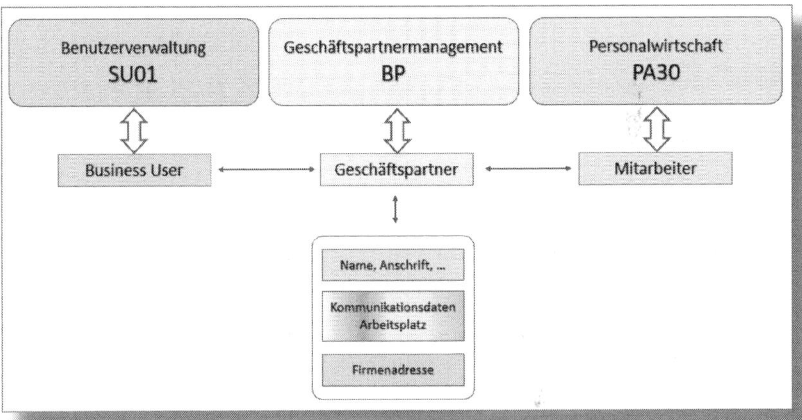

Abbildung 2.2: Business User

SAP-Hinweis 2570961

Der SAP-Hinweis 2570961 beschreibt das Vereinfachungselement *S4TWL*, die *Business-Benutzerverwaltung*. Hier finden Sie ausführliche Informationen dazu, in welcher Konstellation wer für die Datenpflege zuständig ist und welche Einschränkungen bestehen.

Ich werde Ihnen in den folgenden Abschnitten darlegen, wie die Verknüpfung zu einem Geschäftspartner bzw. einem Personalstammsatz erfolgt, wie also aus einem einfachen SAP-Benutzer ein Business-User wird.

2.2 Mitarbeiter und Geschäftspartner zuordnen (ohne HR-Integration)

In diesem Abschnitt erkläre ich, wie Sie einem SAP-Benutzerstammsatz einen Geschäftspartner zuordnen, wenn die HCM-Integration nicht aktiv ist (zur Aktivierung der HCM-Integration siehe Abschnitt 2.3).

2.2.1 Personalstammsatz per App anlegen

Gehen wir davon aus, dass Sie bereits mit der Transaktion *SU01* einen Benutzer mit klassischer Adresse angelegt haben ❶ (siehe Abbildung 2.3).

Starten Sie im Fiori Launchpad die App Mitarbeiter pflegen ❷. Die App hat die ID F2288A. Die App können Sie einem Anwender mithilfe einer Rolle zur Verfügung stellen, die den Launchpad-Katalog SAP_BASIS_TCR_T enthält. Nähere Information zur App finden Sie im SAP-Hinweis 2716717.

Wählen Sie Anlegen ❸. Geben Sie eine ID des Mitarbeiters ❹ vor. Diese ist frei wählbar, darf aber nicht ausschließlich aus Ziffern bestehen. Füllen Sie zusätzlich die Pflichtfelder Nachname sowie Gültig ab und Gültig bis aus. Die Verknüpfung zu einem bereits existierenden Benutzerstammsatz stellen Sie über das Feld Benutzer-ID her ❺. Diese Benutzer-ID darf noch keinem anderen Mitarbeiter zugeordnet sein. Mit der Zuordnung werden einige Informationen aus dem Benutzerstammsatz übernommen, z. B. die im Stammsatz hinterlegte E-Mail-Adresse. Wenn Sie jetzt Sichern ❻, wird aus dem klassischen SAP-Benutzerstammsatz ein Business User (siehe Abschnitt 2.3.2).

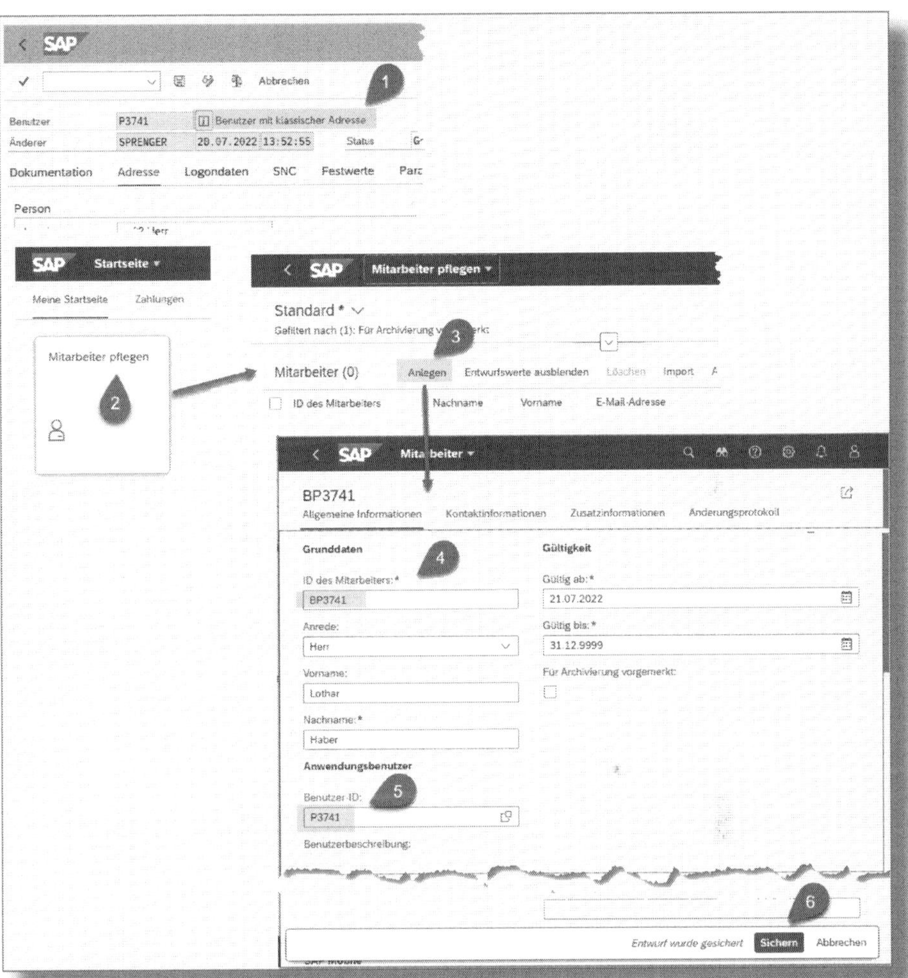

Abbildung 2.3: Mitarbeiter anlegen

Die App gestattet Ihnen des Weiteren, zusätzliche Informationen zu erfassen (siehe Abbildung 2.4), die im Geschäftspartnerstammsatz wiederzufinden sind. Dazu gehören z. B. KONTAKTINFORMATIONEN ❶ und ZUSATZINFORMATIONEN ❷.

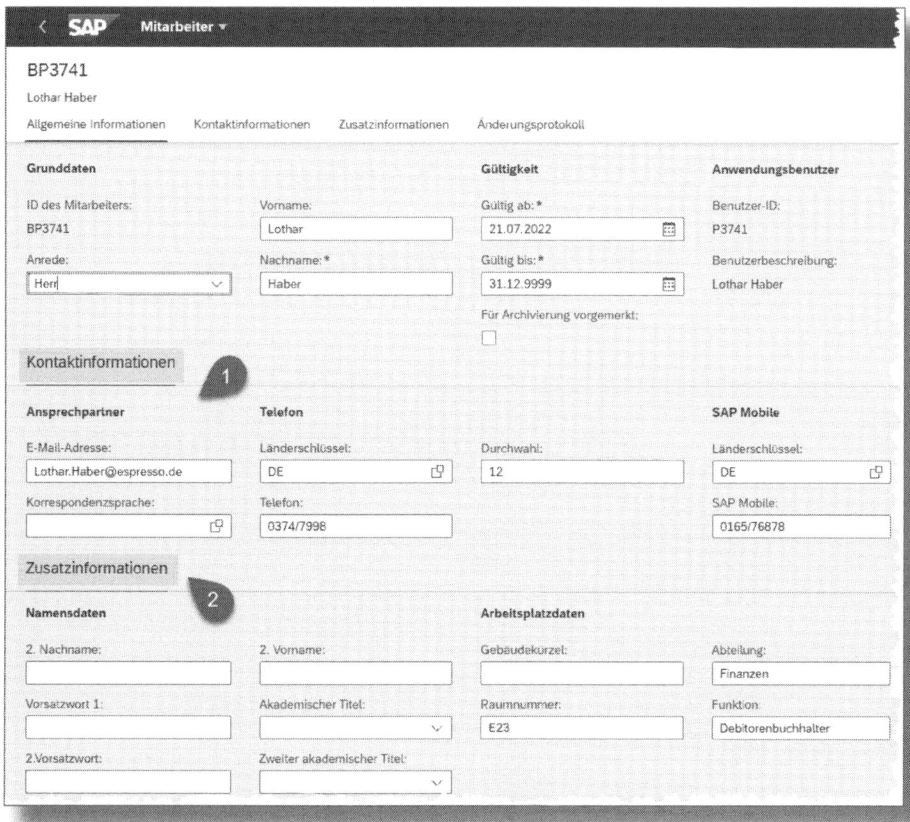

Abbildung 2.4: Zusätzliche Angaben zum Mitarbeiter

Sollten Sie hier Eintragungen vornehmen und beim Sichern der Daten Fehlermeldungen erhalten (siehe Abbildung 2.5), deutet das darauf hin, dass Sie Felder bearbeiten, für deren Pflege diese App nicht vorgesehen ist. Maßgeblich dafür, welche Daten in der App »Mitarbeiter pflegen« eingetragen werden können, sind die Einstellungen in der Customizing-Tabelle TBZ_V_EEWA_SRC (siehe Näheres dazu in Abschnitt 2.2.3).

Abbildung 2.5: Fehlermeldungen beim Sichern der Mitarbeiterdaten

2.2.2 Auswirkung der Personalstammdaten auf den Benutzerstammsatz

Unser SAP-Benutzerstammsatz ist jetzt als BENUTZER MIT GESCHÄFTSPARTNERZUORDNUNG ❶ klassifiziert (siehe Abbildung 2.6). Die App »Mitarbeiter pflegen« hat automatisch einen Geschäftspartner angelegt, dessen ID im Infotext ❶ mit ausgegeben wird.

Die Benutzerklassifikation bedeutet für die Adressdaten, dass sie, zumindest zum Teil, nicht mehr in der *SU01* änderbar sind ❷. Andere Rubriken wie ARBEITSPLATZ ❸, KOMMUNIKATION ❹ und FIRMA ❺ sind zwar nach wie vor in der SU01 editierbar, umgekehrt aber nicht in der zuvor gezeigten App »Mitarbeiter pflegen«. Noch einmal zur Erinnerung: Die Customizing-Tabelle TBZ_V_EEWA_SRC steuert, welche Felder in der SU01 noch änderbar sind (siehe auch SAP-Hinweis 257096).

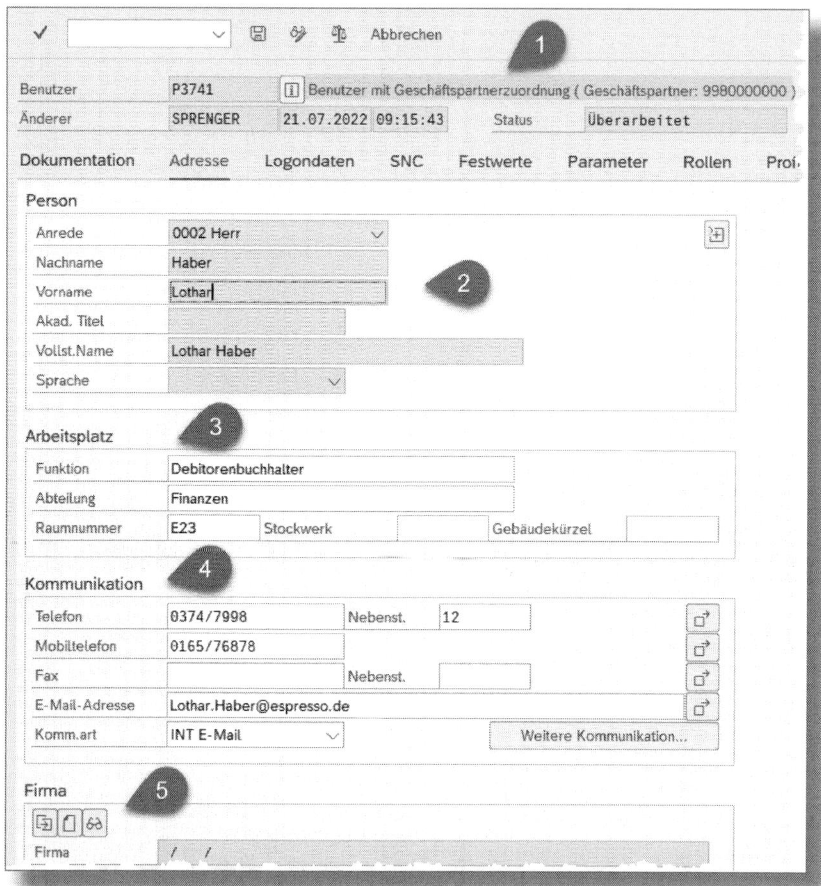

Abbildung 2.6: Benutzer mit Geschäftspartnerzuordnung

Die Transaktion *BP* zeigt die Verknüpfung zwischen Geschäftspartner und Personalstammsatz an (siehe Abbildung 2.7). Die App hat einen Geschäftspartner in der GP-Rolle *Geschäftspartner allgemein* ❶ angelegt. Auf dem Reiter Identifikation finden Sie unter Identifikationsnummern (ID-Art *HCM001*) die Verknüpfung zu dem per App angelegten Mitarbeiter ❷.

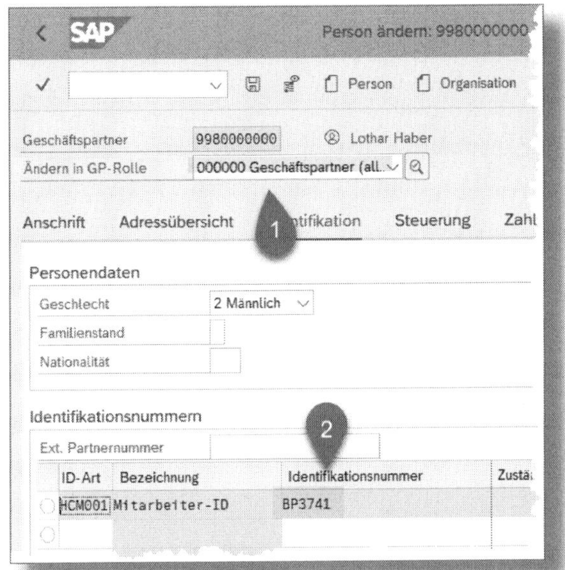

Abbildung 2.7: Verknüpfung zwischen Geschäftspartner und Mitarbeiter

2.2.3 Quelle für Adressdaten im Personalstammsatz

Wie bereits mehrfach erwähnt, wird über die Tabelle *TBZ_V_EEWA_SRC* gesteuert, ob die Pflege der Adressdaten für einen Benutzerstammsatz in der Transaktion *SU01* möglich ist oder alternativ in der Transaktion *BP*.

Die Tabelle können Sie mithilfe der Transaktion *SM30* bearbeiten (siehe Abbildung 2.8). Geben Sie zunächst den Namen der TABELLE/SICHT ein ❶. Sie erhalten eine Aufstellung der Felder, für die Sie die Datenquelle festlegen können ❷. Ohne aktivierte HR-Integration stehen Ihnen (entsprechend den Transaktionen *BP* und *SU01*) *BP Geschäftspartner* und *US Benutzerverwaltung* zur Verfügung.

Wie Sie vielleicht bemerkt haben, ist nicht für jedes Feld der Adressdaten eine Festlegung möglich. Einige Zuständigkeiten (etwa die für die Firmenadresse) sind »fest verdrahtet«. Zum aktuellen Stand schauen Sie bitte in den SAP-Hinweis 257096.

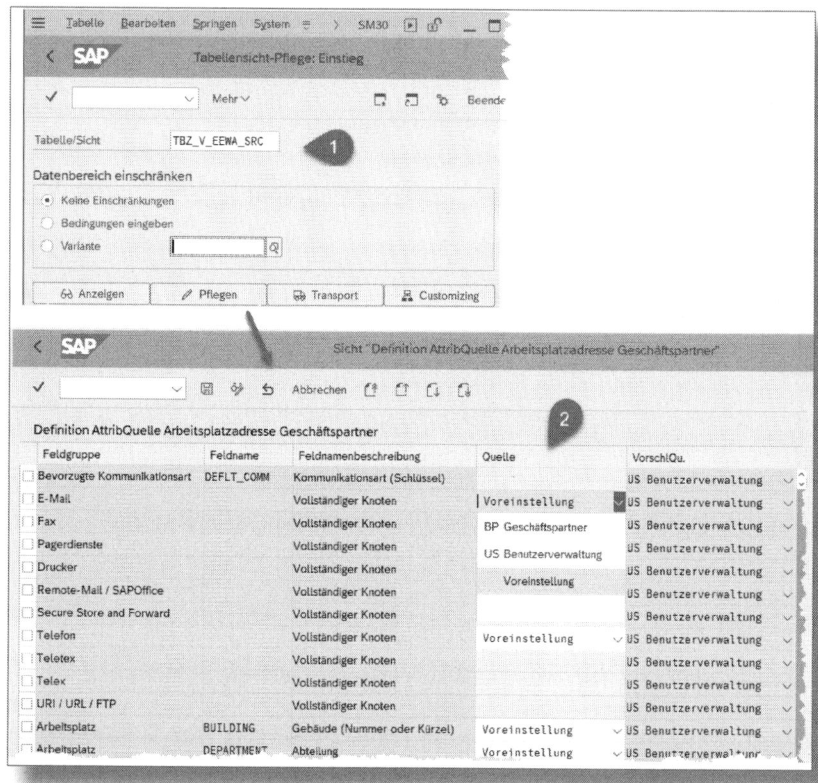

Abbildung 2.8: Quelle für Adressdaten im Benutzerstammsatz

2.3 Mitarbeiter und Geschäftspartner zuordnen (mit HR-Integration)

Über Einstellungen in der Tabelle *T77S0* können Sie die HR-Integration aktivieren (siehe Abbildung 2.9). Diese Einstellungen nehmen Sie in der Transaktion *SM30* vor ❶. Für die Parametergruppe HRALX müssen die Parameter HRAC ❷ und OBPON ❸ gesetzt werden.

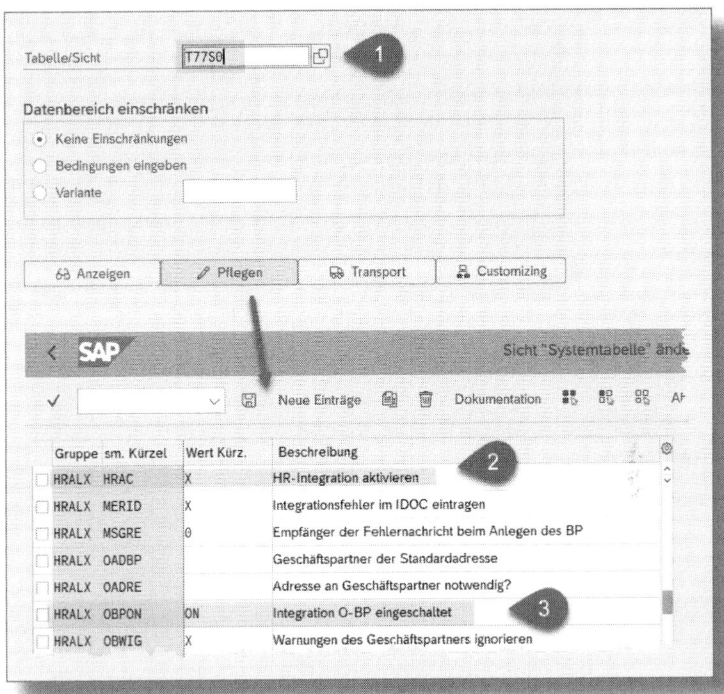

Abbildung 2.9: Aktivierung der HR-Integration

Sobald die HR-Integration aktiv ist, kann die App »Mitarbeiter pflegen« (siehe Abschnitt 2.2.1) nicht mehr genutzt werden, um neue Mitarbeiter anzulegen, wie die Information zur App in Abbildung 2.10 besagt.

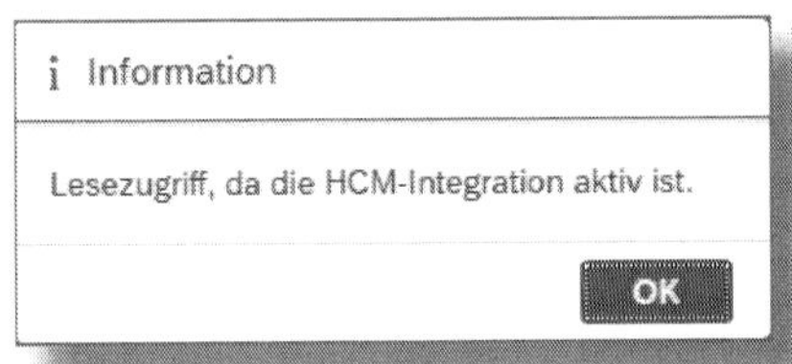

Abbildung 2.10: Auswirkung der HCM-Integration auf die Mitarbeiter-App

2.3.1 Personalstammsatz anlegen

Bei aktivierter HCM-Integration legen Sie einen Personalstammsatz an (oder wählen einen bereits vorhandenen aus) und ordnen diesem über den Informationstyp *Kommunikation* den SAP-Benutzer zu. Der Geschäftspartner-Stammsatz wird automatisch erzeugt und mit dem SAP-Benutzerstammsatz verbunden. In Abbildung 2.11 sind die Schritte zusammengefasst.

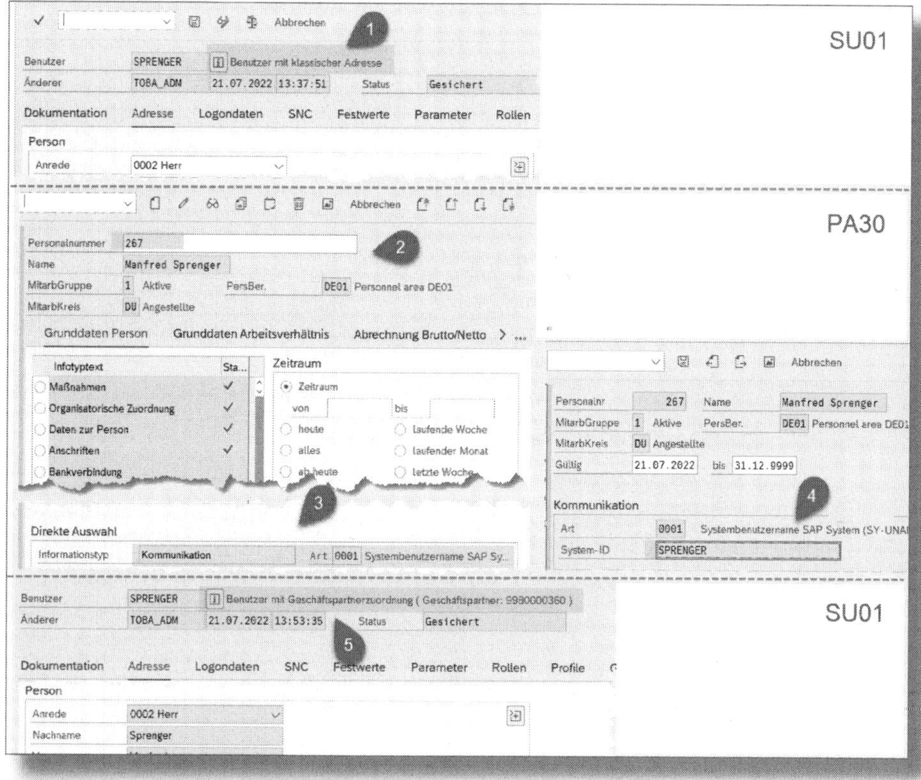

Abbildung 2.11: Verknüpfung zwischen Personal- und Benutzerstammsatz

❶ Wir gehen davon aus, dass ein Benutzerstammsatz mit Klassischer Adresse vorhanden ist.

❷ Mithilfe der Transaktion *PA30* wird der Personalstammsatz, der Teil des Business User werden soll, mit dem Benutzerstammsatz verknüpft:

❸ über den INFORMATIONSTYP *Kommunikation*, Subtyp *0001*, und

❹ über das Feld SYSTEM-ID.

❺ Der Geschäftspartner, der die Verbindung zwischen dem Personalstammsatz und dem Benutzerstammsatz technisch bereitstellt, wird automatisch erzeugt. Der Benutzerstammsatz ist jetzt als BENUTZER MIT GESCHÄFTSPARTNERZUORDNUNG klassifiziert.

2.3.2 SAP Business User

In Abschnitt 2.2.3 habe ich bereits erläutert, wie Sie mithilfe der Tabelle TBZ_V_EEWA_SRC die Quelle bestimmter Attribute eines Business User festlegen. Bei aktivierter HR-Integration steht zusätzlich die QUELLE *HR Personalwirtschaft* zur Verfügung (siehe Abbildung 2.12).

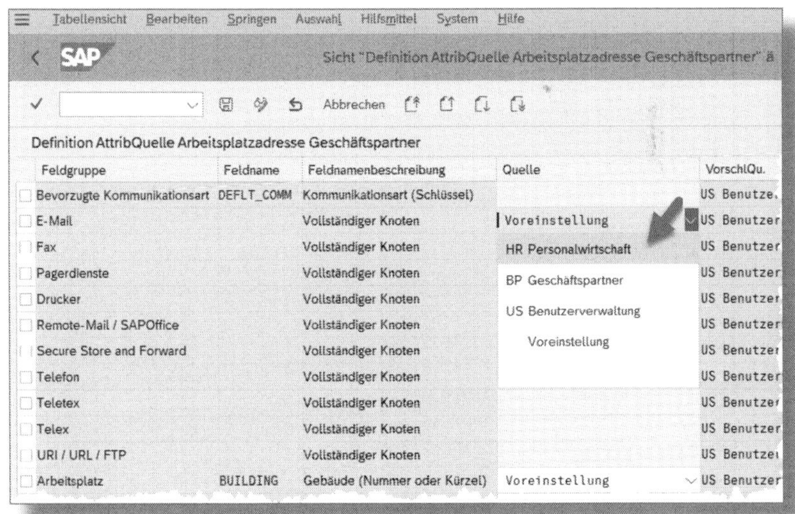

Abbildung 2.12: Attributquellen bei aktivierter HR-Integration

Abbildung 2.13 zeigt, wie Personalstammsatz, Benutzerstammsatz und Geschäftspartner miteinander verbunden sind, also den *SAP Business User* bilden.

Zentrales Element des Business User ist der Geschäftspartner. Die GP-ROLLE *Mitarbeiter* ❶ enthält im Feld PERSONALNUMMER ❷ den Verweis auf den Personalstammsatz und im Feld BENUTZERNAME ❸ den Verweis auf den Benutzerstammsatz.

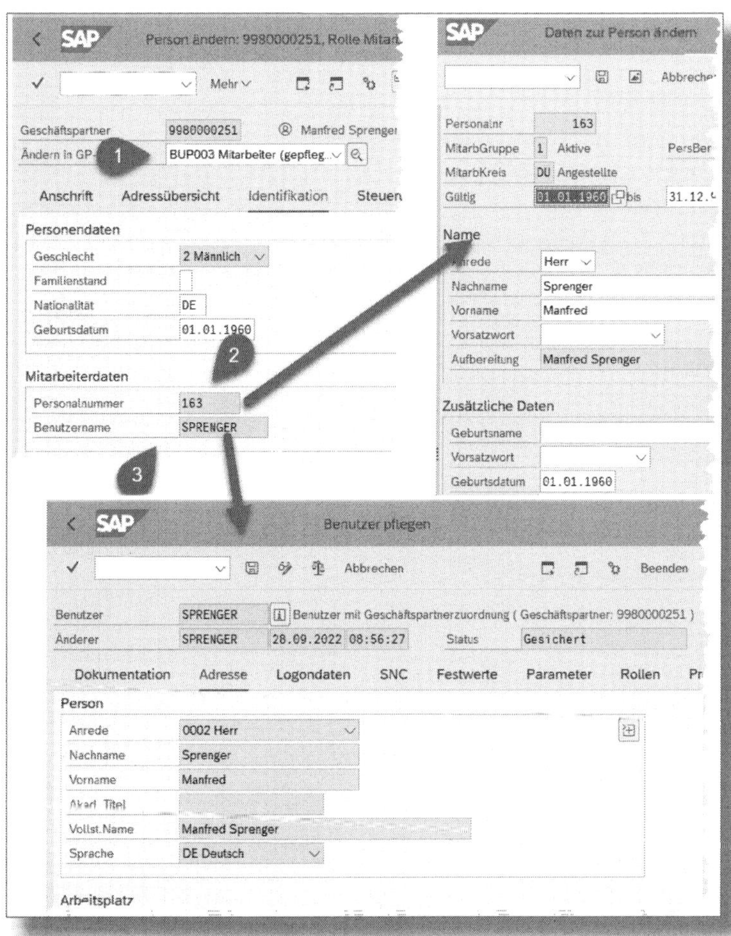

Abbildung 2.13: Verbindung des Geschäftspartners zum Benutzerstammsatz

3 Fiori-Rollen

3.1 Grundbegriffe

In der, nennen wir es mal so, »klassischen SAP-Welt« meldet sich ein Anwender mit dem SAP GUI in einem SAP-System an. Das nach der Anmeldung angezeigte Menü SAP Easy Access erlaubt es dann, SAP-Anwendungen (Transaktionen) durch einen Klick auf den betreffenden Eintrag im Menübaum zu starten. Welche Transaktionen dem Anwender angeboten werden, bestimmt die Menüstruktur der Rollen, die Sie dem Anwender zuweisen.

In der neuen S/4HANA-Welt hat die SAP sukzessive Alternativen zu den klassischen, Dynpro-basierten Transaktionen geschaffen und bietet immer mehr Anwendungen an, die nicht per SAP GUI, sondern über einen Browser gestartet werden. Bei diesen Anwendungen sprechen wir nicht mehr von Transaktionen, sondern von »Apps«.

Damit kommt *Fiori* ins Spiel. Fiori selbst ist keine Anwendung, sondern ein Designkonzept der SAP, das genauer definieren soll, wie die Benutzeroberfläche (das **U**ser **I**nterface) einer Anwendung aussehen soll. Dieses neue Konzept weicht sehr stark von dem ab, das SAP in der Vergangenheit z. B. für die Entwicklung der Dynpros verwendet hat. Anwendungen, die »fiorisiert« sind, lassen sich im Browser starten, sie sollen auf möglichst vielen Frontend-Geräten wie PC, Tablet oder Smartphone lauffähig sein und nach Möglichkeit Personalisierungsfunktionen bieten, die es einem Anwender erlauben, das Layout an dessen Bedürfnisse anzupassen.

Im Release S/4HANA 2021 gibt es ca. 3.800 Apps, die gemäß den Fiori-Richtlinien entwickelt wurden. Um eine solche App zu starten, müssten Sie jetzt eigentlich im Browser die URL eingeben, die der Entwickler der App zugeordnet hat. Aber wer kann sich schon so viele (und ziemlich lange) URLs merken? Hier hilft uns das *Fiori Launchpad (FLP)* weiter. Es übernimmt eine vergleichbare Aufgabe wie das Menü SAP Easy Access beim SAP GUI: Wenn Sie sich per geeigneter URL über den Browser in einem SAP-System anmelden, wird das Fiori Launchpad angezeigt (siehe Abbildung 3.1). Es bietet Ihnen, ähnlich der optischen Darstellung von Apps auf einem Tablet oder Smartphone, eine Reihe von sogenannten *Kacheln* ❶ sowie Links ❷ an, mit denen Sie die gewünschte App starten können.

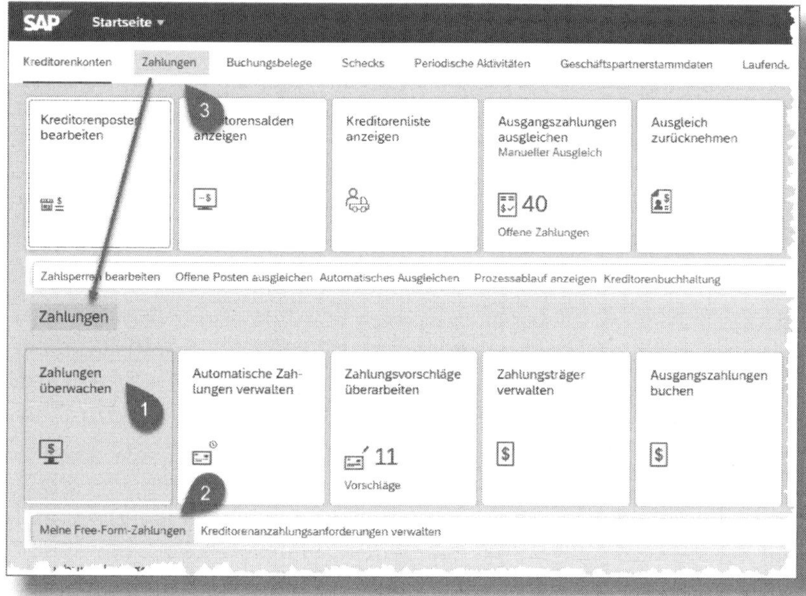

Abbildung 3.1: Kacheln, Links und Launchpad-Gruppen

Um die möglicherweise zahlreichen Kacheln oder Links zu strukturieren, sind sie in sogenannten *Launchpad-Gruppen* ❸ organisiert. Die Gruppen werden oben im Launchpad dargestellt, vergleichbar mit Karteikartenreitern. Ein Klick auf die Gruppe scrollt die Maske des Launchpad dann so, dass die Kacheln und Links der Gruppe direkt unter der Gruppenauflistung sichtbar sind. In dieser Ansicht ist die gewählte Gruppe unterstrichen markiert.

☛ Alternative Begriffe für eine Launchpad-Gruppe

Den Begriff »Launchpad-Gruppe« verwendet die SAP seit S/4 2020. Davor waren synonym die Bezeichnungen *SAP Fiori Kachelgruppe*, kurz auch *Kachelgruppe*, oder *Business Group* üblich.

Kacheln sind immer einem sogenannten *technischen Kachelkatalog* zugeordnet. Er dient dazu, Kacheln nach thematischen Gesichtspunkten zu gruppieren. So enthält z. B. der technische Katalog SAP_TC_FIN_FO_COMMON insgesamt 117 Kacheln zum Thema »Debitoren- und Kreditorenbuchhaltung«. Da ein Anwender im Normalfall nicht alle Kacheln dieses Katalogs im Launchpad angeboten bekommen soll, werden auf Basis der technischen Kataloge sogenannte *Launchpad-Kataloge* definiert, die wiederum jeweils einige der Kacheln aus den technischen Katalogen aufgabenbezogen zusammenstellen. So enthält beispielsweise der Launchpad-Katalog SAP_SFIN_BC_DUNNING nur die Kacheln, die mit Mahnungen zu tun haben, während der Launchpad-Katalog SAP_SFIN_BC_PAY_PROC Kacheln zum Thema »Kreditorenbuchhaltung – Zahlungen« bündelt.

Alternative Begriffe für den Launchpad-Katalog

Den Begriff »Launchpad-Katalog« verwendet die SAP seit S/4 2020. Ältere Bezeichnungen wie *Kachelkatalog* oder *Business Catalog* sind als Synonyme weiterhin in Gebrauch.

Mithilfe der Launchpad-Kataloge wird festgelegt, welche Kacheln der Anwender im Launchpad zum Start einer App angeboten bekommt. Der Katalog bestimmt allerdings nicht, wie z. B. die Kacheln im Launchpad gruppiert werden und ob statt einer Kachel ein Link zum Starten der App erscheint. Diese Einstellungen erfolgen über die bereits oben erwähnten Launchpad-Gruppen.

In Abschnitt 3.2.3 werden Sie erfahren, wie Sie durch Definition und Zuweisung von Rollen steuern, welche Launchpad-Kataloge bzw. Launchpad-Gruppen einem Anwender zur Verfügung stehen.

Wenn ein SAP-Benutzer aufgrund seiner Rollen Zugang zu sehr vielen Launchpad-Gruppen und Launchpad-Katalogen hat, wird die Kachelübersicht im Fiori Launchpad u. U. schnell unübersichtlich. SAP hat mit S/4HANA 2020 deshalb eine alternative Kachelorganisation mittels sogenannter *Bereiche* eingeführt.

Bei der Nutzung von Bereichen besitzt das Erscheinungsbild des Fiori Launchpad eine vierstufige Struktur. Im Folgenden verwenden wir für diese Darstellungsweise den Begriff *Bereichslayout*.

Das Bereichslayout (siehe Abbildung 3.2) verwendet auf der obersten Stufe *Launchpad-Bereiche* ❶. Als Synonym verwendet SAP den Terminus *Launchpad-Spaces*, wir werden in den folgenden Ausführungen einfach von »Bereichen« reden. Diese werden in der Kopfzeile des Fiori Launchpad als Drop-down-Box angezeigt. In der Abbildung bietet die Startseite die Bereiche KREDITORENBUCHHALTUNG und DEBITORENBUCHHALTUNG an. Zu jedem Bereich gehört eine Sammlung von *Launchpad-Seiten*, die in der jeweiligen Drop-down-Box aufgelistet werden ❷. So enthält z. B. der Bereich DEBITORENBUCHHALTUNG die Seiten ÜBERSICHT, DEBITOREN, ZAHLUNGEN UND AUSGLEICH sowie PERIODISCHE AKTIVITÄTEN.

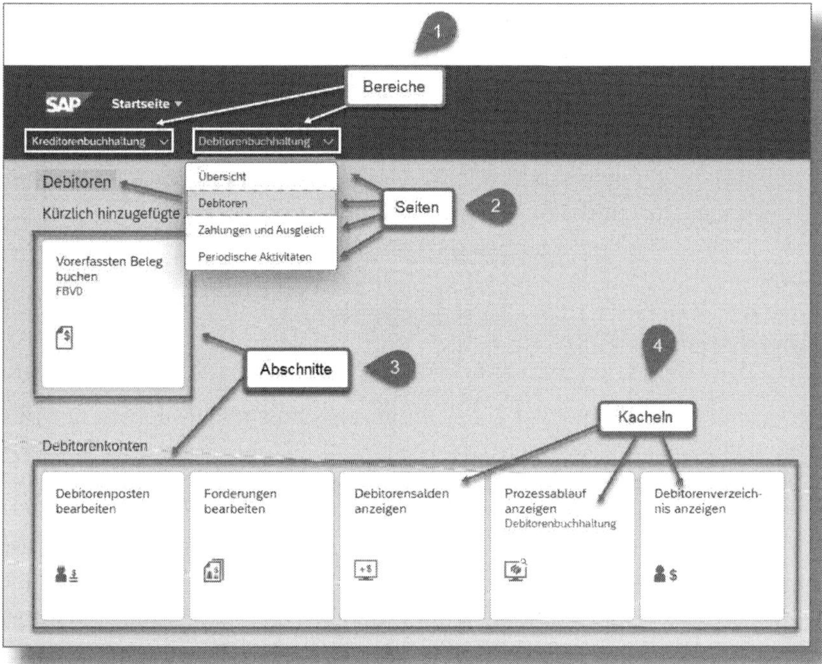

Abbildung 3.2: Elemente der Bereichsdarstellung

Eine Seite wiederum gliedert sich in *Abschnitte* ❸. So enthält z. B. die Seite DEBITOREN die Abschnitte KÜRZLICH HINZUGEFÜGTE KACHELN und DEBITORENKONTEN. Jedem Abschnitt sind wiederum Kacheln zugeordnet ❹. Eine Seite wird dadurch sichtbar, dass ein Anwender sie aus einem Bereich auswählt. Im Prinzip zeigt das Fiori Launchpad bei aktiviertem Bereichslayout also nicht mehr eine einzige große Seite an, sondern wechselt, abhängig von der Auswahl des Anwenders, zwischen verschiedenen Seiten.

Abbildung 3.3 stellt das Standardlayout dem Bereichslayout gegenüber.

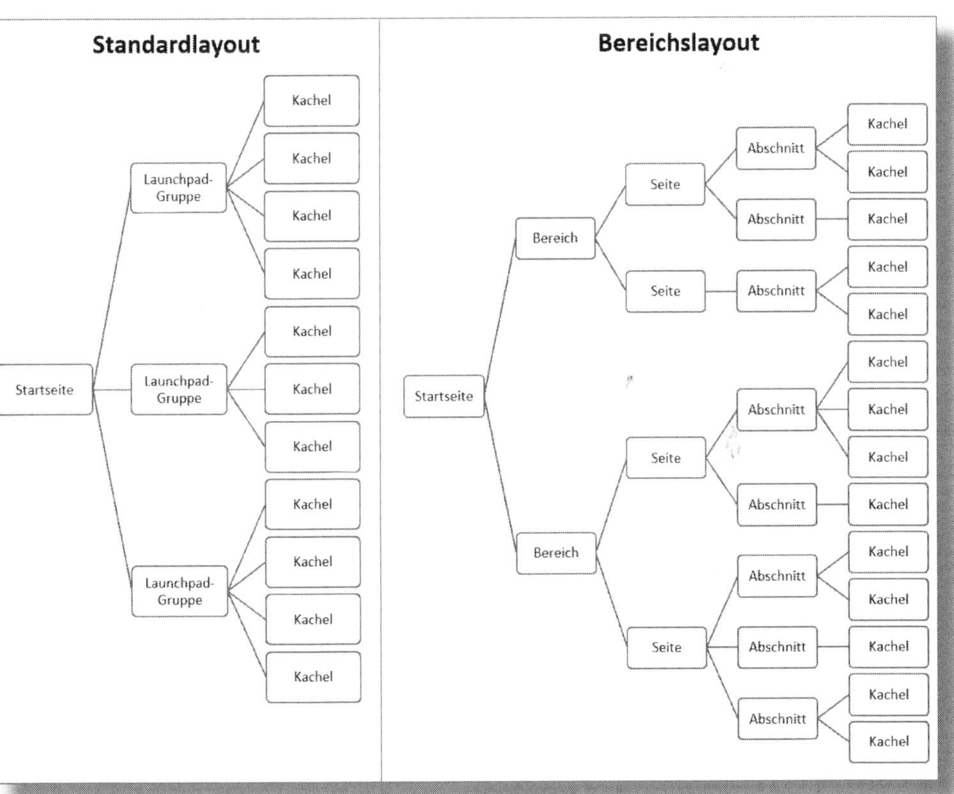

Abbildung 3.3: Standardlayout versus Bereichslayout

Beim Standardlayout auf der Startseite sind **alle** Launchpad-Gruppen und Kacheln sichtbar, beim Bereichslayout dagegen auf der Startseite immer nur **eine** ausgewählte Seite **eines** Bereichs. Auf diese Weise bleibt die Startseite übersichtlich, und es muss nicht so häufig durchgescrollt werden. Nachteilig ist, dass eine von Ihnen gesuchte Kachel erst dann sichtbar wird, wenn Sie vorher den richtigen Bereich und die richtige Seite gewählt haben.

Die Entscheidung, ob ein Anwender das Standardlayout oder das Bereichslayout nutzen möchte, ist diesem grundsätzlich selbst überlassen.

Launchpad-Bereiche, die einem Anwender zur Verfügung stehen sollen, werden ebenfalls durch die Zuweisung geeigneter Rollen festgelegt (siehe Abschnitt 3.2.4).

3.2 Berechtigungsrelevante Informationen zu einer App bestimmen

Sie werden als Berechtigungs- oder Benutzeradministrator häufiger die Aufgabe zugewiesen bekommen, Anwender für bestimmte Apps zuzulassen. Ich möchte Ihnen in diesem Abschnitt näher vorstellen, wie Sie zu diesen Apps Launchpad-Gruppen sowie Launchpad-Kataloge finden und diese für die Definition geeigneter Rollen nutzen. Im konkreten Beispiel soll ein Anwender berechtigt werden, per App Kundenstammdaten zu bearbeiten.

3.2.1 Suche in der Fiori Apps Reference Library

Eine wichtige Informationsquelle zum Thema »Fiori-Apps« ist die *Fiori Apps Reference Library* der SAP, die Sie wie in Abbildung 3.4 dargestellt aufrufen. Geben Sie hierfür im Browser die URL *fioriappslibrary.hana.ondemand.com/sap/fix/externalViewer* ein ❶. Die Library ist zwar nur in englischer Sprache verfügbar, Sie können aber trotzdem auch nach deutschen Stichworten suchen. Wählen Sie hierzu *German* als ADDITIONAL LANGUAGE ❷.

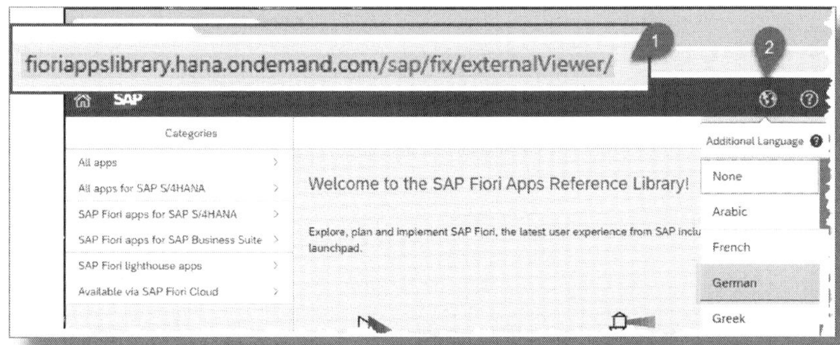

Abbildung 3.4: Start der Fiori Apps Reference Library

Wie in Abbildung 3.5 gezeigt, schränken Sie bei Bedarf in der Auswahlbox CATEGORIES (❶ in Abbildung 3.5) ein, welches SAP-Produkt bzw. welches SAP-Modul bei der App-Suche berücksichtigt werden soll. Die Auswahl *All Apps* sucht Apps unabhängig von ihrer Zuordnung.

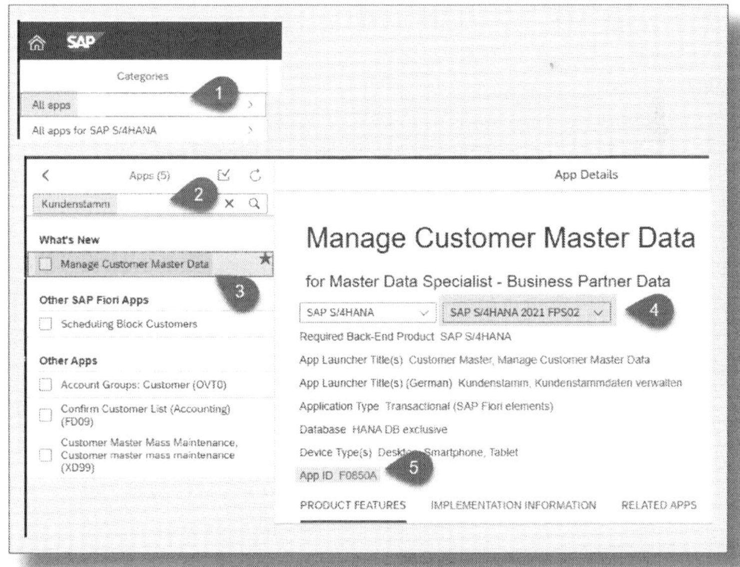

Abbildung 3.5: App zur Ermittlung des Kundenstamms

Geben Sie im Suchfeld ❷ einen Begriff (z. B. *Kundenstamm*) ein und starten die Suche durch Klicken auf das Lupensymbol. Die Trefferliste zeigt Ihnen nicht nur direkt zum Suchbegriff passende Apps an ❸, sondern unter der Überschrift OTHER SAP FIORI APPS auch solche, die thematisch im Umfeld liegen. Unter der Überschrift OTHER APPS finden Sie »klassische« SAP-Transaktionen.

Wählen Sie in der Trefferliste die Ihnen sinnvoll erscheinende App aus. Achten Sie unbedingt darauf, dass Sie in der rechten Bildschirmhälfte den für Ihr SAP-System relevanten Release-Stand filtern ❹. Es besteht ansonsten die Gefahr, dass Sie eine vermeintlich passende App gefunden haben, die aber z. B. nur für ein S/4HANA-Cloud-System verfügbar ist. Notieren Sie sich am besten die angezeigte APP ID ❺. Sie hilft Ihnen, z. B. im SAP-Portal oder über Google weitere Informationen zu finden.

Wechseln Sie zum Tab-Reiter IMPLEMENTATION INFORMATION (❶ in Abbildung 3.6) und öffnen Sie den Knoten CONFIGURATION ❷.

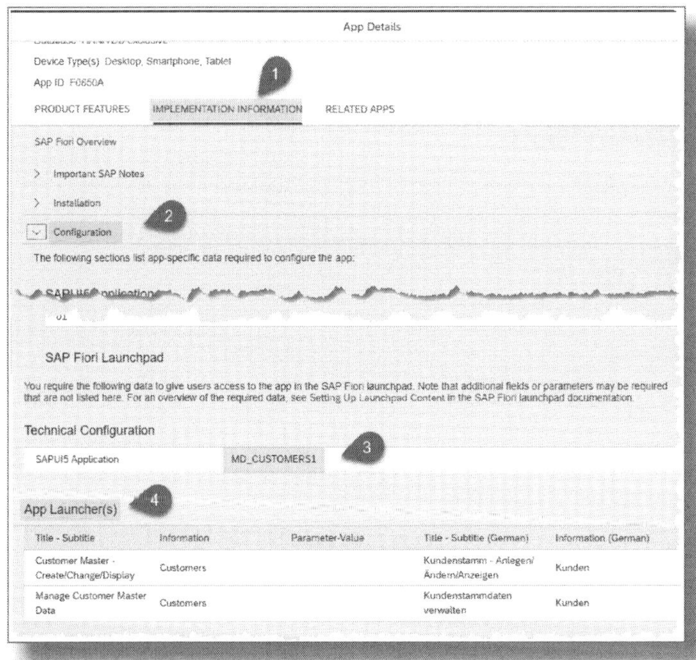

Abbildung 3.6: Technische Informationen zur App

Hier finden Sie unter der Überschrift TECHNICAL CONFIGURATION den technischen Namen der App ❸. Dieser kann z. B. hilfreich sein, wenn Sie bei Problemen mit der App im SAP-Portal nach Hinweisen suchen möchten. Unter der Überschrift APP LAUNCHER(S) ❹ sind die Kacheln aufgeführt, über die Sie im Launchpad die App starten können.

Die für das Berechtigungsthema relevante Information sehen Sie in Abbildung 3.7. Unter der Überschrift TECHNICAL CATALOG(S) ❶ finden Sie die technischen Kataloge, in denen die App enthalten ist. Diese Information benötigen Sie z. B. dann, wenn Sie eigene Launchpad-Kataloge anlegen möchten, die genau nur die von Ihnen gewünschten Apps enthalten.

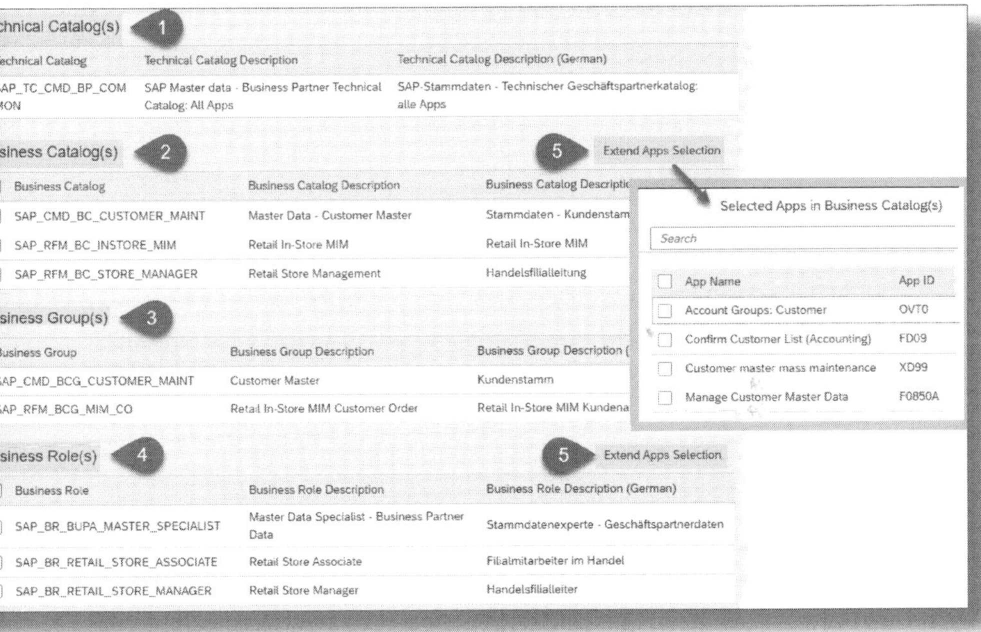

Abbildung 3.7: Berechtigungsrelevante Informationen zur App

Unter BUSINESS CATALOG(S) ❷ sind die Launchpad-Kataloge gelistet, die die gesuchte App enthalten, die BUSINESS GROUP(S) ❸ halten die gleiche Information hinsichtlich der Launchpad-Gruppen bereit.

SAP liefert u. U. Rollen aus, die die gesuchte App berechtigen. Diese Rollen sind unter der Überschrift BUSINESS ROLE(S) ❹ gelistet.

! SAP Business Roles

Beachten Sie, dass die von SAP ausgelieferten *Business Roles* nicht direkt nutzbar sind. Für diese Rollen sind z. B. noch keine Berechtigungswerte gepflegt oder Profile generiert. Sie sollten sie zunächst einmal mithilfe der Transaktion *STC01* und des Aufgabenplans SAP_FIORI_CONTENT_ACTIVATION in den Kundennamensraum kopieren und diese Kopien verwenden.

Die gelisteten Business Catalogs und Business Groups werden mit hoher Wahrscheinlichkeit nicht nur die von Ihnen gesuchte App beinhalten. Über den Link EXTEND APPS SELECTION ❺ (siehe ebenfalls Abbildung 3.7) sehen Sie die Apps, die außerdem in dem markierten Business Catalog oder der markierten Business Group enthalten sind.

☛ Launchpad-Bereiche

Die Fiori Apps Reference Library zeigt aktuell nicht an, in welchen Launchpad-Spaces eine gesuchte App enthalten ist.

☛ Namenskonventionen

Die von der SAP ausgelieferten technischen Kataloge (Technical Catalogs) haben einen Namen, der mit »SAP_TC« beginnt. Die Business-Kataloge (Business Catalogs) beginnen mit »SAP_XXXX_BC«, wobei der Platzhalter »XXXX« jeweils einen Hinweis auf das SAP-Modul gibt, für das der Katalog definiert wurde. Business-Gruppen (Business Groups) beginnen mit »SAP_XXXX_BCG«, Launchpad-Spaces mit »SAP_XXXX_SP«.

3.2.2 Detailinformationen im Launchpad Designer

Schauen wir uns einmal genauer an, wie die in Abschnitt 3.2.1 gefundenen Kataloge und Gruppe aussehen. Sie werden zwar als Zuständiger für das Berechtigungskonzept diese Informationen nicht unbedingt benötigen, aber etwas Hintergrundwissen kann nicht schaden.

Kacheln, Launchpad-Kataloge und Launchpad-Gruppen werden typischerweise von Entwicklern mit dem sogenannten *Launchpad Designer* angelegt und gepflegt. Abbildung 3.8 zeigt, welche Informationen der Launchpad Designer zu der App »Kundenstammdaten verwalten« liefert. Im Designer geöffnet wurde der technische Katalog SAP_TC_CMD_BP_COMMON, der laut Fiori Apps Reference Library die App enthält.

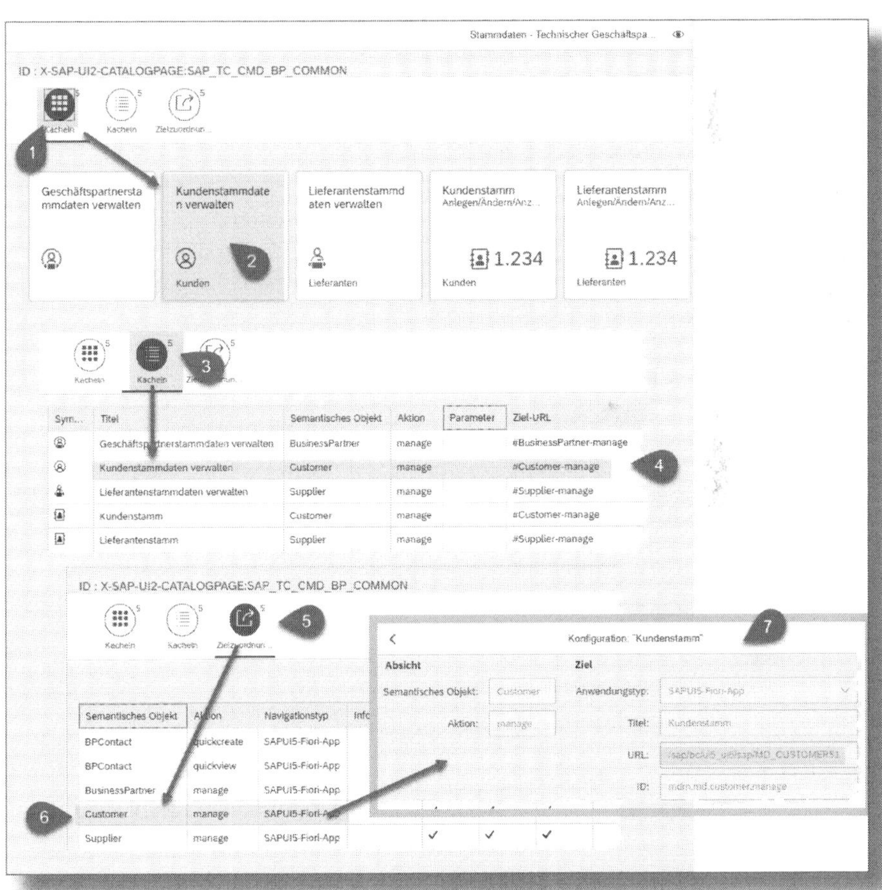

Abbildung 3.8: Detailinformationen zur App

Unter der Rubrik KACHELN ❶ finden Sie die App KUNDENSTAMMDATEN VERWALTEN ❷. Wenn Sie die Listendarstellung der Kacheln ❸ öffnen, erkennen Sie, dass die App mit einer Ziel-URL #CUSTOMER-MANAGE ❹ verknüpft ist. Die Registerkarte ZIELZUORDNUNG ❺ zeigt Ihnen, dass die Ziel-URL ❻ konkret den Wert /SAP/BC/UI5_UI5/SAP/MD_CUSTOMERS1 ❼ hat. In der Praxis bedeutet dies: Klickt der Anwender auf die Kachel »Kundenstamm verwalten«, wird (mit einigen Zusatzangaben) die URL »/sap/bc/ui5_ui5/sap/MD_CUSTOMERS1« im Browser aufgerufen.

Schauen wir uns nun den Launchpad-Katalog (Business Catalog) SAP_CMD_BC_CUSTOMER_MAINT an, der laut Fiori Apps Reference Library die Kachel KUNDENSTAMMDATEN VERWALTEN enthält (siehe Abbildung 3.9). In der Kachelübersicht ❶ ist ebendiese Kachel ❷ aufgeführt. Die zugehörige Listendarstellung ❸ zeigt, dass der Katalog eine REFERENZ ❹ auf die Kachel KUNDENSTAMMDATEN VERWALTEN besitzt. »Referenz« bedeutet, dass im Katalog die Informationen zur Kachel nicht explizit gespeichert sind, sondern nur ein Verweis auf eine Kachel eines technischen Katalogs vorliegt. Auf welche Kachel verwiesen wird, erfahren Sie, wenn Sie die Schaltfläche ORIGINAL ❺ drücken.

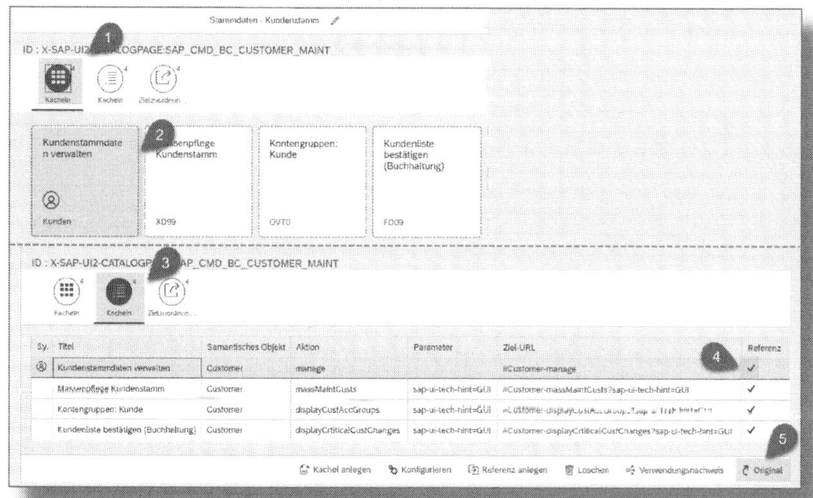

Abbildung 3.9: Business Catalog (Launchpad-Katalog)

Abbildung 3.10 stellt Ihnen die Launchpad-Gruppe SAP_CMD_BCG_CUSTOMER_MAINT ❶ vor. Sie enthält die Kachel KUNDENSTAMMDATEN VERWALTEN. Wenn Sie auf [i] ❷ klicken, sehen Sie, dass die Kachel im Katalog SAP_CMD_BC_CUSTOMER_MAINT hinterlegt ist.

So viel schon einmal vorweg: Wenn Sie einen Anwender für die App »Kundenstammdaten verwalten« berechtigen möchten, könnten Sie eine Rolle definieren, die den Launchpad-Katalog SAP_CMD_BC_CUSTOMER_MAINT und die Launchpad-Gruppe SAP_CMD_BCG_CUSTOMER_MAINT berücksichtigt. Die näheren Details hierzu erläutere ich Ihnen später in den Abschnitten 3.2.3 und 3.3.

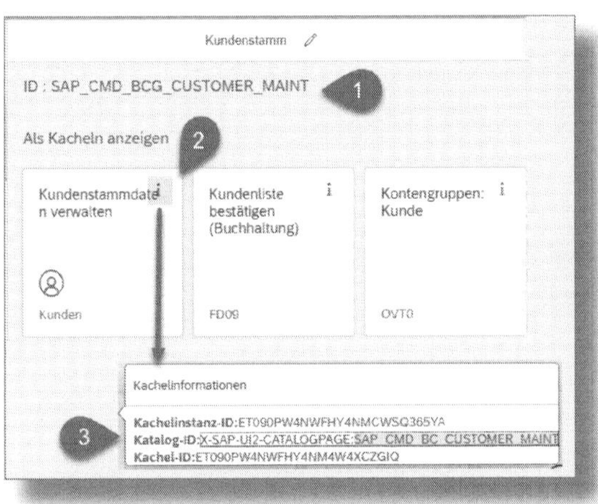

Abbildung 3.10: Business Group (Launchpad-Gruppe)

3.2.3 Business-Rolle

Die Fiori Apps Reference Library liefert zu einer App (fast immer) die Information, mit welcher Rolle man einen Benutzer für die App berechtigen kann. Schauen wir uns eine der Rollen mithilfe der Transaktion *PFCG* genauer an (siehe Abbildung 3.11). Konkret untersuchen wir die Rolle SAP_BR_BUPA_MASTER_SPECIALIST ❶. Im MENÜ ❷ der Rolle sind die Launchpad-Gruppe SAP_CMD_BCG_CUSTOMER_MAINT ❸ und der Launchpad-Katalog SAP_CMD_BC_CUSTOMER_MAINT ❹ eingetragen. Ordnen wir die Rolle einem SAP-Benutzer zu, kann er im Fiori Launchpad alle Apps starten, die in den Launchpad-Katalogen der Rolle enthalten sind. Die Apps (genauer die Kacheln zu den Apps) werden im Launchpad gruppiert nach Launchpad-Gruppen angezeigt.

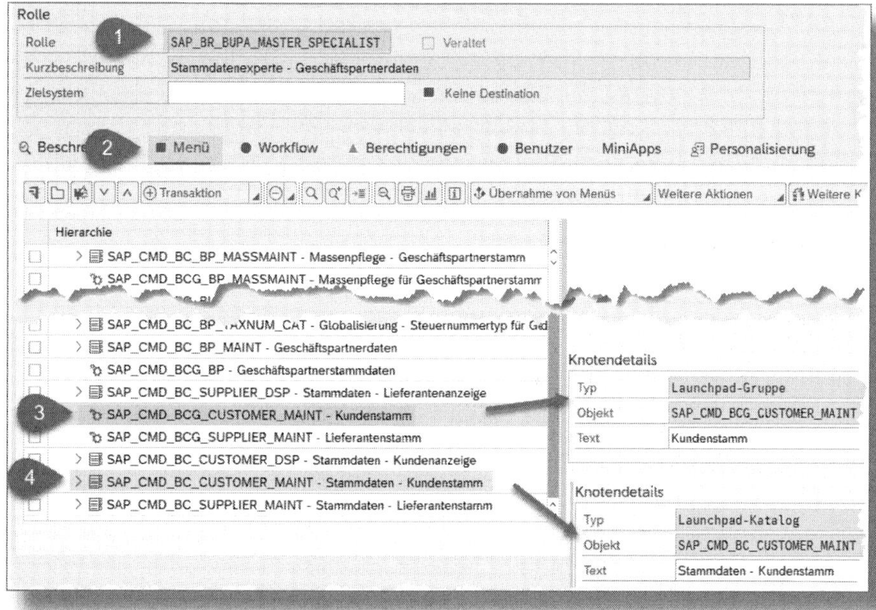

Abbildung 3.11: Business-Rolle in der Transaktion PFCG

In der Praxis kann es vorkommen, dass im Fiori Launchpad nicht alle Kacheln dargestellt werden, die ein Anwender laut den ihm zugewiesenen Rollen sehen müsste. Anhand von Abbildung 3.12 möchte ich Ihnen noch einmal die Zusammenhänge zwischen Apps, Katalogen, Gruppen und Rollen genauer beschreiben.

Ein Entwickler erstellt zunächst eine Reihe von Apps ❶ (APP1, APP2, …, APP7) und ordnet diese technischen Katalogen zu. Da Letztere keine Bedeutung für die Berechtigungsproblematik haben, sind sie nicht in der Abbildung dargestellt. Apps werden einem oder mehreren Launchpad-Katalogen zugeordnet. In einen einzelnen Launchpad-Katalog werden immer diejenigen Apps aufgenommen, die gemeinsam berechtigt werden sollen. Im konkreten Beispiel enthält der Launchpad-Katalog ❷ LK1 die Apps APP1, APP3 und APP4, der Katalog LK2 die Apps APP2 und APP5 und der Katalog LK3 die Apps APP1, APP2 sowie APP6.

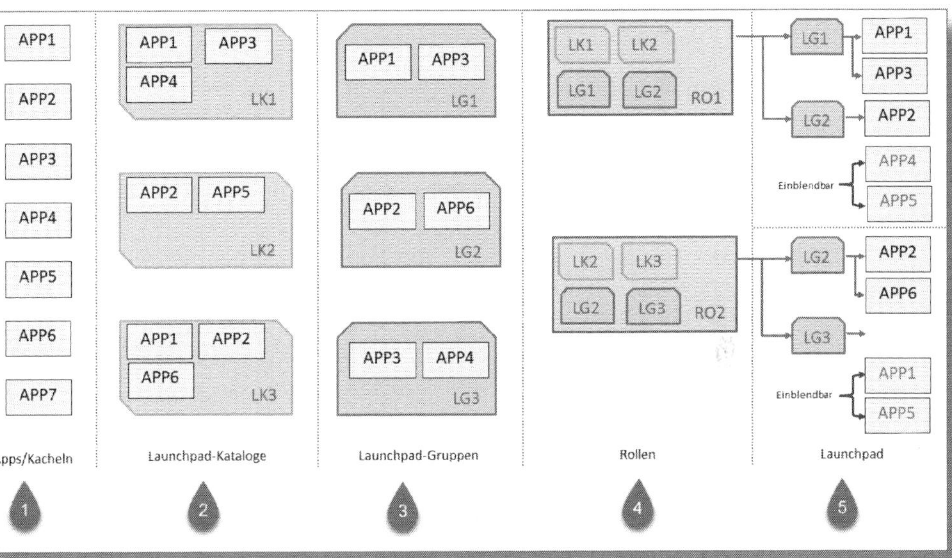

Abbildung 3.12: Auswirkung der Rolle auf das Launchpad

Ordnen Sie die Launchpad-Kataloge LK1 und LK2 jetzt z. B. der Rolle RO1 ❹ zu, darf ein Benutzer, der diese Rolle besitzt, im Fiori Launchpad die Apps APP1, APP2, APP3, APP4 und APP5 starten. Entsprechend erlaubt die Rolle RO2 über die Kataloge LK2 und LK3 den Start der Apps APP1, APP2, APP5 und APP6. Damit ist aber noch nicht festgelegt, welche der Apps (Kacheln) überhaupt im Launchpad angezeigt werden und wie die Gruppierung der Kacheln aussieht. Diese Aufgabe übernehmen die Launchpad-Gruppen ❸. In der Launchpad-Gruppe LG1 sind APP1 und APP3 enthalten, in der Gruppe LG2 APP2 und APP6 und in der Gruppe LG3 APP3 und APP4. Nehmen Sie jetzt die Launchpad-Gruppen LG1 und LG2 in die Rolle RO1 auf, hat dies zur Folge, dass im Launchpad ❺ in einer Gruppe die Kacheln zu APP1 und APP3 angeboten werden, in einer zweiten Gruppe APP2. Beachten Sie: APP6, die Teil der Gruppe LG2 ist, taucht im Launchpad nicht auf; sie kann auch nicht gestartet werden, da kein Launchpad-Katalog, der zur Rolle

RO1 gehört, sie enthält. Ebenso sind APP4 und APP5 nicht sichtbar, da nicht Bestandteil einer der Launchpad-Gruppen der Rolle RO1 enthalten sind. Grundsätzlich erlaubt die Rolle RO1 aber den Start dieser Apps, der Anwender kann Sie z. B. über den App-Finder im Launchpad auffinden und dann starten.

Analog sieht ein Anwender, dem die Rolle RO2 zugeordnet ist, im Launchpad eine Gruppe (LG2) mit den Apps APP2 und APP6. APP6 wird durch den Katalog LK3 bereitgestellt. Zusätzlich sieht der Anwender eine leere (!) Gruppe (LG3), denn APP3 und APP4, die in dieser Gruppe enthalten sind, kommen weder im Katalog LK2 noch im Katalog LK3 vor. APP1 und APP5 sind im Launchpad für einen Anwender mit der Rolle RO2 nicht sichtbar, da APP1 und APP5 zwar über die Kataloge LK2 bzw. LK3 berechtigt werden, aber weder Teil der Gruppe LG2 noch von LG3 sind.

Überlegen Sie nun einmal für sich, welche Apps ein Anwender starten darf und welche Kacheln er sieht, wenn ihm die Rollen RO1 und RO2 zugewiesen werden.

Fiori Launchpad: Kacheln, Kataloge und Gruppen

Die einer Rolle zugeordneten Kataloge bestimmen, welche Apps ein Anwender im Fiori Launchpad starten darf. Die Launchpad-Gruppen einer Rolle legen fest, welche der startbaren Apps in welcher Reihenfolge und in welcher Art gruppiert im Launchpad angezeigt werden. Apps, die in einem Katalog enthalten sind, aber nicht in einer der Gruppen der Rolle, sind beim Start des Fiori Launchpad nicht sichtbar, können aber z. B. mithilfe des App-Finder gefunden und gestartet werden. Apps, die in einer Launchpad-Gruppe aufgeführt, aber durch keinen Katalog der Rolle abgedeckt sind, werden nicht angezeigt und sind auch nicht im App-Finder sichtbar. Sie können also nicht gestartet werden.

3.2.4 Launchpad-Bereiche und Launchpad-Seiten

In Abschnitt 3.1 hatte ich erwähnt, dass die SAP mit dem *Bereichslayout* eine Variante anbietet, die Kacheln im Launchpad alternativ zur Gruppierung in Launchpad-Gruppen anzuordnen.

Den Aufbau eines Launchpad-Bereichs kann man mithilfe der App *F4834* (LAUNCHPAD-BEREICHE VERWALTEN) untersuchen (siehe Abbildung 3.13). Die App zeigt die von SAP vordefinierten und die vom Kunden angelegten Bereiche in getrennten Tab-Reitern an. Auf dem Reiter VON SAP VORDEFINIERT sind alle Launchpad-Bereiche aufgeführt, die SAP ausliefert. Hier finden wir z. B. den Bereich SAP_CDM_SP_BP_MAINT ❶, der die App »Kundenstammdaten verwalten« enthält. Leider bietet das derzeitige Release S/4HANA 2020 keine Möglichkeit an, den genauen Aufbau eines Bereichs aus dem SAP-Namensraum anzuzeigen. Neuere S/4-Stände unterstützen dies aber. Als Workaround habe ich den Bereich unter dem Namen ZSAP_CDM_SP_BP_MAINT ❷ in den Kundennamensraum kopiert.

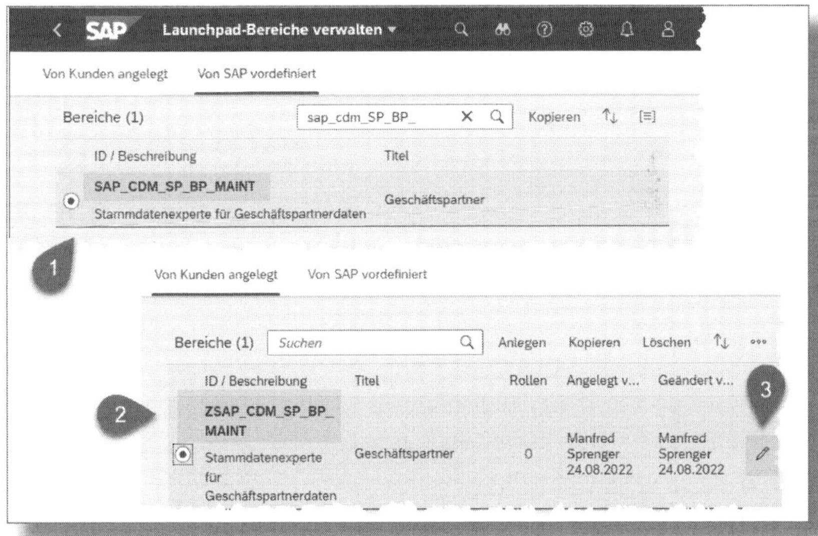

Abbildung 3.13: Launchpad-Bereiche

Klicken wir für den Bereich auf den Stift ❸, sehen wir die im Bereich enthaltene(n) Seite(n) (hier SAP_CDM_PG_BP_MAINT). Ein Klick auf > (❹ in Abbildung 3.14) zeigt den genauen Seitenaufbau, und wir erkennen, dass die Seite tatsächlich die App KUNDENSTAMMDATEN VERWALTEN ❺ enthält.

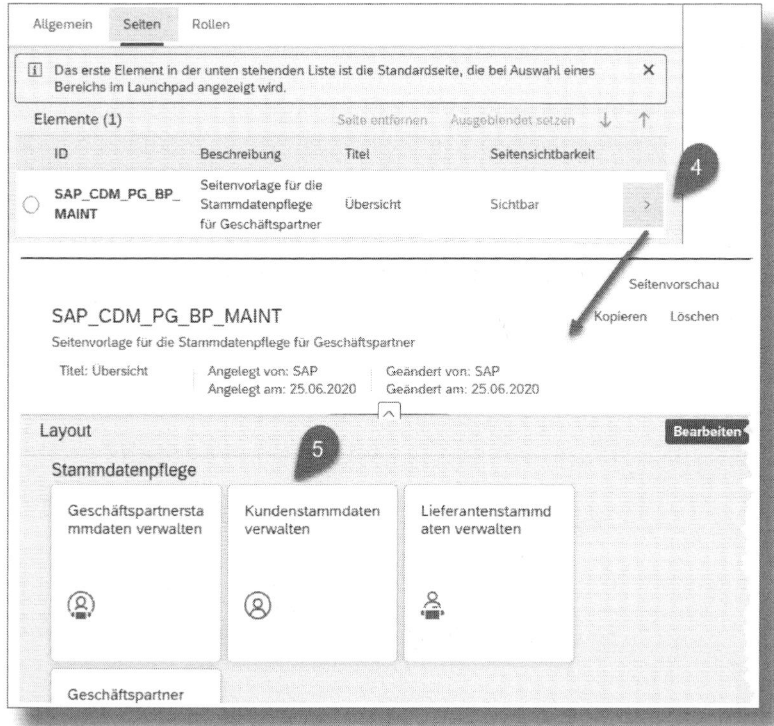

Abbildung 3.14: Launchpad-Seiten

Stellt sich nun die Frage, welche Launchpad-Bereiche einem Anwender im Fiori Launchpad zur Verfügung stehen. Die Antwort lautet (Abbildung 3.15): Sie tragen im Rollenmenü ❶ den gewünschten Launchpad-Bereich ❷ ein.

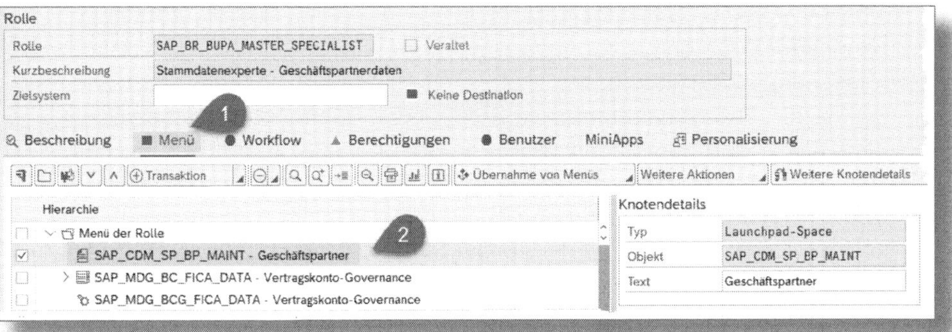

Abbildung 3.15: Zuordnung der Launchpad-Bereiche zur Rolle

! Launchpad-Bereiche und Launchpad-Kataloge

Wenn Sie einer Rolle allein Launchpad-Bereiche zuordnen, sind die in den Bereichen enthaltenen Apps im Launchpad nicht sichtbar und können auch über den App-Finder nicht gefunden werden. Sie müssen dem betroffenen Anwender über die Rolle (oder andere Rollen) Launchpad-Kataloge mit den Apps zur Verfügung stellen, die auf den Seiten eines Bereichs angezeigt werden sollen. Es ist deshalb sinnvoll, in eine Rolle nicht nur Launchpad-Bereiche aufzunehmen, sondern zumindest auch die Kataloge, die die Apps tatsächlich berechtigen. Enthält die Rolle auch die passenden Launchpad-Gruppen, kann ein Anwender ohne »Kachelverlust« selbst entscheiden, ob er mit dem Bereichslayout oder der Gruppenansicht arbeiten möchte.

3.2.5 Informationen im Launchpad-Content-Manager

In Abschnitt 3.2.1 hatten wir uns mithilfe der Fiori Apps Reference Library Informationen zur App »Kundenstammdaten verwalten« besorgt, die für das Thema »Berechtigungsvergabe« hilfreich sein könnten. Ich möchte Ihnen jetzt eine Alternative zur Apps Library vorstellen, den *Launchpad-Content-Manager* (siehe Abbildung 3.16). Vom Content-Manager gibt es eine mandantenübergreifende und eine mandantenspezifische Version. Wenn Sie konkret wissen möchten, welche Kacheln, Launchpad-Kataloge und Rollen im Anmeldemandanten verfügbar sind, müssen Sie die mandantenspezifische Version aufrufen. Starten Sie hierfür die Transaktion *UI2/FLPCM_CUST*. Haben Sie ein wenig Geduld, das Zusammenstellen der Daten dauert einige Sekunden! Wechseln Sie danach auf den Tab-Reiter KACHELN/ZIELZUORDNUNGEN ❶ und schreiben Sie den Suchbegriff in das Suchfeld ❷. Die Suche führt schneller zum Ergebnis, wenn Sie hier die App-ID eingeben, sofern Sie diese kennen. Die Suche lösen Sie mit einem Klick auf START ❸ aus. In der Trefferliste sehen Sie Kachel und Zielzuordnungen ❹, die zum Suchbegriff passen (den Begriff »Zielzuordnung« hatte ich in Abschnitt 3.2.2 erläutert).

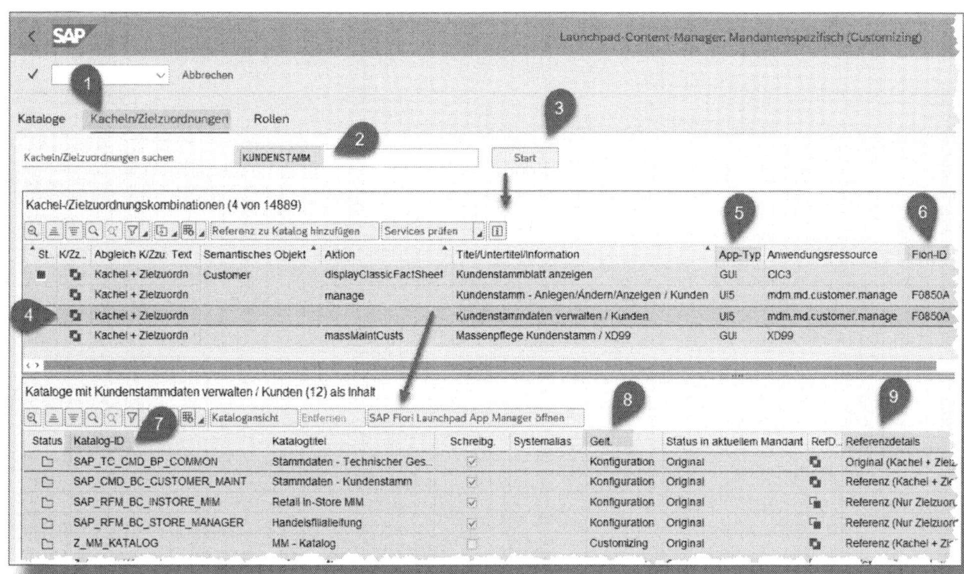

Abbildung 3.16: Suche nach Kacheln (Apps)

In der Spalte APP TYP ❺ erkennen Sie, ob die Kachel tatsächlich eine »echte« Fiori-App startet (Typ UI5) oder z. B. »nur« eine klassische, Dynpro-basierte Transaktion (GUI). Bei einer Fiori-App steht in der Spalte FIORI-ID ❻ die Kennung der App. Wenn Sie in der Übersicht auf eine Zeile einen Doppelklick ausführen, werden KATALOGE ❼ gelistet, die die betreffende Kachel bzw. Zielzuordnung enthalten. Die Spalte Geltungsbereich (GELT.) ❽ gibt darüber Auskunft, ob es den Katalog nur im aktuellen Mandanten (CUSTOMIZING) oder auch mandantenübergreifend (KONFIGURATION) gibt. Anhand der Spalte REFERENZDETAILS ❾ sieht man, ob die Kachel im Katalog als ORIGINAL vorliegt oder nur eine REFERENZ darstellt. Der Wert »Original« deutet darauf hin, dass es sich bei dem Katalog um einen technischen Katalog handelt, der Wert »Referenz« lässt vermuten, dass der Katalog ein Launchpad-Katalog (Business Catalog) ist.

Abbildung 3.17 verdeutlicht, wie Sie zu einer Kachel eine Rolle finden, die den Start der betreffenden App erlaubt.

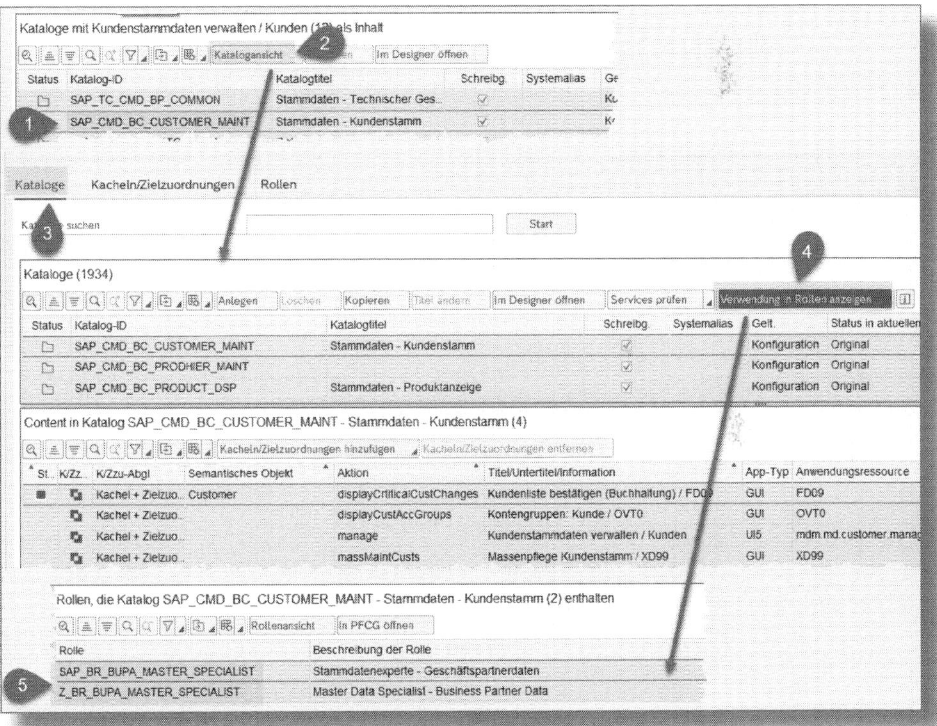

Abbildung 3.17: Kataloge und Rollen

Markieren Sie zunächst in der Kachelübersicht einen der angezeigten Kataloge ❶, klicken Sie dann auf KATALOGANSICHT ❷. Der Tab-Reiter

Kataloge ❸ zeigt dann alle im Mandanten vorhanden Kataloge an. Der zuvor ausgewählte Katalog ist in der Liste bereits markiert. Starten Sie die Aktion Verwendung in Rollen anzeigen ❹, sehen Sie eine Übersicht aller Rollen ❺, die den betreffenden Katalog enthalten.

Wenn Sie zum Tab-Reiter Rollen (❶ in Abbildung 3.18) wechseln, können Sie den Namen einer Rolle ❷ als Suchbegriff eingeben. Mit Start ❸ erhalten Sie eine Übersicht aller Rollen, die zum eingegebenen Suchmuster passen. Doppelklicken Sie eine Zeile in der Liste, erhalten Sie eine Aufstellung aller Kataloge ❹, die der Rolle zugewiesen sind.

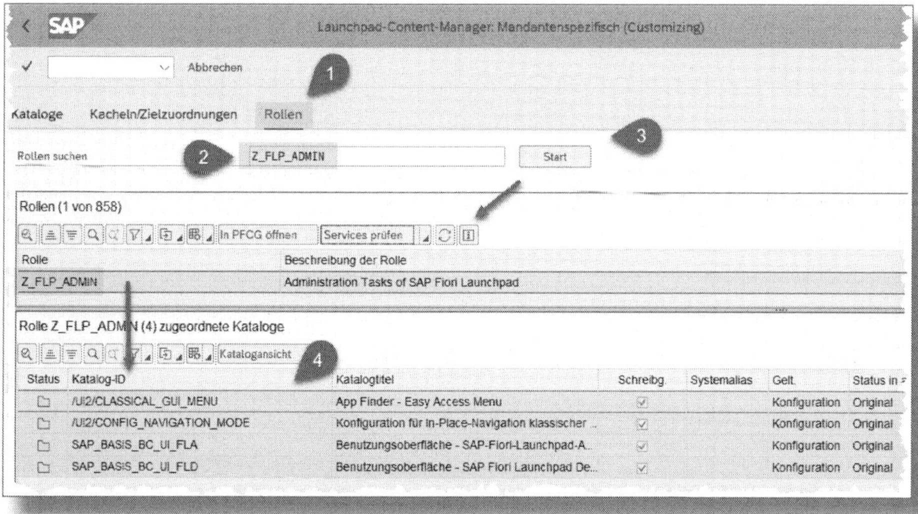

Abbildung 3.18: Informationen zu einer Rolle

3.3 Fiori-Frontend-Rolle definieren

Ich werde Ihnen in diesem Abschnitt demonstrieren, wie man eine Rolle definiert, die Kacheln für das Fiori Launchpad zur Verfügung stellt (siehe Abbildung 3.19). Sie starten hierfür die Transaktion *PFCG*, geben der neuen Rolle einen Namen und wechseln auf den Tab-Reiter Menü ❶. Im Dropdown-Menü Transaktion finden Sie im Untermenü SAP Fiori Launchpad die Funktionen zum Einfügen von Launchpad-

Gruppen, Launchpad-Katalogen und Launchpad-Spaces. Sie fügen die Launchpad-GRUPPE *SAP_CMD_BCG_CUSTOMER_MAINT* ❷ und den Launchpad-BEREICH *SAP_CDM_SP_BP_MAINT* ein ❸. Beim Einfügen des Launchpad-Katalogs *SAP_CMD_BC_CUSTOMER_MAINT* ❹ deaktivieren Sie zunächst die Option MIT ANWENDUNGEN ❺.

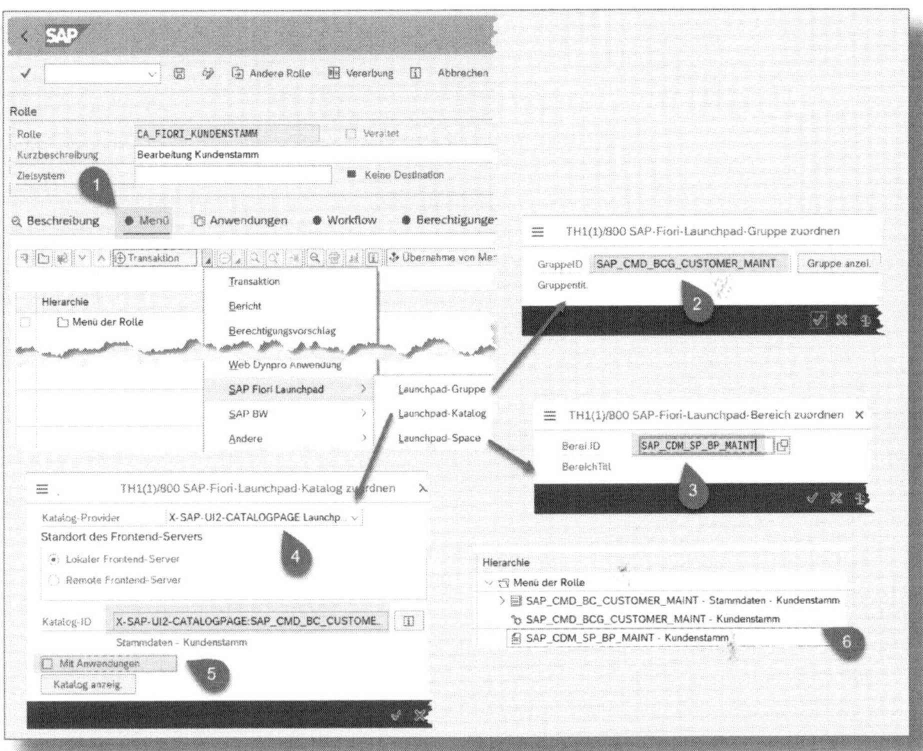

Abbildung 3.19: Rolle anlegen und Menü aufbauen

Abbildung 3.20 zeigt noch einmal das MENÜ der Rolle ❶. Wie ich schon betont hatte, legt der in der Rolle zugewiesene Launchpad-Katalog fest, welche Apps gestartet werden können. Die Launchpad-Gruppe bzw. der Launchpad-Bereich bestimmen, wie die Kacheln im Launchpad angezeigt und gruppiert werden. Wenn Sie in der Rollenpflege auf den Tab-Reiter BERECHTIGUNGEN schauen, stellen Sie fest, dass die Rolle für keinerlei Berechtigungsobjekte Berechtigungen enthält ❷. Dies ist die Konsequenz aus der Deaktivierung der Option »Mit Anwendungen«.

Wenn ein Anwender, dem die Rolle CA_FIORI_KUNDENSTAMM zugewiesen ist, sich im Fiori Launchpad anmeldet, sieht er tatsächlich die Kachel zur Verwaltung der Kundenstammdaten (und noch einige weitere). Die Anzeige der Kacheln im Launchpad funktioniert. Klickt der Anwender jetzt auf die Kachel KUNDENSTAMMDATEN VERWALTEN ❸, werden nur noch drei Punkte angezeigt, und nichts passiert mehr. Startet er z. B. die App KUNDENLISTE BESTÄTIGEN ❹, erhält er sofort die Fehlermeldung KEINE BERECHTIGUNG FÜR TRANSAKTION FD09.

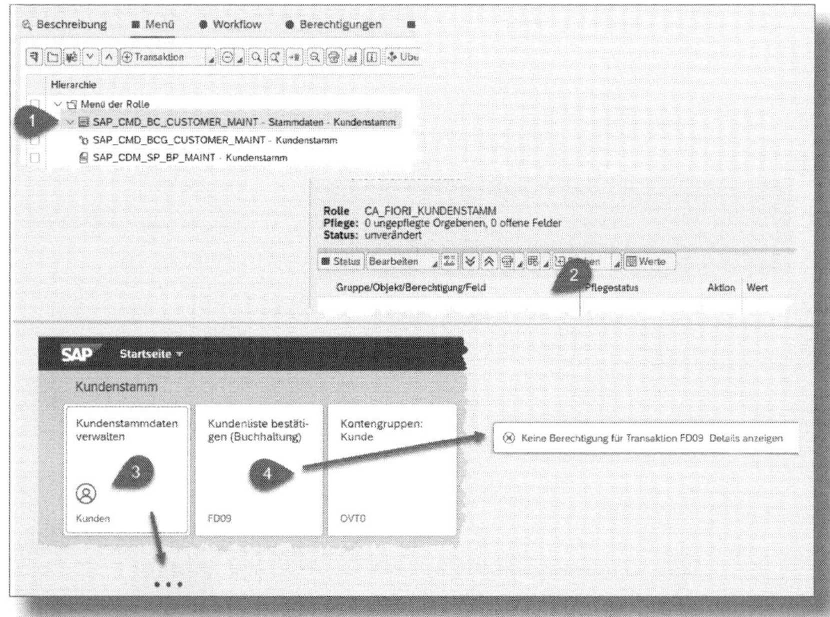

Abbildung 3.20: Fehler beim Starten der Apps

Irgendwie scheint die Rolle doch nicht richtig definiert zu sein. Zum Hintergrund der Fehler: Die im Menü eingetragenen Launchpad-Kataloge, Launchpad-Gruppen und Launchpad-Bereiche regeln zunächst nur, welche Kacheln der Anwender im Fiori Launchpad in welcher Gruppe bzw. in welchem Bereich angezeigt bekommt und welche eventuell zusätzlich noch über den App-Finder ausfindig machen kann. Er kann die Apps auch tatsächlich starten. Doch dann versuchen die Apps, z. B. auf Anwendungsdaten zuzugreifen oder Transaktionen zu starten. Doch dafür benötigt der Benutzer ausreichende Berechtigungen – die fehlen jedoch noch in der aktuell von uns definierten Rolle. Abbildung 3.21 zeigt die fehlgeschlagenen Berechtigungsprüfungen.

Auswertung der letzten fehlgeschlagenen Berechtigungsprüfung

Benutzername	F1000	Fehlgeschlagene Prüfungen seit	30.08.2022 07:37:46 (UTC)
System	TH1	Mandant	800
Datum	30.08.2022	Systemzeit	09:45:13 (UTC)
Instanz	th1_TH1_00	Profilparameter auth/new buffering	4

Typ der Anwendung	Name der Anwendung	INT4	Ergebnis	Objekt	Fe...	Wert 1	Feld 2	Wert...	Feld 3	Wert...	F
SAP Gateway: Ser...	ZMD_CUSTOMER_MASTER_SRV_01_0001	4	Berechtigungsprüfun...	S_SERVICE		...4D8AEE91...	SRV_TYPE	HT			
		12	Keine Berechtigung i...	S_DEVELOP	DEV...		OBJTYPE	DEB...	OBJ...		F
		4	Berechtigungsprüfun...	S_TCODE	TCD	FD09					

Abbildung 3.21: Fehlgeschlagene Berechtigungsprüfungen

Wir wollen versuchen, die fehlenden Berechtigungen zu ergänzen (siehe Abbildung 3.22). Sie markieren hierfür im Menü der Rolle den Launchpad-Katalog und klicken auf ❶. Im angezeigten Fenster aktivieren Sie die Option MIT ANWENDUNGEN ❷. Unter ANWENDUNGEN IM KATALOG sehen Sie eine Liste von Berechtigungsvorschlägen ❸, die mit in die Rolle einfließen werden. Die Berechtigungsvorschläge zu den einzelnen Apps des Launchpad-Katalogs sind im System hinterlegt. Die Vorschläge können Sie in der Transaktion *SU24* anschauen.

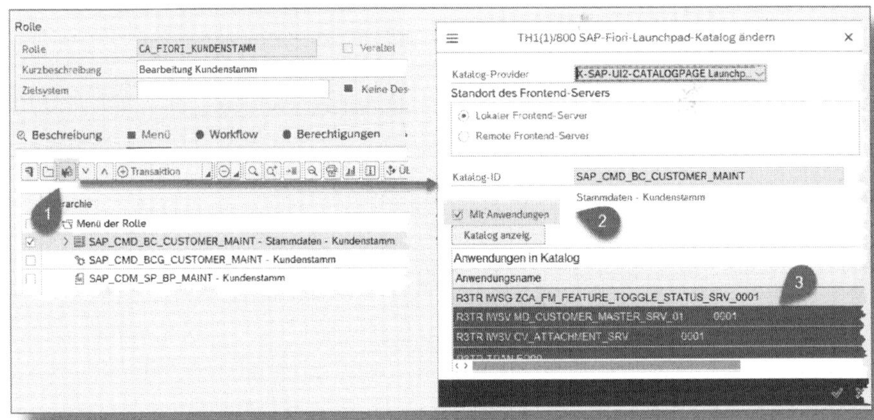

Abbildung 3.22: Anwendungsberechtigungen in eine Rolle aufnehmen

Wenn Sie das Fenster schließen, werden die Berechtigungsvorschläge in der Menüstruktur unterhalb des Launchpad-Katalogs ❹ angezeigt (siehe Abbildung 3.23).

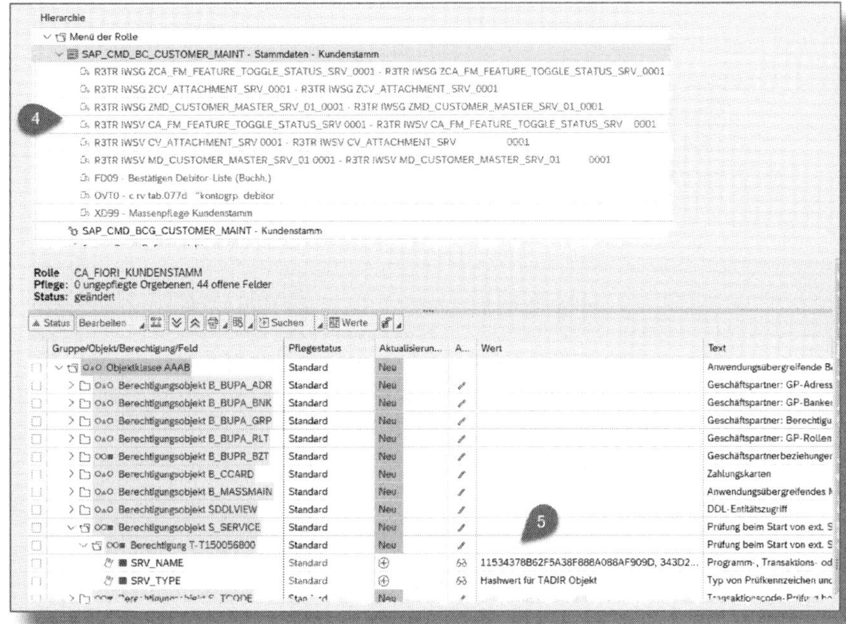

Abbildung 3.23: In die Rolle aufgenommene Berechtigungsvorschläge

Pflegen Sie nun die Berechtigungen zur Rolle. Wie Sie sehen, werden jetzt alle in den Vorschlägen enthaltenen Berechtigungen angezeigt und können bei Bedarf ergänzt oder überarbeitet werden. Insbesondere finden Sie zum BERECHTIGUNGSOBJEKT S_SERVICE eine ganze Reihe von Berechtigungen mit recht kryptischen Werten für das Feld SRV_NAME ❺. Diese etwas merkwürdigen Berechtigungen erlauben es einer Fiori-App, Service-Aufrufe zu starten, um Anwendungsdaten lesen oder auch ändern zu können. Ohne diese Berechtigungen kommt es zu dem oben erwähnten Fehlverhalten der App »Kundenstammdaten verwalten«. Zusätzlich sind in der Rolle auch einige Berechtigungen zum Objekt S_TCODE enthalten (in Abbildung 3.23 nicht sichtbar). Diese Berechtigungen sind notwendig, wenn eine Fiori-App (wie beispielsweise »Kundenliste bestätigen«) versucht, eine Transaktion zu starten. Mit der überarbeiteten Rolle kann der Anwender die Apps korrekt ausführen.

Wie ich erwähnt hatte, nutzt eine App Services (Dienste), um auf Anwendungsdaten zuzugreifen. Diese Services werden technisch durch sogenannte *OData-Services* realisiert. Ein Blick in die Fiori Apps Reference Library (siehe Abbildung 3.24) zeigt uns zu einer App auch die Namen der verwendeten OData-Services ➊ an. In der Transaktion *SU24* können Sie den Servicenamen im Feld OBJEKTNAME eingeben ➋ und sehen dann die von SAP hinterlegten Berechtigungsvorschläge ➌ zum Service. Genau diese Berechtigungen müssen in die Rolle einfließen, damit ein Anwender über eine App den Service nutzen darf.

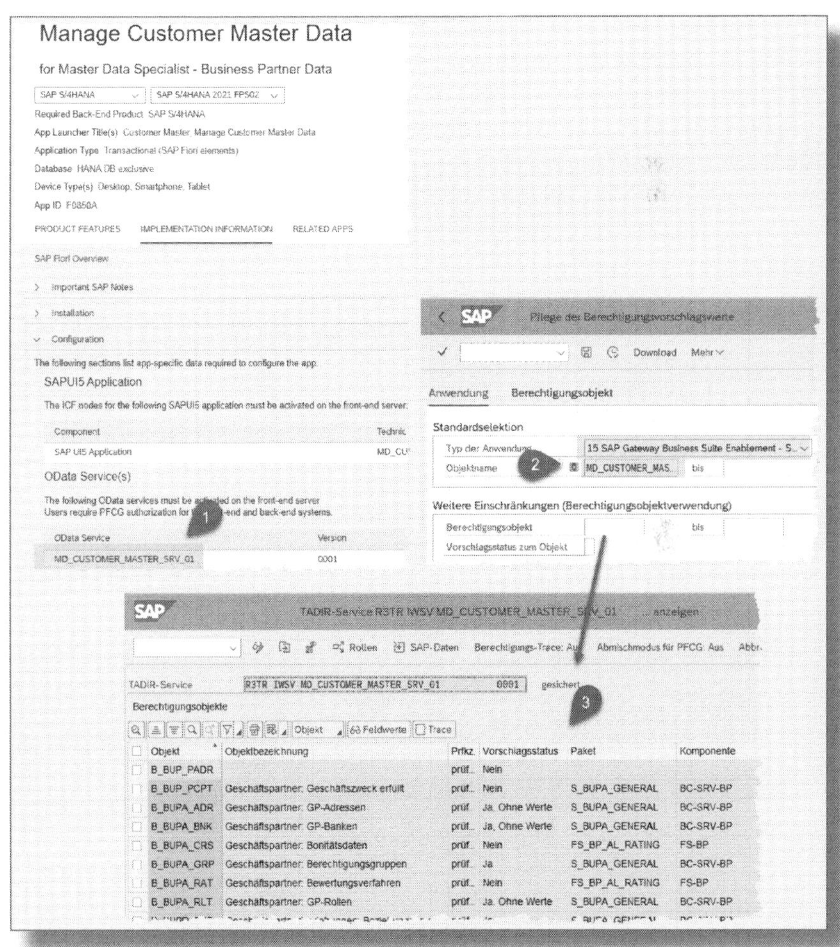

Abbildung 3.24: Berechtigungsvorschlagswerte für Fiori-Apps

3.4 Berechtigungen im Backend- und im Frontend-System

Ich habe bisher versucht, Ihnen technische Hintergrundinformationen zu Fiori und S/4HANA weitestgehend zu ersparen. Die »Fiori-Profis« unter Ihnen werden bestimmt schon bemängelt haben, dass ich bei der Darstellung mancher Sachverhalte bisher Vereinfachungen vorgenommen und nicht immer alle möglichen Konstellationen beschrieben habe. Einigen Lesern wird dies bei der praktischen Umsetzung der Erkenntnisse dieses Buchs möglicherweise auffallen. So kann es z. B. passieren, dass Sie für die Arbeit mit S/4HANA und Fiori zwei Benutzerkennungen benötigen: eine für die Anmeldung in Fiori mithilfe des Browsers und eine weitere (zwar mit gleichem Namen) für die Anmeldung mit dem SAP GUI. In diesem Zusammenhang fallen dann oft Begriffe wie *Frontend-Server* und *Backend-System*. Ich möchte ihnen in diesem Abschnitt einige zusätzliche Informationen dazu geben. Schauen wir uns dazu einmal Abbildung 3.25 genauer an.

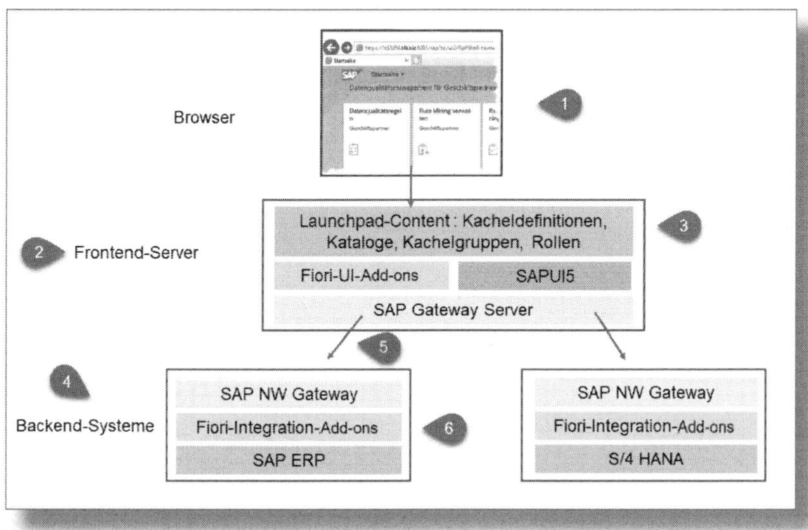

Abbildung 3.25: Frontend-Server und Backend Systeme

Apps starten Sie mithilfe des Fiori Launchpad ❶ im Browser. Um die Apps auszuführen, benötigen wir prinzipiell zwei (!) SAP-Systeme. Das erste SAP-System, der sogenannte *Frontend-Server* ❷, hat die Aufgabe, den für Sie sichtbaren Teil der App, also die Benutzeroberfläche ❸, aufzubauen, dem Browser zur Verfügung zu stellen und Ihre Eingaben entgegenzunehmen. Das zweite SAP-System, das sogenannte *Backend-System* ❹, ist u. a. dafür zuständig, alle für eine App erforderlichen Anwendungsdaten zu liefern und zu speichern.

Wie die Abbildung andeutet, kann es zu einem Frontend-Server auch mehrere Backend-Systeme geben. Sie sehen links unten ein Backend-System vom Typ SAP ERP, das im Unternehmen z. B. für das Personalwesen genutzt wird, rechts unten ein S/4HANA-System, das vielleicht für alle übrigen Anwendungen verwendet wird.

Zwischen dem Frontend-Server und den Backend-Systemen sind Verbindungen definiert, die durch einen sogenannten *Systemalias* identifiziert werden.

Beispiel Systemalias

Die Verbindung zwischen dem Frontend-Server und dem SAP-ERP-Backend-System könnte durch den Systemalias HCM identifiziert sein, die Verbindung vom Frontend-Server zum S/4HANA-Backend-System könnte z. B. S4FIN als Systemalias verwenden.

Es ist durchaus möglich, dass für eine Verbindung zwischen dem Frontend-Server und demselben Backend-System mehrere Systemalias definiert sind. Welcher Systemalias von einer App verwendet wird, um an die Daten eines Backend-Systems zu kommen, wird von der App und den im Frontend-System konfigurierten Einstellungen der beteiligten OData-Services festgelegt.

Um Fiori-Apps aufrufen zu können, müssen Sie sich per Browser über die passende URL am Frontend-Server anmelden. Dazu benötigen Sie eine Benutzerkennung für das SAP-System, das die Rolle des Frontend-Servers übernimmt. Welche Kacheln Ihnen nach der Anmeldung im Launchpad zur Verfügung stehen, wird durch Launchpad-Kataloge, Launchpad-Gruppen und Rollen ❸ definiert, die im Frontend-Server hinterlegt sind. Auch der Implementierungsanteil einer App, der sich um den Dialog mit dem Anwender kümmert, liegt auf dem Frontend-Server. In der Abbildung sind diese Bestandteile im Block *Fiori-UI-Add-ons* zusammengefasst.

Haben Sie in die Seite einer App z. B. eine Materialnummer eingegeben und schließen Ihre Eingabe mit einer Funktion wie »Start« ab, wendet sich der Frontend-Server an den Backend-Server ❺, in dem die Materialstammdaten gespeichert sind. Der Backend-Server stellt für solche Anfragen sogenannte Services zur Verfügung, die wiederum Bestandteil der *Fiori-Integration-Add-ons* ❻ sind. Diese Integration-Add-ons übernehmen bei Fiori-Apps die Bereitstellung, Speicherung und Prüfung von Anwendungsdaten. Sie sehen also, dass Fiori-Bestandteile sowohl auf dem Backend-System als auch dem Frontend-Server vorhanden sind. Die Verbindung zwischen Frontend-Server und Backend-System werden durch den *SAP Gateway Server* und das *SAP NW Gateway* gesteuert.

Damit ein SAP-Anwender per App Daten aus einem Backend-System lesen oder diese ändern kann, benötigt er im Backend-System einen Benutzerstammsatz mit ausreichenden Berechtigungen. Die Berechtigungen, die dort per Rolle an den Anwender vergeben werden, steuern z. B., ob ein Anwender Materialstammdaten lesen darf, eventuell eingeschränkt auf bestimmte Materialarten, Werke oder Lagerorte.

Für die Berechtigung, eine App starten zu dürfen, ist also der Frontend-Server verantwortlich, für die Berechtigung, bestimmte Daten abzurufen, das Backend-System.

Im Normalfall werden Sie als Nutzer einer App gar nicht merken, dass Sie eine Benutzerkennung in beiden Systemen haben. Wenn Sie sich im Launchpad am Frontend-Server angemeldet haben und ein Zugriff auf das Backend-System notwendig ist, erfolgt stillschweigend auch eine Anmeldung mit derselben Benutzerkennung im Backend-System.

Die »klassischen« Transaktionen, die Sie möglicherweise noch aus Ihrer »alten« SAP-GUI-Zeit kennen, liegen auf dem Backend-System. Starten Sie eine solche Transaktion per App im Launchpad, wird tatsächlich die Transaktion im Backend-System ausgeführt und deren

Masken werden im Browser angezeigt. Es steht Ihnen aber genauso frei, die Transaktionen »wie früher« per Windows-SAP-GUI direkt zu starten. Beachten Sie, dass Sie sich in diesem Fall mit dem SAP GUI am Backend-System anmelden und nicht am Frontend-Server!

Die in Abbildung 3.25 dargestellte Konfiguration mit einen Frontend-Server und einem oder mehreren Backend-Servern hat zum einen den Vorteil, dass durch die Aufteilung der einzelnen Bestandteile auf verschiedene Systeme automatisch eine Lastverteilung erfolgt. Sie können also davon ausgehen, dass Sie bei auftretenden Performanceproblemen nur das betroffene System optimieren müssen. Ein weiterer sehr wichtiger Vorteil ergibt sich, wenn Sie Anwendungen auf mehreren SAP-Systemen aufrufen. Nutzen Sie konsequent das Fiori Launchpad und verzichten auf das SAP GUI, reicht eine Anmeldung im Frontend-Server. Das Fiori Launchpad stellt Ihnen dann durch geeignete Rollenzuweisungen Apps zur Verfügung, die automatisch immer mit dem richtigen Backend-System kommunizieren.

Natürlich hat die Aufsplittung auf mehrere Systeme auch Nachteile: Ich hatte erwähnt, dass pro System Benutzerstammsätze angelegt und geeignete Rollen zugewiesen werden müssen. Auch die von Zeit zu Zeit notwendige Wartung der Systeme (Stichwort: Patch) ist umso aufwendiger, je mehr Systeme beteiligt sind.

Wenn Sie überhaupt nur ein Backend-System nutzen und die betreffende Hardware performant genug ist, können Sie Frontend-Server und Backend-System in einem einzigen SAP-System installieren. Man spricht hier auch vom *integrierten Deployment*. Der Vorteil liegt auf der Hand: Sie brauchen jetzt für einen Anwender nur noch einen einzigen Benutzerstammsatz und können ihm damit die Berechtigungen für das Fiori Launchpad und die Zugriffe auf die Backend-Daten zuweisen. Die in Abbildung 3.25 aufgeführten Bausteine werden zwar nicht weniger, aber sie liegen jetzt innerhalb eines Systems. Das bedeutet, dass die Kommunikation über Systemgrenzen wegfällt und damit eine potenzielle Fehlerquelle ausscheidet. Auch der Wartungsaufwand wird erheblich geringer.

Die in Abschnitt 3.3 definierte Rolle CA_FIORI_KUNDENSTAMM ist für ein System mit integrierten Deployment so nutzbar. Bei einer getrennten Installation von Frontend- und Backend-System ist die Rolle für das Frontend-System »überdimensioniert«, da sie auch Berechtigungen beinhaltet, die auf dem Backend-System benötigt werden. Diese Berechtigungen müssten dann im Backend-System in die Rolle aufgenommen werden, die dem Anwender dort zugewiesen wird. Sie sehen also, welchen Vorteil ein integriertes Deployment hat.

4 Spezielle Berechtigungen für das Launchpad

Ich habe in Abschnitt 3.3 gezeigt, wie Sie mithilfe von Rollen beeinflussen, welche Kacheln ein Anwender im Fiori Launchpad angezeigt bekommt und starten kann. Diese Rollen allein reichen aber noch nicht für eine umfassende Verwendung des Fiori Launchpad aus. Sie benötigen eine Berechtigung, um das Launchpad überhaupt starten zu können, und weitere Berechtigungen, um Standardfunktionen des Launchpad wie die »Personalisierung« oder die »Enterprise Search« nutzen zu können. In diesem Kapitel werden wir uns mit diesen Berechtigungen befassen.

4.1 SAP-Standardrollen für das Fiori Launchpad

Die SAP liefert für den Fiori-Frontend-Server zwei Standardrollen aus, die grundsätzliche Funktionen des Fiori Launchpad berechtigen (Tabelle 4.1).

Rolle	Verwendung
SAP_FLP_USER	Endbenutzerrolle für das Fiori Launchpad
SAP_FLP_ADMIN	Administrative Aufgaben für das Fiori Launchpad

Tabelle 4.1: Standardrollen für das Fiori Launchpad

Beachten Sie bitte, dass beide Rollen nicht direkt verwendet werden sollen und prinzipiell nur als »Kopiervorlage« dienen. Beim initialen Set-up des Fiori Launchpad muss mithilfe der Transaktion *STC01* die Aufgabenliste mit dem Namen *SAP_FIORI_FOUNDATION_S4* ausgeführt werden. Dabei werden die beiden in der Tabelle 4.1 aufgeführten Berechtigungen in den Kundennamensraum kopiert. So entstehen die Rollen Z_FLP_USER und Z_FLP_ADMIN. Genau diese Rollen sollten Sie anstelle der SAP-Rollen verwenden. Schauen wir uns die Rollen etwas genauer an.

4.1.1 Rolle Z_FLP_USER

Die Rolle *Z_FLP_USER* ist SAP-seitig als Standardrolle für alle Benutzer vorgesehen, die mit dem Fiori Launchpad arbeiten. So enthält die Rolle zunächst einmal die Startberechtigung für das Launchpad sowie Berechtigungen, die unbedingt erforderlich sind, um z. B. die Definition von Launchpad-Katalog, -Gruppen und -Bereichen lesen zu können. Fehlen diese Berechtigungen, kann die Startseite des Launchpad nicht aufgebaut werden.

Zusätzlich beinhaltet die Rolle Berechtigungen, die ein Anwender benötigt, um die Startseite des Launchpad zu personalisieren. Diese Personalisierung erlaubt es ihm z. B., Kacheln zwischen Launchpad-Gruppen zu verschieben oder auch eigene Launchpad-Gruppen zu definieren. Auch die Berechtigungen für die *SAP Enterprise Search* sind in der Rolle Z_FLP_USER enthalten. Nähere Informationen zur Enterprise Search finden Sie in Abschnitt 4.3.

4.1.2 Rolle Z_FLP_ADMIN

Die Rolle *Z_FLP_ADMIN* ist für Administratoren und Entwickler vorgesehen. Sie erlaubt etwa den Aufruf des *Fiori Launchpad Designer*, mit dessen Hilfe man z. B. Launchpad-Kataloge und Launchpad-Gruppen anlegen und bearbeiten kann. Zusätzlich enthält die Rolle u. a. Berechtigungen für die Konfiguration der Services, durch die Apps mit dem Backend-System kommunizieren, oder auch Berechtigungen für die Auswertung von Fehlerprotokollen.

4.2 Personalisierung deaktivieren

Die *Personalisierung* des Fiori Launchpad ist aus Sicht eines Anwenders mit Sicherheit eine schöne Funktion. Wenn die Personalisierung aber zu extrem genutzt wird, kann es vorkommen, dass ein Anwender z. B. Apps im Launchpad nicht mehr wiederfindet und der Support vor dem Problem steht, wie sich ein korrekter Zustand des Launchpad wiederherstellen lässt. Derartige Schwierigkeiten lassen sich natürlich dadurch vermeiden, dass man die Personalisierungsfunktion für alle Benutzer komplett deaktiviert. Sinnvoller ist es aber, die Personalisierung gezielt für einzelne Benutzer zu deaktivieren. Die Standardrolle Z_FLP_USER, die SAP-seitig für alle Fiori-Nutzer vorgesehen ist, erlaubt grundsätzlich die Personalisierung. Nun könnte man versuchen, diese Rolle so zu überarbeiten, dass die Berechtigungen für die Personalisierung entfernt werden. Zu beachten ist aber, dass im Zuge eines Systemupgrades üblicherweise die Rolle Z_FLP_USER neu aus der Rolle SAP_FLP_USER erzeugt wird und so wieder die von SAP vorgesehenen Berechtigungen (inklusive der Personalisierung) enthält. Hierfür gibt es einen, wenn auch ungewöhnlichen, Ausweg (siehe Abbildung 4.1):

Man legt eine neue Rolle an, z. B. mit dem Namen *BC_FIORI_PERS_OFF* ❶, und fügt in diese Rolle den Launchpad-Katalog /UI2/CONFIG_PERS_OFF ❷ ein. Die Rolle enthält neben dem Katalog keine Berechtigungen. Wenn Sie einem Anwender diese Rolle zuweisen, ist für ihn die Personalisierung im Launchpad nicht mehr nutzbar.

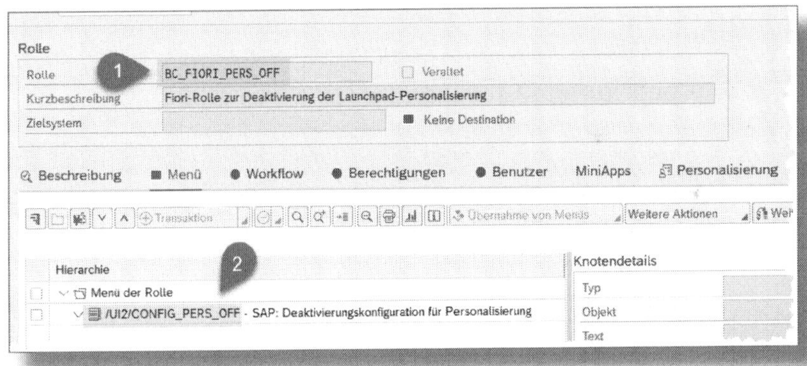

Abbildung 4.1: Rolle zur Deaktivierung der Personalisierung

Technisch läuft das Ganze so ab: Meldet sich ein Anwender im Fiori Launchpad an, wird geprüft, ob dem Anwender über eine Rolle der Katalog /UI2/CONFIG_PERS_OFF zugewiesen ist. Sollte dies der Fall sein, wird, unabhängig von zugewiesenen Berechtigungen, die Personalisierung im Launchpad deaktiviert.

! Nebenwirkung von /UI2/CONFIG_PERS_OFF

Leider hat das Abschalten der Personalisierung über den Katalog /UI2/CONFIG_PERS_OFF u. U. die unangenehme Nebenwirkung, dass der App-Finder im Launchpad nicht mehr aufgerufen werden kann. Dieses Problem lässt sich beseitigen, indem Sie mithilfe der Transaktion */UI2/FLP_CUS_CONF* den Parameter *APPFINDER_ENABLED* auf »true« setzen.

Globale Deaktivierung der Personalisierung

Sie können die Personalisierung des Fiori Launchpad auch global für alle User deaktivieren. Starten Sie hierfür die Transaktion */UI2/FLP_CUS_CONF* und setzen Sie den Parameter *HOMEPAGE_PERSONALIZATION* auf den Wert »false«. In diesem Falle steht Ihnen der App-Finder weiter zur Verfügung.

4.3 Berechtigungen für die Enterprise Search

Die *SAP Enterprise Search* bietet Ihnen nicht nur die Möglichkeit, im Fiori Launchpad nach Apps zu suchen (ähnlich wie beim App-Finder), sondern gestattet es Ihnen auch, sogenannte *Business-Objekte* zu finden, die bestimmte Suchbegriffe enthalten.

Sie werden mit dem Begriff »Business-Objekt« möglicherweise zunächst einmal nichts anfangen können. Ohne jetzt detailliert und ziemlich abstrakt zu beschreiben, was ein Business-Objekt tatsächlich ist, vereinfache ich das und nenne Ihnen einige Beispiele, so etwa Anlage, Bestellung, Faktura.

Im Folgenden werde ich, anstatt den abstrakten Begriff »Business-Objekt« zu verwenden, lieber von *Suchkategorien* reden. Suchkategorien wären also u. a. die oben genannten Beispiele Anlage, Bestellung usw.

Bevor wir uns aber um das Thema »Berechtigungen für die Enterprise Search« kümmern, müssen wir klären, wie die angesprochene Suchfunktion technisch realisiert ist.

4.3.1 Suchkonnektoren

Einer Suchkategorie ist ein sogenannter *Suchkonnektor* zugeordnet, der das notwendige Coding liefert, um aus geeigneten Tabellen die Daten für das Suchergebnis zu erhalten. Diese Suchkonnektoren führen selbst noch einmal, passend zu den zu durchsuchenden Daten, Berechtigungsprüfungen aus und stellen nur die Daten bereit, die der Anwender sehen darf. Schlagen diese zusätzlichen Prüfungen fehl, bekommt der Anwender eine Fehlermeldung, obwohl der Suchkonnektor als solcher genutzt werden darf.

SAP liefert zwei Arten von Suchkonnektoren aus: die Typen *Enterprise Search* und *HANA-Sicht*. Für beide gibt es jeweils eigene Berechtigungsobjekte.

Die Transaktion *ESH_COCKPIT* zeigt Ihnen die in Ihrem System verfügbaren Konnektoren an (siehe Abbildung 4.2). Ist in der Spalte SUCHE ❶ die Ankreuzbox markiert, ist der Konnektor grundsätzlich für die Suche geeignet. Im Fiori Launchpad sehen Sie allerdings maximal die Konnektoren, für die in der Spalte STATUS ❷ der Wert auf AKTIV steht. Ein Konnektor kann z. B. den Status »Inaktiv« haben, wenn im betreffenden System die Tabellen, die der Konnektor durchsucht, grundsätzlich leer sind. Wenn Sie einen einzelnen Konnektor in der Liste per Doppelklick auswählen, wird die technische ID des Konnektors ❸ angezeigt. Ein weiteres Feld enthält den KONNEKTORTYP ❹. Die Angabe im Feld MODELL ❺ informiert Sie, welche Berechtigungsprüfungen der Konnektor beim Lesen der Daten eigenständig durchführt.

Merken Sie sich bitte schon einmal, dass Konnektoren vom Typ »Enterprise Search« mithilfe des Berechtigungsobjekts *S_ESH_CONN* berechtigt werden.

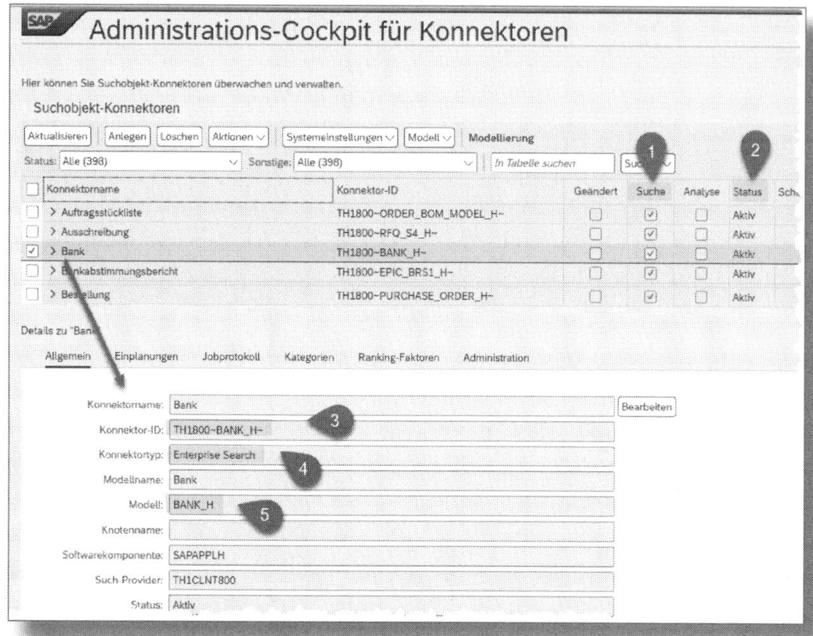

Abbildung 4.2: Suchkonnektor, Typ »Enterprise Search«

Abbildung 4.3 zeigt Ihnen, wie Sie feststellen, welche Berechtigungsprüfungen ein Konnektor durchführt. Sie wählen hierzu für den aktuell selektierten Konnektor die Funktion MODELL ANZEIGEN ❶ und navigieren im Folgebild zum Schritt ANTWORT DES KNOTENS ❷. Auf dem Tab-Reiter BERECHTIGUNG ❸ erkennen Sie, welche Berechtigungsobjekte mit welchen Feldwerten ❹ vom Konnektor beim Lesen der Daten geprüft werden. Im konkreten Fall des Konnektors BANK_H bedeutet das, dass Sie nicht nur den Konnektor als solches berechtigen müssen. Ein Anwender sieht über den Konnektor nur die Bankstammdaten im Suchergebnis, für die er über Berechtigungen zum Objekt F_BNKA_MAN zugelassen ist.

Abbildung 4.3: Berechtigungsprüfung im Konnektor

Wie eingangs des Abschnitts erwähnt, gibt es zwei Typen von Suchkonnektoren. Abbildung 4.4 zeigt einen Konnektor vom Typ »HANA-Sicht«. Wenn Sie den Konnektor HAUSBANKEN ❶ per Doppelklick auswählen, erkennen Sie das im Feld KONNEKTORTYP ❷. Technisch werden solche Konnektoren durch sogenannte *CDS-Views* realisiert, der Name der View ist im Feld CDS-ENTITÄT ❸ sichtbar. Die Schaltfläche MODELL ❹ ist inaktiv, d. h., Sie können jetzt nicht so einfach feststellen, welche Berechtigungsprüfungen vom Konnektor beim Lesen der Daten ausgeführt werden. Wenn Sie sich allerdings die Definition der CDS-View mithilfe der ABAP Development Tools genauer anschauen ❺, sehen Sie, dass der Konnektor für Hausbanken das Objekt F_BNKA_BUK prüft, um nur diejenigen Banken in die Trefferliste aufzunehmen, für die der betreffende Anwender berechtigt ist.

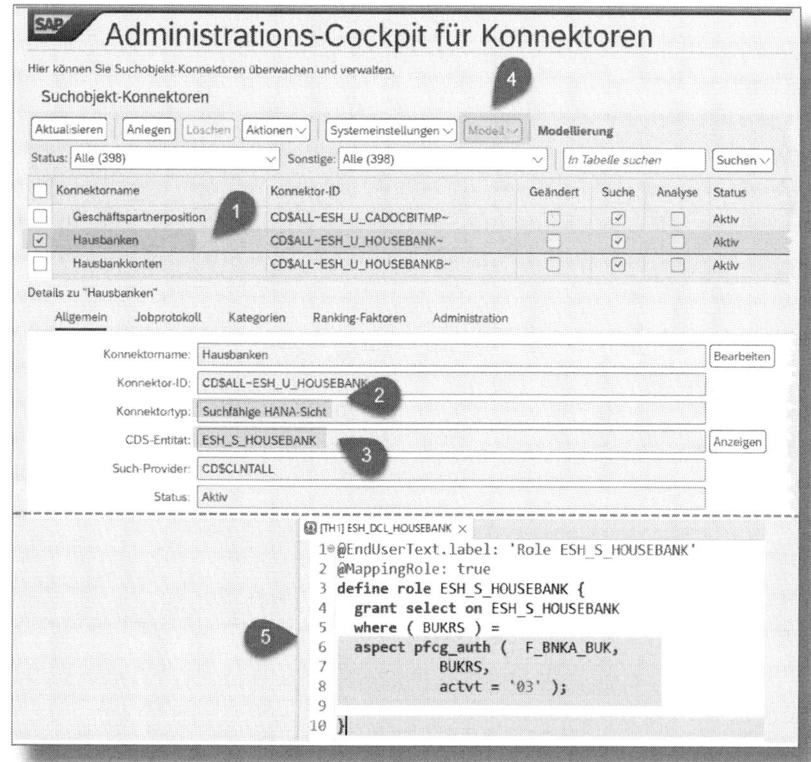

Abbildung 4.4: Suchkonnektor vom Typ »HANA-Sicht«

Ein Konnektor vom Typ »HANA-Sicht« wird durch eine Berechtigung zum Objekt SDDLVIEW für einen Anwender nutzbar gemacht (❶ in Abbildung 4.5). Für das Berechtigungsfeld DDLSRCNAME ❷ müssen Sie den Namen der CDS-View angeben, für das Feld ACTVT ❸ den Wert 03 (Anzeigen). Ausgestattet mit einer solchen Berechtigung, kann ein Anwender den Konnektor im Fiori Launchpad zur Suche nutzen ❹.

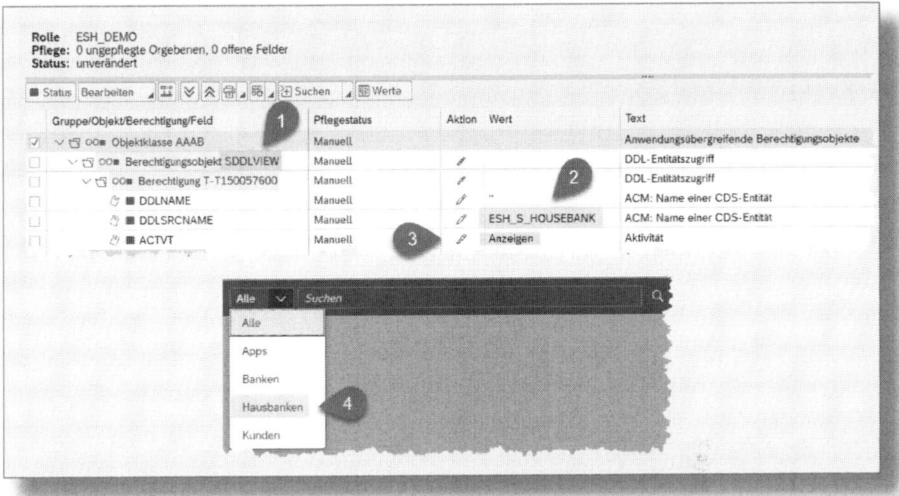

Abbildung 4.5: Berechtigung für den Suchkonnektor

Kommen wir noch einmal auf die in Abschnitt 4.1.1 erwähnte Rolle Z_FLP_USER zurück. Sie enthält für Suchkonnektoren beider Typen jeweils eine ALL-Berechtigung. Dies hat zur Konsequenz, dass ein Anwender im Fiori Launchpad in der Auswahlbox der Suchkategorien alle im System aktivierten Konnektoren sieht (siehe Abbildung 4.6). Das ist nicht nur unübersichtlich, sondern kann auch dazu führen, dass bei der Nutzung eines der Konnektoren grundsätzlich keine Daten angezeigt werden. Besitzt ein Anwender zwar eine Berechtigung für den Konnektor selbst, aber nicht für den Zugang zu den Daten, die dieser durchsucht, bleibt die Trefferliste leer. Zudem kann die Suche in der Kategorie »Alle« sehr lange dauern, weil alle Konnektoren zur Suche herangezogen werden, für die der Anwender eine Berechtigung besitzt.

Es könnte also durchaus sinnvoll sein, anstelle der Rolle Z_FLP_USER eine ähnliche Rolle zu verwenden, die keine Berechtigungen für Suchkonnektoren enthält. Die Berechtigung für Konnektoren sollte besser gezielt über zusätzliche Rollen erfolgen.

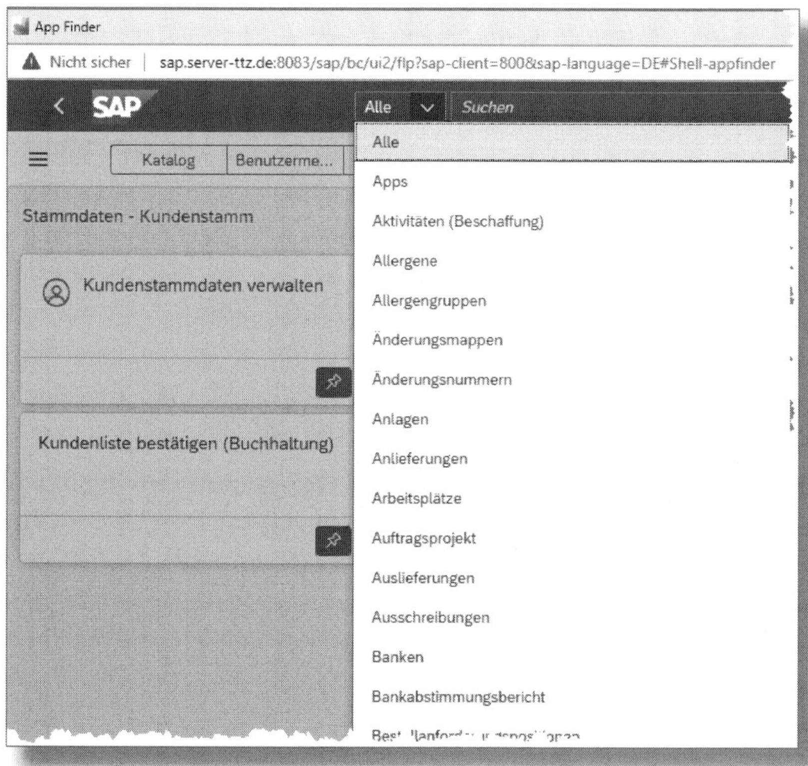

Abbildung 4.6: Seiteneffekt der Rolle Z_FLP_USER

5 Profilgenerator: Fiori-spezifische Installations- und Upgradearbeiten

Die eher im Basisbereich angesiedelten Personen, die sich mit dem Thema *Berechtigungskonzept* beschäftigen, kennen vermutlich die Transaktion *SU25*. Mit ihrer Hilfe lassen sich nach einer Erstinstallation eines SAP-Systems die Voraussetzungen für den Einsatz der Transaktion PFCG schaffen.

Nach dem Upgrade eines Systems gilt es bei der Rollenpflege Änderungen zu berücksichtigen, die SAP z. B. an Berechtigungsobjekten und Berechtigungsvorschlägen vorgenommen hat. Auch hier hilft *SU25* und nennt die hierfür nötigen Schritte. Einige der angebotenen Aktionen betreffen speziell auch Fiori-Funktionen; sie sollen in diesem Kapitel vorgestellt werden. Dazu zählt u. a. die Definition von Vorschlagswerten mithilfe der Transaktion *SU24*.

5.1 Aktualisierung von Fiori-Frontend-Rollen

Fiori-Frontend-Rollen sind Launchpad-Gruppen (Anwendungsgruppen) zugeordnet und steuern so die Anordnung der Kacheln im Fiori Launchpad. Auch bei diesen Zuordnungen können Anpassungen notwendig werden, wenn z. B. Fiori-Apps bei einem Systemupgrade durch andere Apps ersetzt werden. Abbildung 5.1 zeigt, wie Sie die von Änderungen betroffenen Rollen bestimmen.

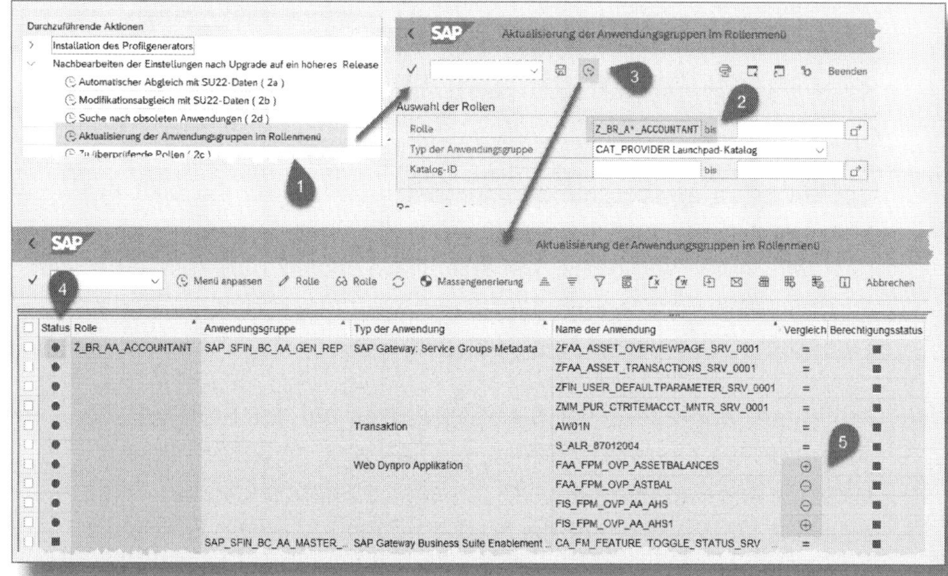

Abbildung 5.1: Aktualisierung von Anwendungsgruppen

Starten Sie in der Transaktion *SU25* die Aktion AKTUALISIERUNG DER ANWENDUNGSGRUPPEN IM ROLLENMENÜ ❶ und schränken Sie auf die zu überprüfenden Rollen ein. Hier ist eine Einschränkung auf kundenspezifische Rollen ❷ sinnvoll, da von der SAP ausgelieferte Rollen eigentlich schon von SAP angepasst sein sollten. Starten Sie anschließend die Aktualisierung ❸. Im Folgebild sehen Sie in der Spalte STATUS ❹ einen roten Punkt für die Rollen, bei denen Anpassungen erforderlich sind. Die Spalte VERGLEICH ❺ gibt Auskunft darüber, ob dadurch Kacheln entfernt (Minuszeichen) oder hinzugefügt (Pluszeichen) werden.

Sie können die notwendigen Anpassungen der betroffenen Rollen automatisiert durchführen (siehe Abbildung 5.2). Markieren Sie dafür zunächst die gewünschten Einträge ❶ und wählen Sie die Aktion MENÜ ANPASSEN ❷. Anschließend können Sie mit Klick auf ROLLE ❸ Informationen zur angepassten Rolle aufrufen. In der Abbildung habe ich die Korrekturen im Rollenmenü manuell hervorgehoben ❹, eine systemseitige Markierung der Änderungen erfolgt leider nicht. Beachten Sie auch hier, dass die Berechtigungen ebenfalls aktualisiert werden müssen. Dies signalisiert Ihnen der rote Punkt vor dem Reiter BERECHTIGUNGEN ❺.

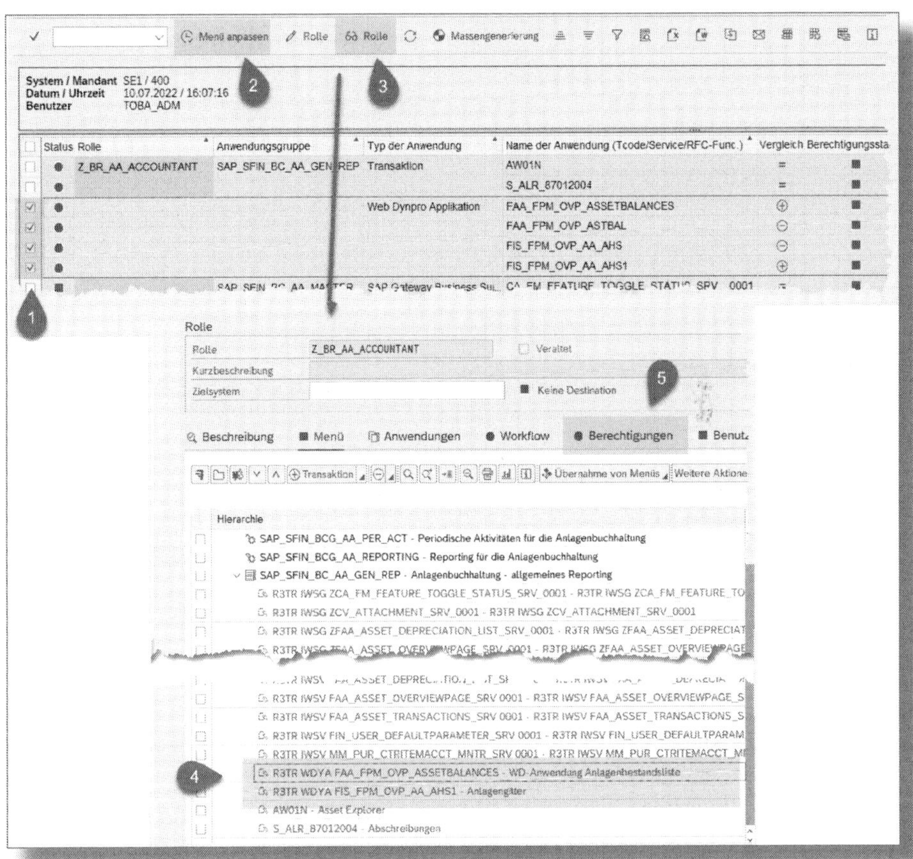

Abbildung 5.2: Menü und Berechtigungen anpassen

5.2 Vorschlagswerte für Fiori-Apps

Auch für Fiori-Apps können Sie Vorschlagswerte definieren. Konkret müssen Sie Vorschlagswerte für all diejenigen OData-Services hinterlegen, die eine App nutzt, um auf die Daten des Backend-Systems zuzugreifen.

Betrachten wir als konkretes Beispiel die App »Buchungsbelege verwalten«.

Zunächst müssen Sie einige Infos zur App sammeln. Starten Sie dazu die App im Fiori Launchpad (❶ in Abbildung 5.3) und nutzen Sie dort die Funktion i Über ❷, um die APP-ID ❸ zu bestimmen.

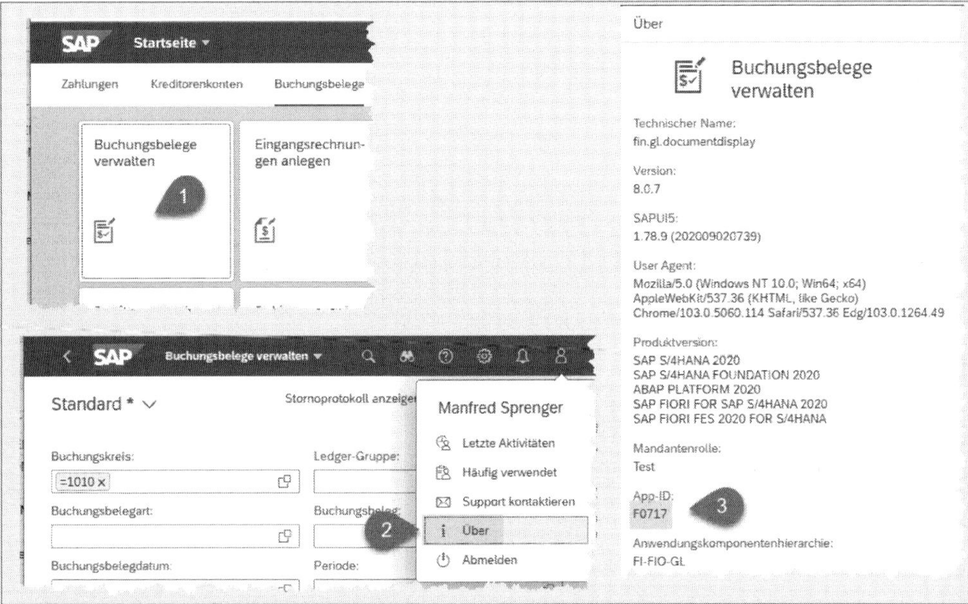

Abbildung 5.3: Informationen zur App beschaffen

Anschließend rufen Sie die Fiori Apps Reference Library auf und versuchen unter

https://fioriappslibrary.hana.ondemand.com/sap/fix/externalViewer

die von der App verwendeten OData-Services zu ermitteln.

Geben Sie im Suchfeld (❶ in Abbildung 5.4) die zuvor ermittelte App-ID ein und aktivieren Sie den Reiter IMPLEMENTATION INFORMATION ❷.

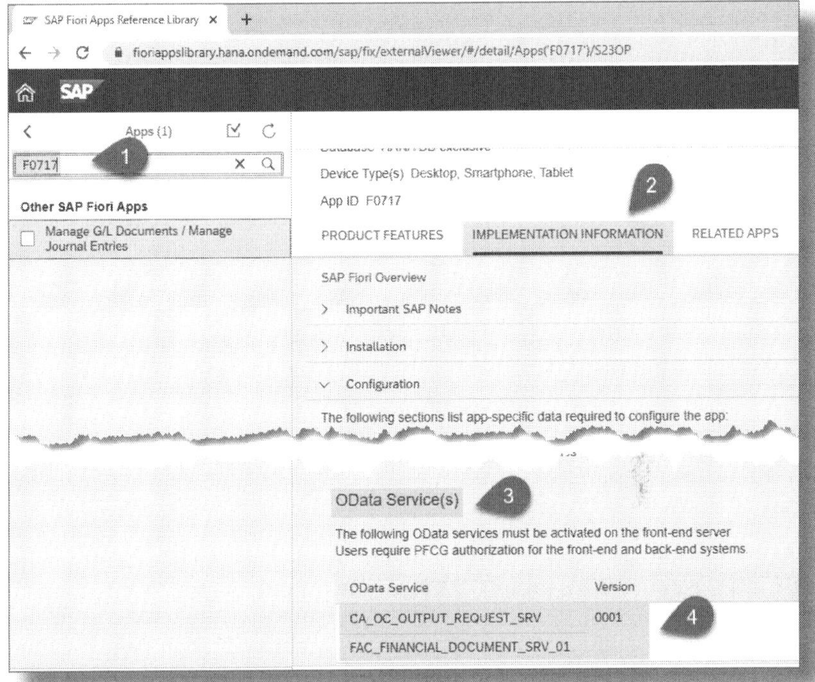

Abbildung 5.4: OData-Services einer App

Unter der Rubrik CONFIGURATION finden Sie in der Spalte ODATA SERVICE(S) ❸ eine Liste, welche dieser Services die App nutzt ❹.

Sie können jetzt die Transaktion *SU24* verwenden, um sich alle Vorschlagswerte für die OData-Services anzeigen zu lassen (siehe Abbildung 5.5).

Wählen Sie dazu *SAP Gateway Business Suite Enablement ...* für den TYP DER ANWENDUNG ❶. Tragen Sie die zuvor ermittelten Namen der OData-Services (mit »*« am Ende) unter OBJEKTNAME ein ❷.

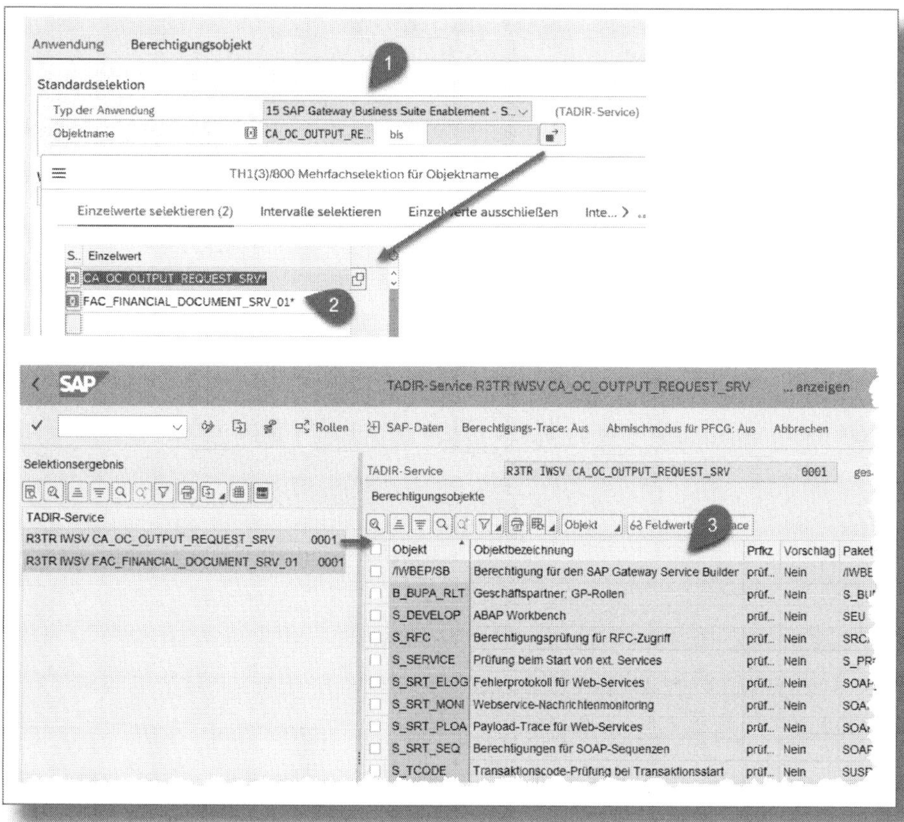

Abbildung 5.5: Vorschlagswerte für OData-Services

Zu jedem aufgeführten Service sehen Sie nun die Vorschlagswerte für die Berechtigungsobjekte, die beim Aufruf des Service durch die App geprüft werden ❸.

In Abschnitt 6.3.8 werde ich Ihnen anhand eines Beispiels zeigen, wie Sie Berechtigungsvorschläge für selbst definierte OData-Services erfassen können.

6 Definition eigener Berechtigungsobjekte

Die SAP liefert mehrere Tausend Berechtigungsobjekte aus. Trotzdem kann es vorkommen, dass Sie z. B. für Eigenentwicklungen kein geeignetes Objekt finden. In der Praxis erlebt man dies häufig bei Anwendungen, die auf kundenspezifische Tabellen zugreifen.

6.1 Objektklasse anlegen

Jedes Berechtigungsobjekt ist immer einer *Objektklasse* zugeordnet. Sie dient dazu, die Vielzahl der Berechtigungsobjekte thematisch zu gliedern. Selbst definierte Berechtigungsobjekte dürfen Sie entweder einer der von der SAP ausgelieferten Klassen zuordnen, oder Sie legen bei Bedarf eigene Klassen an. Für die zweite Option starten Sie die Transaktion *SU21* und wählen die Aktion zum Anlegen einer OBJEKTKLASSE ❶ aus (siehe Abbildung 6.1).

Der Name ❷ der neuen Klasse muss im Kundennamensraum liegen. Da Objektklassen Entwicklungsobjekte sind, müssen Sie beim Sichern ein PAKET ❸ und ggf. auch einen Workbenchauftrag (nicht in der Abbildung) angeben. Die neu angelegte Klasse ist nach dem Sichern in der Klassenaufstellung sichtbar ❹.

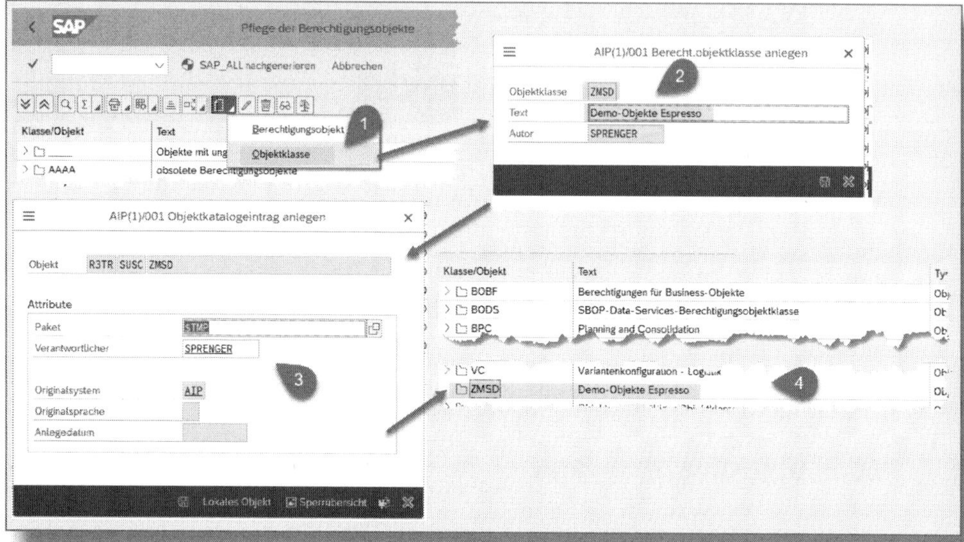

Abbildung 6.1: Objektklasse anlegen

Schauen wir uns nun an, wie Sie ein neues Berechtigungsobjekt erhalten.

6.2 Berechtigungsobjekt anlegen

Beginnen wir mit einem einfachen Beispiel. Wir wollen ein Berechtigungsobjekt definieren, das bereits vorhandene Berechtigungsfelder nutzt (siehe Abbildung 6.2). Rufen Sie wieder die Transaktion *SU21* auf und wählen Sie dieses Mal die Aktion zum Anlegen eines neuen BERECHTIGUNGSOBJEKTS ❶. Geben Sie einen Namen für das OBJEKT und im Feld TEXT eine Kurzbezeichnung ein ❷. Der Objektname muss im Kundennamensraum liegen. Die Rubrik für die Eingabe der Berechtigungsfelder ist zunächst schreibgeschützt, drücken Sie daher einmal die [Enter]-Taste oder rufen Sie die Funktion FELDPFLEGE ❸ auf, um die gewünschten Berechtigungsfelder aus einer Liste auszuwählen. Alternativ können Sie die Auswahl auch über den Zurück-Button verlassen ❹ und die Berechtigungsfelder direkt in die Spalte BERECHTIGUNGSFELD ❺ eingeben.

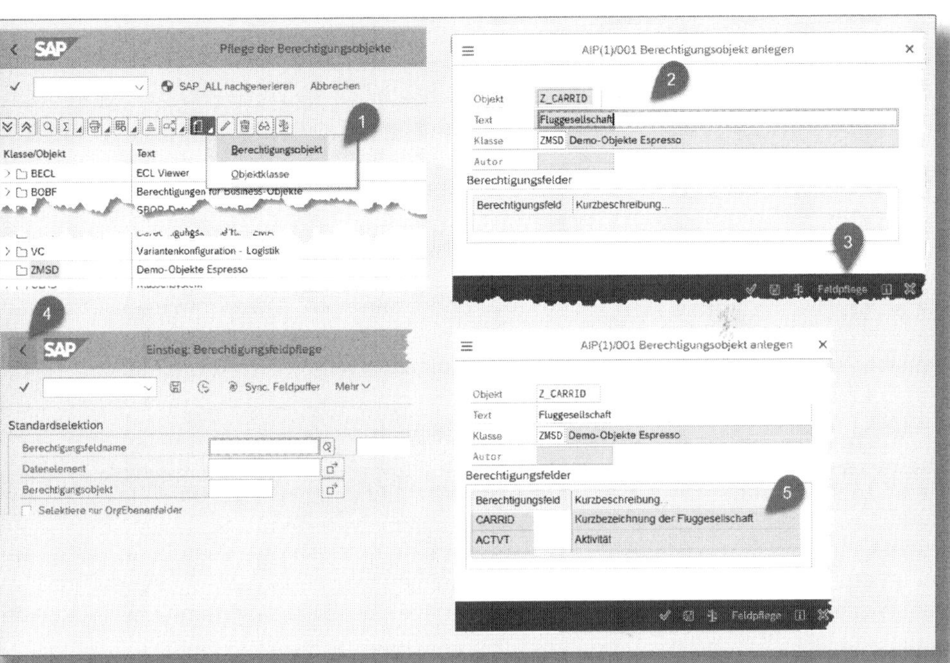

Abbildung 6.2: Berechtigungsobjekt anlegen

Wenn das Berechtigungsobjekt das Feld ACTVT verwendet, müssen erlaubte Feldwerte für ACTVT angegeben werden (❶ in Abbildung 6.3). Wählen Sie im Pflegedialog zum Berechtigungsobjekt die Funktion ZULÄSSIGE AKTIVITÄTEN ❷. In der Auswahlbox für AKTIVITÄTEN markieren Sie nun alle Aktivitäten ❸, die als Wertehilfe angeboten werden sollen, wenn ein Anwender eine Berechtigung zum OBJEKT Z_CARRID ❹ anlegen möchte. Mit Klick auf das Disketten-Icon erhalten Sie das Ergebnis der Konsistenzprüfung für das Berechtigungsobjekt.

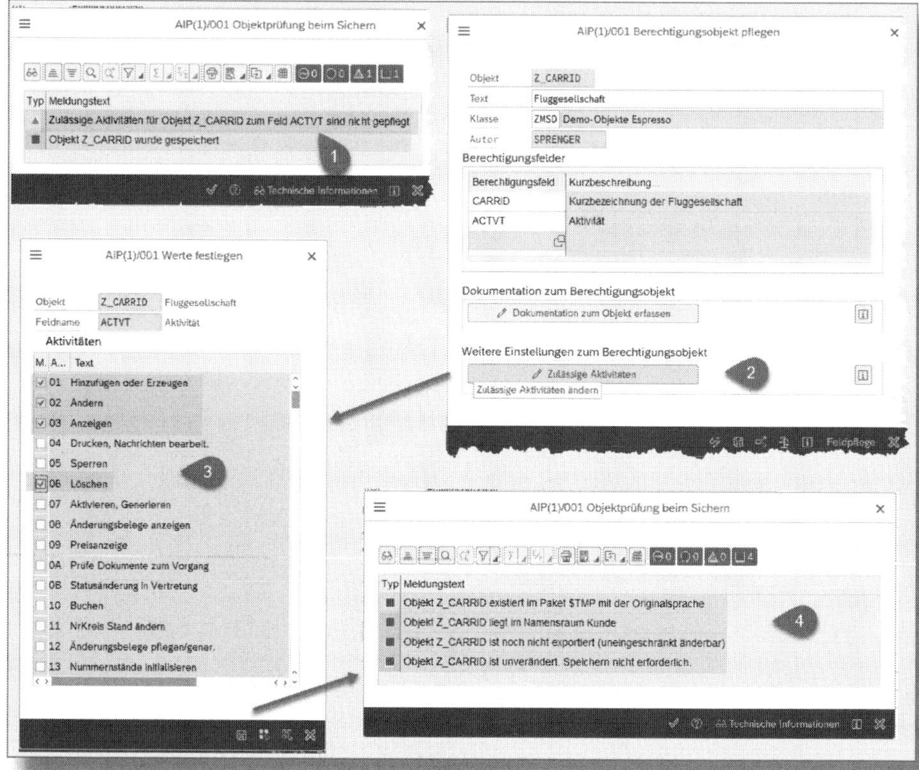

Abbildung 6.3: Werte für ACTVT festlegen

☛ Verfügbare Aktivitäten

Als »zulässig « werden nur Aktivitäten angeboten, die in den Tabellen TACT bzw. TACTT gepflegt sind. Prinzipiell ist es möglich, in diese Tabelle gänzlich neue Aktivitäten aufzunehmen. Bei der Pflege der Tabelle TACT in der Transaktion *SM30* erhalten Sie allerdings die Meldung, dass die Tabelle der SAP gehört. Das ist ein Hinweis darauf, dass die von Ihnen eingetragenen Aktivitäten bei einem Systemupgrade möglicherweise überschrieben werden.

6.3 Fallbeispiel: Kostenstellenstammsatz

Betrachten wir in einem zweiten Beispiel ein Berechtigungsobjekt, für das neue Berechtigungsfelder zu definieren sind. Zusätzlich erfahren Sie, wie Sie Vorschlagswerte für das neue Berechtigungsobjekt festlegen.

Der Zugang zu Daten der Tabelle CSKS soll über die Felder VERAK und FUNC_AREA eingeschränkt werden. Abbildung 6.4 zeigt die Definition der TABELLE *CSKS* ❶ in der Transaktion *SE11*.

Da Berechtigungsfelder immer mithilfe eines Datenelements typisiert werden, merken wir uns, dass bei der Tabellendefinition für das Feld VERAK das Datenelement VERAK ❷ und für das Feld FUNC_AREA das Datenelement FKBER ❸ verwendet wurde.

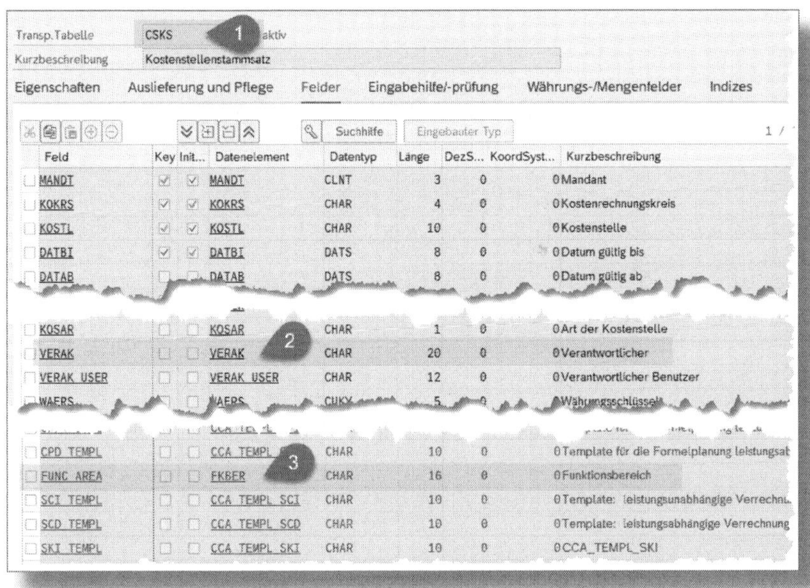

Abbildung 6.4: Tabelle CSKS

Wenn es bereits Berechtigungsfelder für die Tabellenfelder VERAK und FUNC_AREA geben sollte, müssten diese auf Basis der gemerkten Datenelemente definiert sein, damit das Berechtigungsfeld die gleichen technischen Eigenschaften hat wie das Tabellenfeld.

Die Transaktion *SU20* (Pflege von Berechtigungsfeldern, siehe Abbildung 6.5) zeigt uns aber, dass für die relevanten Datenelemente VERAK bzw. FKBER ❶ noch keine passenden Berechtigungsfelder existieren ❷.

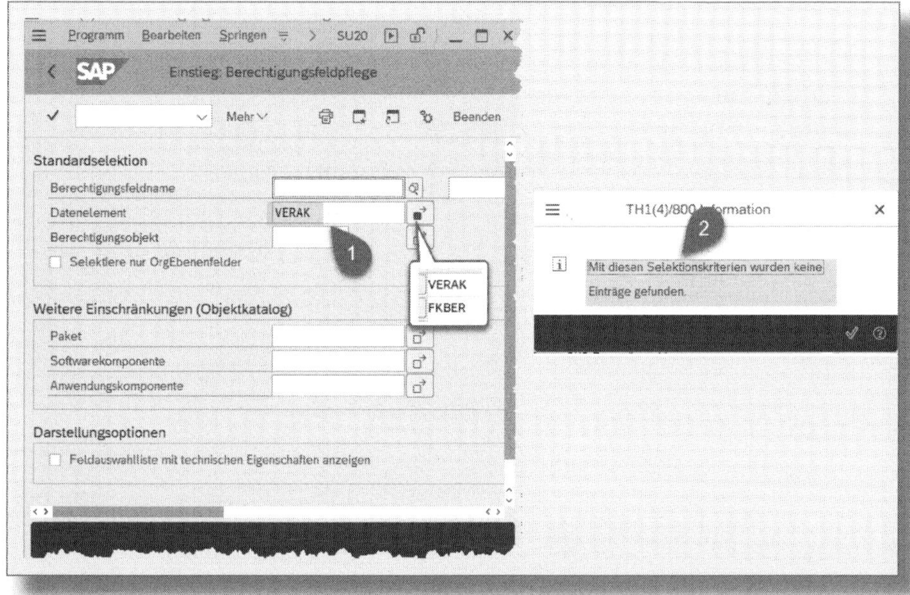

Abbildung 6.5: Suche nach Berechtigungsfeld

Wir müssen also selbst geeignete Berechtigungsfelder definieren.

6.3.1 Berechtigungsfeld anlegen

Wählen Sie in der Transaktion *SU20* (siehe Abbildung 6.6) die Aktion zur Anlage eines Berechtigungsfeldes ❶. Legen Sie einen Namen für das BERECHTIGUNGSFELD fest, z. B. *ZFKBER* ❷. Auch dieser Name muss im Kundennamensraum liegen. Tragen Sie in der Rubrik ABAP-DICTIONARY den Namen des Datenelements ein ❸, das wir uns zum Tabellenfeld FKBER gemerkt hatten. Die in einem SAP-System vorhandenen Funktionsbereiche sind in der Tabelle *TFKB* abgelegt. Daher bietet sich diese Tabelle als PRÜFTABELLE an ❹. Damit stellen Sie dem Anwender, der später mit der Transaktion *PFCG* zum Berechtigungsfeld Werte zuordnen möchte, eine Wertehilfe zur Verfügung. Die hinterlegte Hilfe kann gleich mit der Funktion SUCHHILFE ❺ getestet werden.

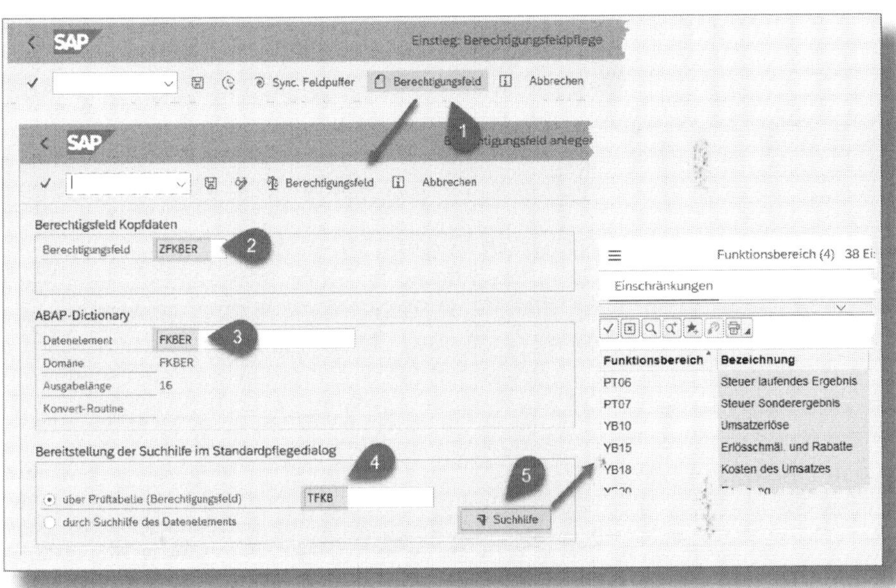

Abbildung 6.6: Berechtigungsfeld anlegen (1)

Analog definieren Sie das BERECHTIGUNGSFELD *ZVERAK* (❶ in Abbildung 6.7). Als DATENELEMENT geben Sie das zuvor gemerkte Datenelement *VERAK* ❷ ein. Im SAP-System gibt es keine separate Tabelle zur Ablage der Kostenstellenverantwortlichen, deshalb können Sie auch keine geeignete Suchhilfe (Prüftabelle) zur Verfügung stellen ❸. Dies führt beim Sichern des Berechtigungsfeldes zwar zu einer Fehlermeldung, die Sie aber ignorieren können.

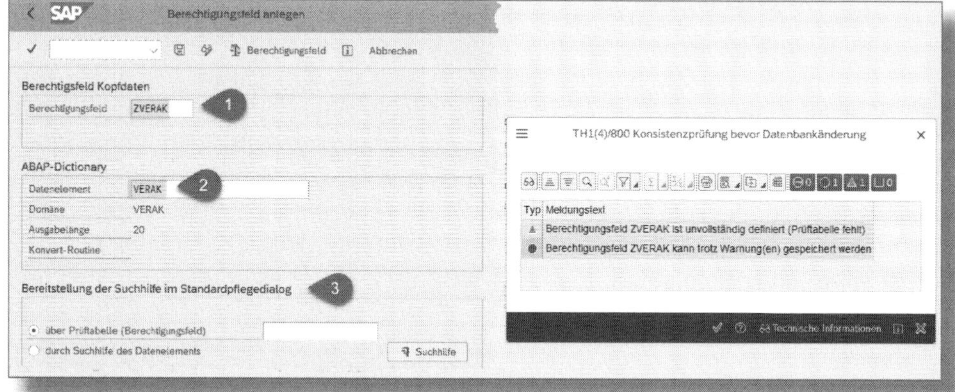

Abbildung 6.7: Berechtigungsfeld anlegen (2)

6.3.2 Felder in neues Berechtigungsobjekt aufnehmen

Sie sind jetzt in der Lage, mithilfe der neuen Berechtigungsfelder ein für unsere Aufgabenstellung passendes Berechtigungsobjekt zu bauen. Dafür starten Sie die Transaktion *SU21* und legen zunächst eine neue Objektklasse an (❶ in Abbildung 6.8). Die Objektklasse *ZCO* ❷ soll das neue Berechtigungsobjekt aufnehmen. Mit dem Sichern wird die neue Objektklasse in der Übersicht der Objektklassen sichtbar ❸.

Im nächsten Schritt legen Sie das Berechtigungsobjekt an ❶ (siehe Abbildung 6.9). Das Objekt soll *Z_KST_FB_V* ❷ heißen und zur Klasse *ZCO* ❸ gehören. Wir ordnen dem Objekt durch entsprechende Einträge die Berechtigungsfelder *ZFKBER*, *ZVERAK* und *ACTVT* zu ❹. Beim Sichern des Berechtigungsobjekts erhalten wir, wie erwartet, den Hinweis, dass noch die zulässigen Aktivitäten zum Feld ACTVT angegeben werden müssen ❺.

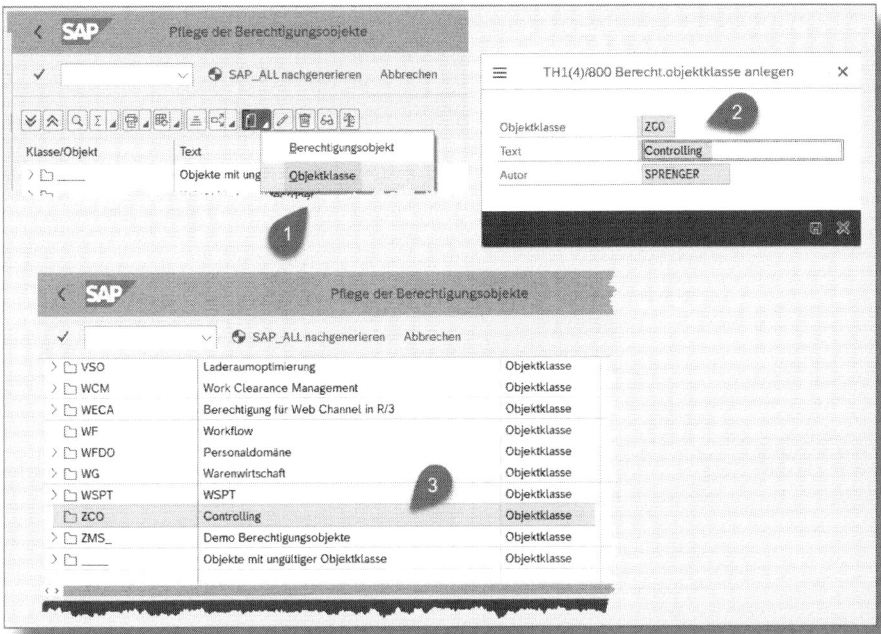

Abbildung 6.8: Objektklasse anlegen

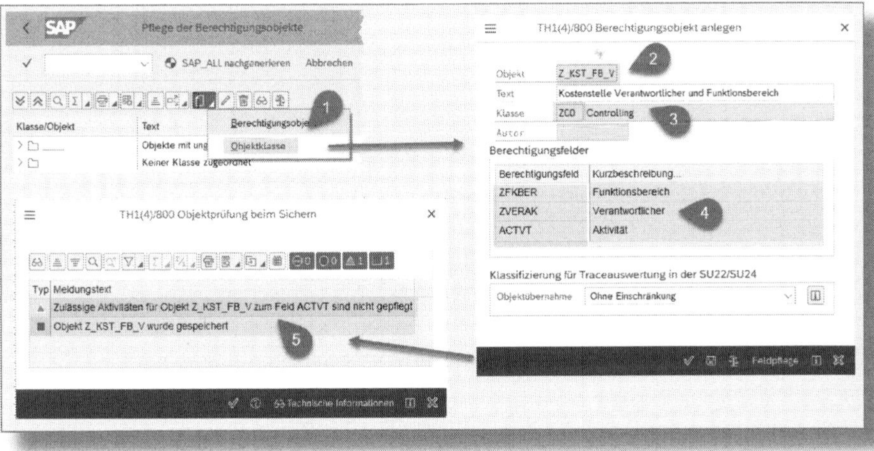

Abbildung 6.9: Berechtigungsobjekt anlegen

Abbildung 6.10 zeigt diese Pflege. Welche Werte relevant sind, hängt davon ab, in welcher Art von Anwendung die Berechtigungsprüfung erfolgen soll. Gehen wir zunächst einmal davon aus, dass die geplante Anwendung Daten der Tabelle CSKS lesen und auf dem Bildschirm anzeigen soll. Zusätzlich könnte das entsprechende Programm auch eine Funktion zum Export der Daten anbieten. Dies legt nahe, als ZULÄSSIGE AKTIVITÄTEN ❶ die Aktionen LESEN und EXPORTIEREN ❷ zu wählen. Die Auswahl kann noch später erweitert werden.

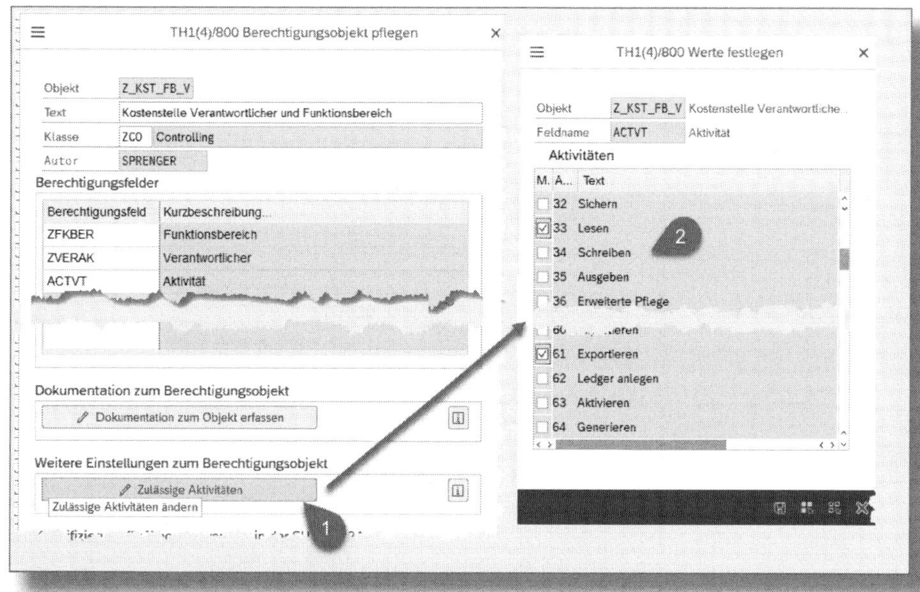

Abbildung 6.10: Zulässige Aktivitäten erfassen

Nicht vergessen sollten Sie die Erfassung einer DOKUMENTATION ZUM BERECHTIGUNGSOBJEKT (siehe Abbildung 6.11). Schließlich wird im Normalfall nicht der Entwickler des Berechtigungsobjekts auch die Aufgabe übernehmen, Berechtigungen für das Objekt zu definieren. Der dafür zuständige Mitarbeiter sollte anhand der Dokumentation in der Lage sein zu erkennen, welches Berechtigungsfeld welche Bedeutung hat.

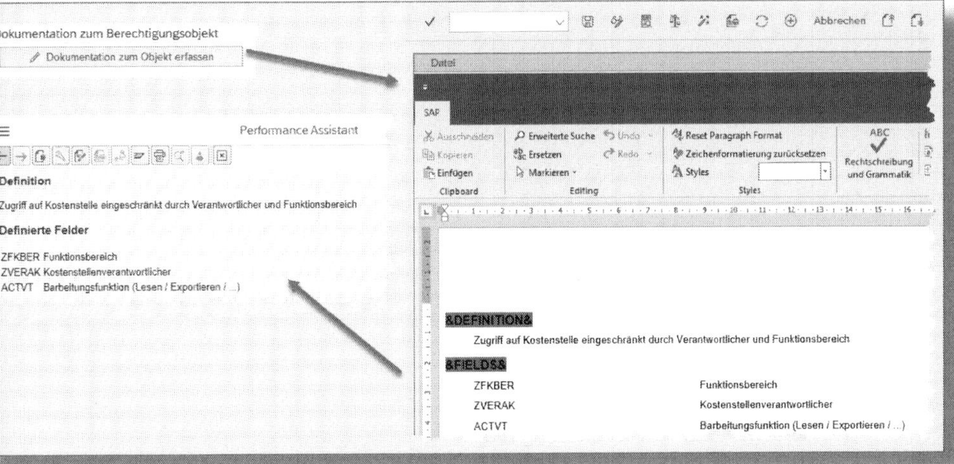

Abbildung 6.11: Dokumentation zum Objekt erfassen

6.3.3 Berechtigungsprüfung in eine Anwendung einbauen

Abbildung 6.12 zeigt das Coding der (sehr einfachen) Anwendung ZMS_KOSTENSTELLEN_1, die Daten der Tabelle CSKS anzeigt. Die Ausgabe erfolgt mithilfe der `WRITE`-Anweisung. Vor dieser Anweisung ist die Berechtigungsprüfung für unser Objekt Z_KST_FB_V eingebaut ❶.

Für jede gelesene Zeile wird geprüft, ob der aktuelle Wert des Feldes FUNC_AREA für das Berechtigungsfeld ZFKBER zulässig ist und der Wert des Feldes VERAK für das Berechtigungsfeld ZVERAK. Zusätzlich fordert die Prüfung, dass eine Berechtigung mit dem Wert 33 für das Feld ACTVT vorliegt. Trifft eine der Bedingungen nicht zu, setzt die Anweisung `AUTHORITY-CHECK` den Return-Code im Feld SY-SUBRC auf einen Wert größer 0. In diesem Fall sorgt die `CHECK`-Anweisung dafür, dass die `WRITE`-Anweisung nicht ausgeführt wird, d. h., die betreffende Zeile der Tabelle CSKS wird zwar gelesen, aber nicht angezeigt. Um die Anwendung starten zu können, hat der Entwickler zum Programm den Transaktionscode *ZMS_KST_1* ❷ festgelegt. Der Transaktionscode kann zusätzlich genutzt werden, um Vorschlagswerte für das Berechtigungsobjekt zu definieren, und er erlaubt außerdem die Aufnahme der Anwendung in ein Rollenmenü.

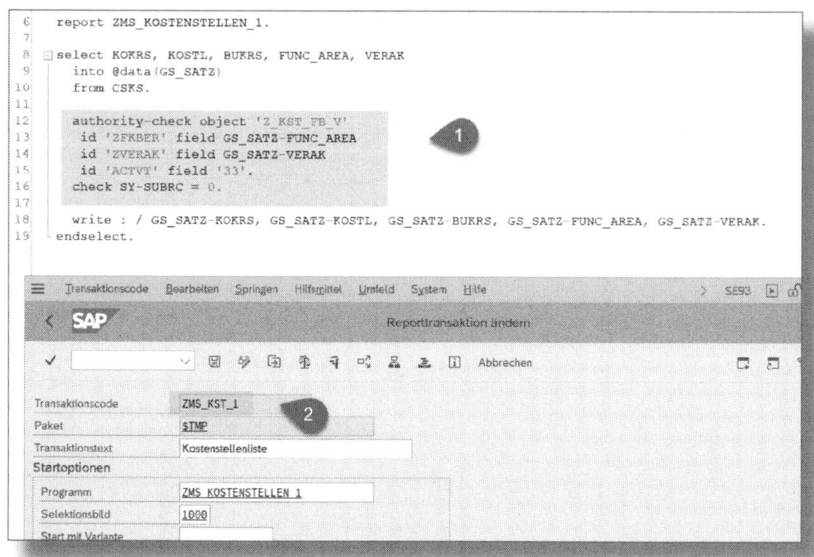

Abbildung 6.12: Berechtigungsprüfung im Programm

6.3.4 Vorschlagswerte definieren

Wenn Sie die Transaktion *ZMS_KST_1* in ein Rollenmenü aufnehmen, wird bei der Berechtigungspflege in der Transaktion *PFCG* nur dann eine Berechtigung für das Objekt Z_KST_FB_V aufgenommen, wenn in den SU24-Daten ein Vorschlagswert hinterlegt ist. Zum Hinterlegen starten Sie die Transaktion *SU24* und selektieren Sie die Transaktion *ZMS_KST_1* (❶ in Abbildung 6.13). Die für den Start der Transaktion notwendige Berechtigung für das OBJEKT S_TCODE ❷ wird automatisch in die Vorschlagsliste eingetragen. Die Funktion BERECHTIGUNGSOBJEKT HINZUFÜGEN ❸ erlaubt es Ihnen, auch für das BERECHTIGUNGSOBJEKT *Z_KST_FB_V* ❹ Vorschlagswerte zu hinterlegen. Da unsere Anwendung in der aktuellen Form nur die Anzeige der Daten anbietet, wählen Sie für das Feld ACTVT ❺ den Wert *33 (Lesen)* ❻. Achten Sie zusätzlich darauf, dass in der Spalte VORSCHLAGSWERT ein *Ja* ❼ eingetragen ist.

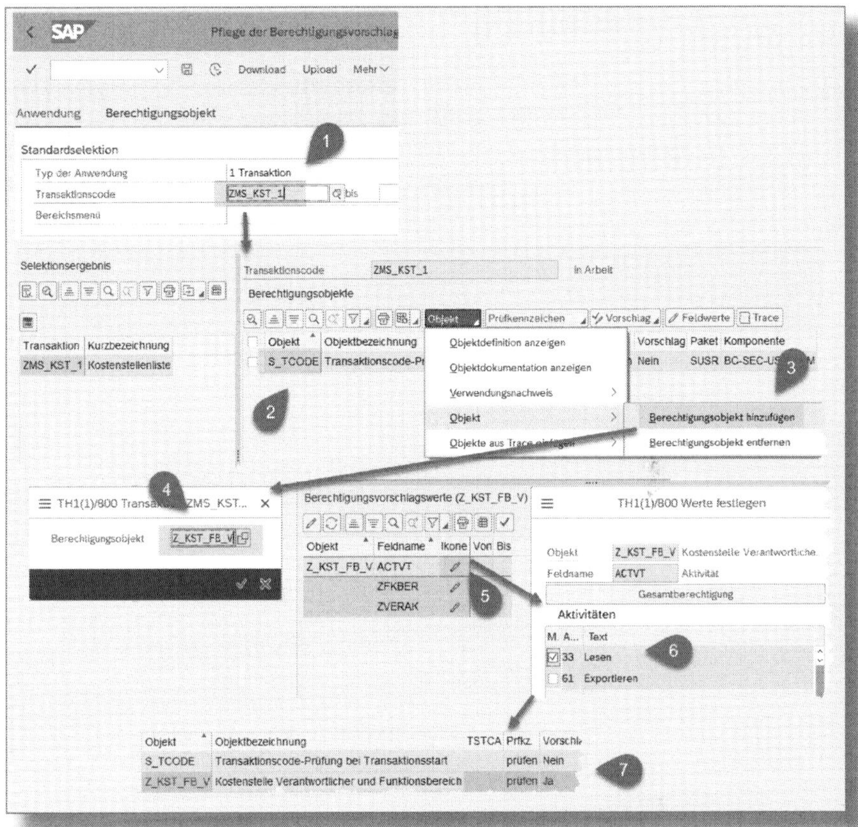

Abbildung 6.13: Vorschlagswerte definieren

Für die Felder ZFKBER und ZVERAK geben wir keine Werte vor – wir gehen davon aus, dass für jede Rolle, die wir später definieren werden, vermutlich unterschiedliche Werte erforderlich sind. Zudem sorgt ein leerer Vorschlag dafür, dass bei der Berechtigungspflege die Felder mit einem gelben Dreieck markiert sind. Das ist für den zuständigen Berechtigungsadministrator ein Hinweis, dass noch Werte zu pflegen sind.

6.3.5 Testrolle anlegen

Für einen Test der Berechtigungsprüfung müssen wir zumindest eine Rolle definieren, die im Menü ❶ die Transaktion *ZMS_KST_1* enthält (siehe Abbildung 6.14). Wenn wir jetzt die BERECHTIGUNGSDATEN der Rolle pflegen ❷, werden die SU24-Daten zur Transaktion ausgewertet und die Berechtigungsvorschläge in die Rolle übernommen.

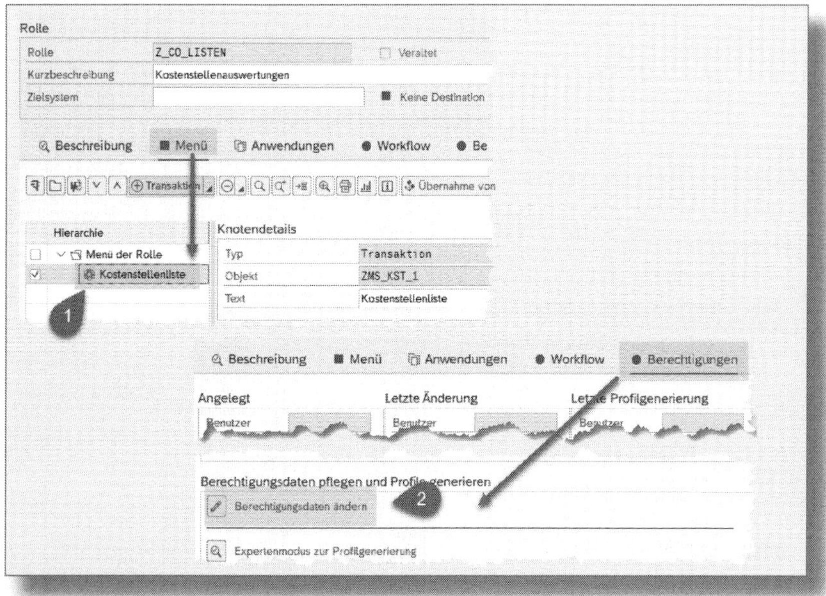

Abbildung 6.14: Testrolle anlegen (Menü der Rolle)

Für das Objekt S_TCODE schlägt das System im Feld TCD ❸ den Transaktionscode ZMS_KST_1 vor und belegt das Feld ACTVT des Objekts Z_KSTFB_V mit LESEN (33) vor, die übrigen Felder sind leer und gelb markiert ❹ (siehe Abbildung 6.15).

Zum Schluss ergänzen Sie die fehlenden Werte (siehe Abbildung 6.16). Für das Feld ZFKBER ❶ ist eine Suchhilfe ❷ hinterlegt. Sie listet alle derzeit im System vorhandenen FUNKTIONSBEREICHE auf. Wählen Sie den Wert *YB40* ❸ als zulässig. Dem Feld ZVERAK ❹ ordnen Sie die Werte *Hammer* und *Huber* ❺ als Kostenstellenverantwortliche zu. Damit ist die Berechtigung zum Objekt Z_KST_FB_V vollständig definiert ❻.

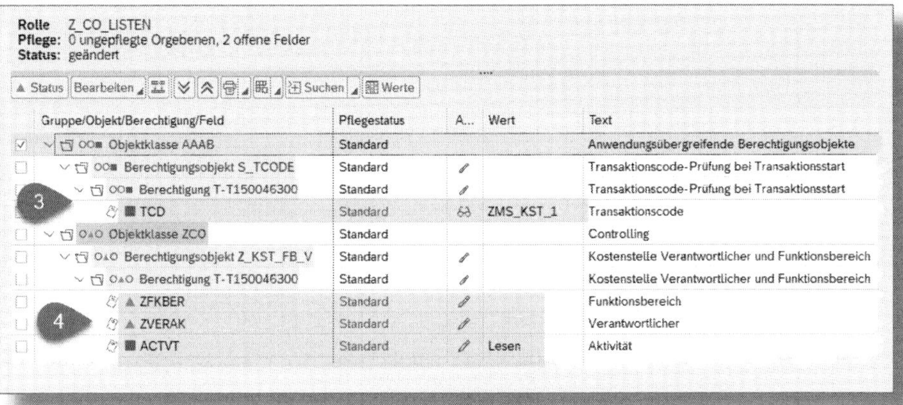

Abbildung 6.15: Testrolle anlegen (Berechtigungsvorschläge)

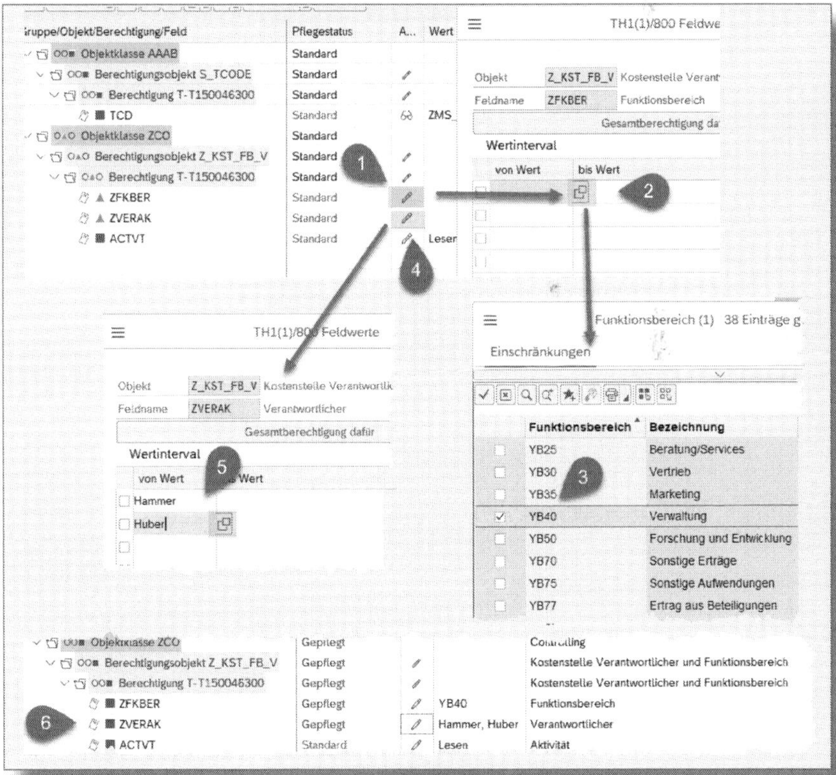

Abbildung 6.16: Testrolle anlegen (Berechtigungswerte)

Die Rolle wird generiert und einem Testuser zugeordnet. Dieser Testuser darf, damit ein einfacher Test möglich ist, zusätzlich zum Objekt Z_KST_FB_V keine weiteren Berechtigungen über andere Rollen erhalten.

6.3.6 Test der Berechtigungsprüfung

Starten wir mit dem Testuser jetzt den in Abbildung 6.12 vorgestellten Report ZMS_KOSTENSTELLEN_1. Abbildung 6.17 zeigt das Ergebnis des Tests. Wie zu erwarten war, werden nur Zeilen der Tabelle CSKS mit dem Funktionsbereich YB40 ausgegeben, für die HAMMER oder HUBER als Verantwortliche eingetragen sind.

```
Anzeige Kostenstellen
--------------------------------------------------------------
A000 10100       1010 YB40              Hammer
A000 10119       1010 YB40              Hammer
A000 10130       1010 YB40              Hammer
A000 10104       1010 YB40              Huber
A000 10105       1010 YB40              Hammer
A000 10109       1010 YB40              Hammer
A000 10102       1010 YB40              Hammer
A000 10101       1010 YB40              Hammer
A000 10103       1010 YB40              Hammer
A000 10108       1010 YB40              Hammer
A000 10106       1010 YB40              Hammer
A000 10115       1010 YB40              Hammer
A000 10100       1010 YB40              Hammer
```

Abbildung 6.17: Test der Berechtigungsprüfung

6.3.7 Berechtigungsprüfung für die CDS-View

Schauen wir uns zusätzlich an, wie unser Objekt für eine automatische Berechtigungsprüfung zu einer CDS-View verwendet werden kann. Die in Abbildung 6.18 gezeigte CDS-View ZMS_I_KOSTENSTELLE ❶ liest Daten der Tabelle CSKS. Zur CDS-View wurde eine CDS-Rolle (Access Control) ZMS_I_KOSTENSTELLE_ACL ❷ definiert. Sie liefert nur Daten, für die die Berechtigungsprüfung zum Objekt Z_KST_FB_V erfolgreich ist. Die Data Preview in den ABAP Development Tools (ADT) in Eclipse (welche zur Definition der View genutzt wurde) zeigt für den Testuser ausschließlich die berechtigten Daten an ❸. Interessanterweise liefert eine Anwendung, die die View ZMS_I_KOSTENSTELLE zum Lesen von CSKS-Daten verwendet ❹, ebenfalls nur berechtigte Zeilen, selbst wenn in der Anwendung keine explizite Berechtigungsprüfung enthalten ist.

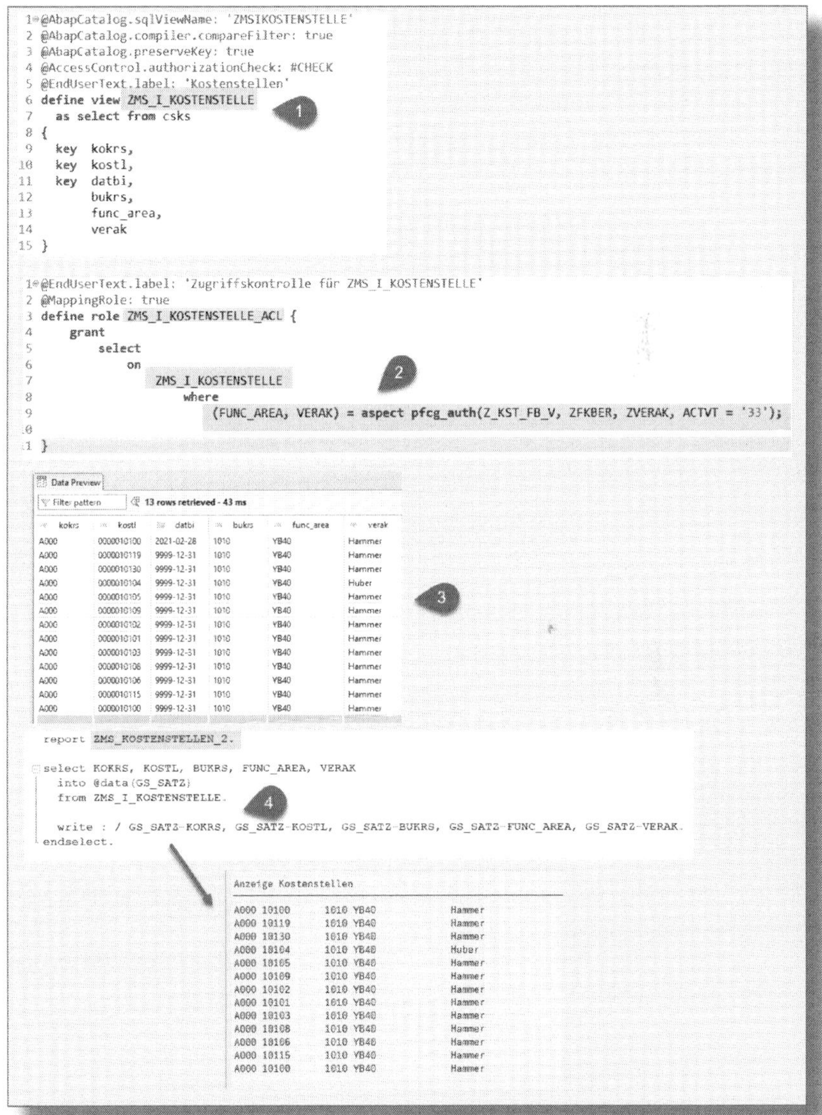

Abbildung 6.18: Berechtigungsprüfung für die CDS-View

6.3.8 Berechtigungsprüfung für den OData-Service

Eine CDS-View lässt sich nicht nur in einer ABAP-Anwendung zum Lesen von Daten einsetzen. Publiziert man die CDS-View als sogenannten *OData-Service*, können insbesondere Fiori-Apps und Nicht-SAP-Anwendungen den OData-Service nutzen, um Daten der Tabelle CSKS zu lesen. Die View ZMS_I_KOSTENSTELLE (siehe Abbildung 6.19) wird um einen Hinweis (eine sogenannte *Annotation*) erweitert ❶. Er sorgt dafür, dass bei der Aktivierung der View ein OData-Service mit dem technischen Namen ZMS_I_KOSTENSTELLE_CDS ❷ generiert wird.

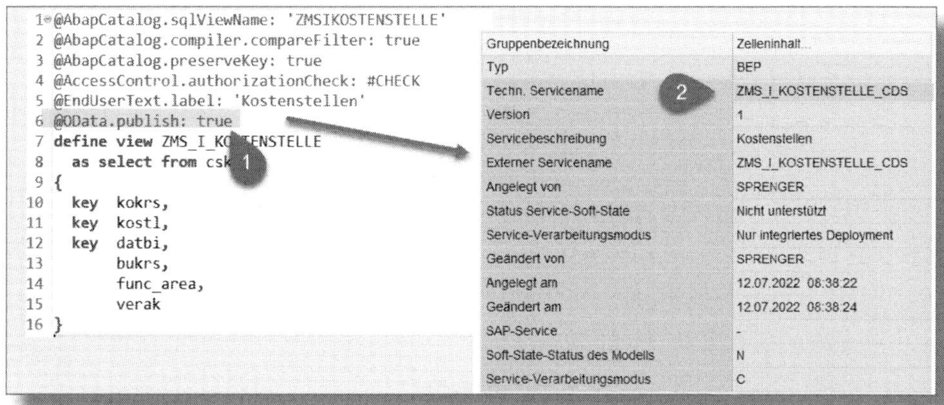

Abbildung 6.19: CDS-View als OData-Service

Rufen wir jetzt über eine geeignete URL ❸ den OData-Service z. B. im Browser auf (siehe Abbildung 6.20) und melden uns mit unserem Testuser an, erkennen wir, dass tatsächlich nur die berechtigten Zeilen der Tabelle CSKS geliefert werden ❹.

Wollen wir nun z. B. Apps entwickeln, die unseren OData-Service verwenden, müssen wir für diesen wieder Rollen mit Berechtigungen anlegen, um beim Aufruf des Service in der App überhaupt Daten zu sehen. Dazu tragen wir den OData-Service in die Rolle ein.

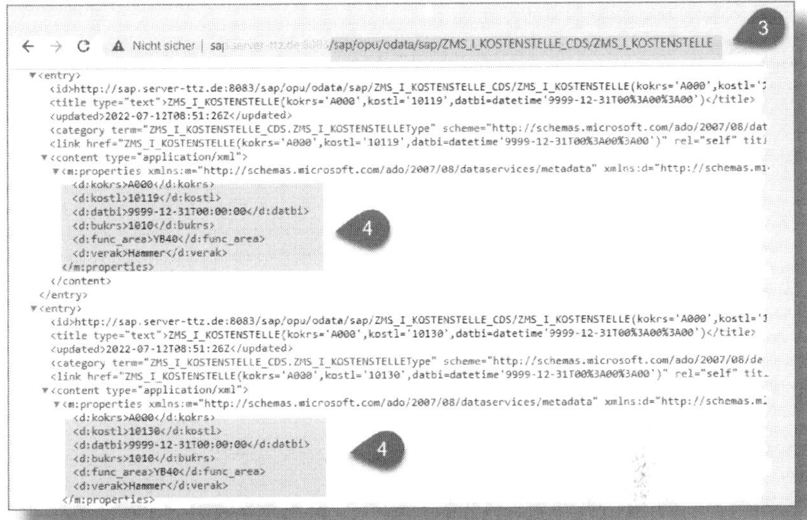

Abbildung 6.20: Aufruf des OData-Service im Browser

Doch woher weiß die Transaktion *PFCG*, dass das Objekt Z_MS_KST_FB_V für den Service relevant ist? Auch hier hilft leider nur, die passenden SU24-Vorschlagswerte für den Service selbst zu hinterlegen (siehe Abbildung 6.21).

Wählen Sie hierzu im Einstiegsbild der Transaktion *SU24* für den TYP DER ANWENDUNG den Wert *15 SAP Gateway Business Suite Enablement …* ❶. Zusätzlich können Sie im Feld OBJEKTNAME die Anzeige auf bestimmte Services einschränken. Doppelklicken Sie im Folgebild auf den Service, für den Sie Vorschlagswerte hinterlegen möchten, und ergänzen Sie für das vom Service (eigentlich von der darunterliegenden CDS-View) geprüfte Berechtigungsobjekt geeignete Vorschlagswerte ❷.

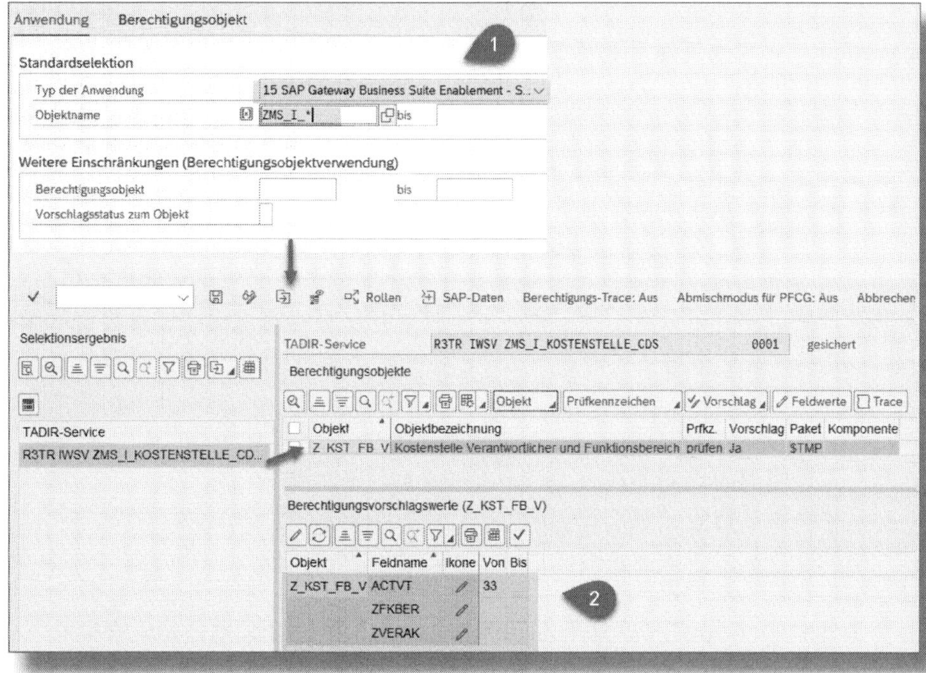

Abbildung 6.21: Berechtigungsvorschlag für den OData-Service

Der OData-Service soll nun in einer Rolle berechtigt werden (siehe Abbildung 6.22). Starten Sie dazu die Transaktion *PFCG* und ergänzen Sie das MENÜ DER ROLLE um einen BERECHTIGUNGSVORSCHLAG ❶. In unserem Beispiel geben Sie den Service an, für den ein Vorschlagswert aus den SU24-Daten übernommen werden soll. Tragen Sie daher unter BERECHTIGUNGSVORSCHLAG *15 SAP Gateway Business Suite Enablement …* ❷ ein und in der Spalte TADIR-SERVICE den Namen des OData-Service ❸. Die für den Service hinterlegten Vorschlagswerte werden mit ÜBERNEHMEN in das Menü der Rolle als BERECHTIGUNGSVORSCHLAGSWERTE FÜR SERVICES ❹ eingetragen.

Der Reiter ANWENDUNGEN (❺ in Abbildung 6.23) zeigt den OData-Service als »relevant« für die Rolle an.

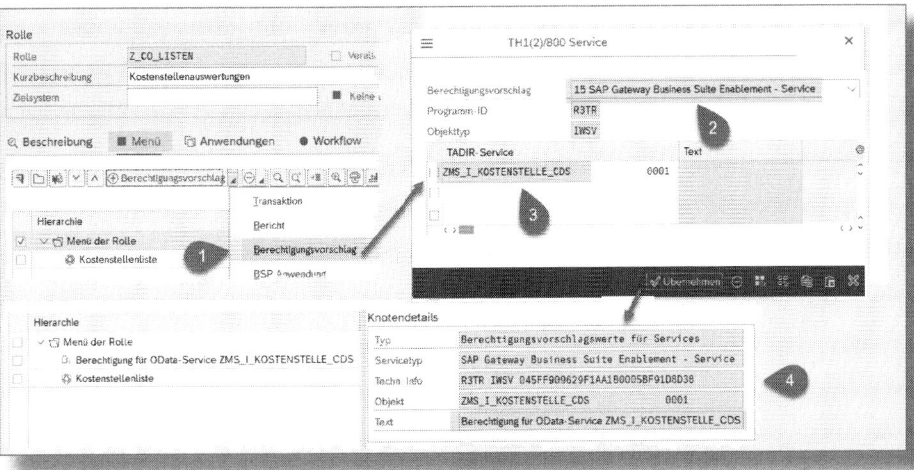

Abbildung 6.22: OData-Service in Rolle aufnehmen (1)

Wenn Sie jetzt die Berechtigungen zur Rolle pflegen, werden nicht nur die hinterlegten Vorschlagswerte übernommen, sondern es wird zusätzlich automatisch eine Berechtigung für das BERECHTIGUNGSOBJEKT S_SERVICE eingetragen ❻, die erforderlich ist, damit der OData-Service überhaupt aufgerufen werden darf. Dieser Eintrag entspricht in etwa den Werten des Feldes TCD zum Objekt S_TCODE, das beim Start einer Transaktion geprüft wird.

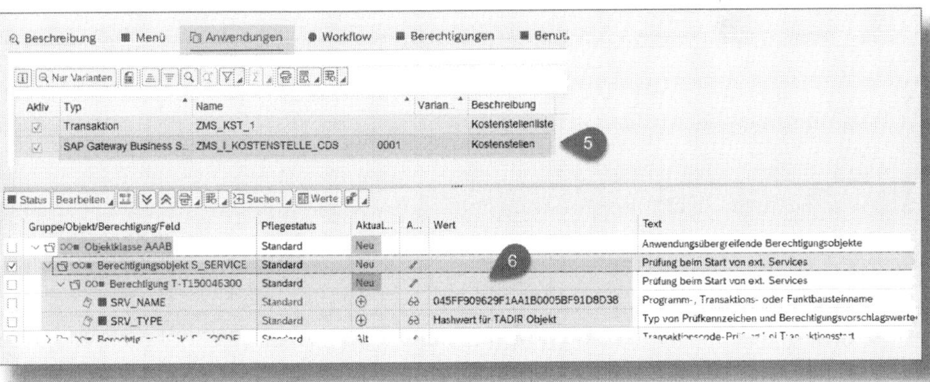

Abbildung 6.23: OData-Service in Rolle aufnehmen (2)

7 Berechtigungszuordnung über Organisationseinheiten

Für gewöhnlich werden Rollen direkt einem SAP-Benutzer zugewiesen – abhängig von den Aufgaben, die er konkret mithilfe von SAP-Anwendungen ausführen soll. Diese Aufgaben sind im Idealfall in einer Art Stellenbeschreibung dokumentiert. Wechselt ein Anwender die Stelle, müssten ihm all seine bisherigen Rollen entzogen und stattdessen die zur neuen Stelle passenden zugewiesen werden. Genau dies führt zu der Frage, ob Berechtigungen nicht besser an Elemente einer Organisationsstruktur vergeben werden sollten; so erhielten z. B. die Bereiche Abteilung, Stelle, Planstelle oder Mitarbeiter, die beispielsweise eine Planstelle besetzen, automatisch die Berechtigungen dieser Planstelle.

In diesem Kapitel zeige ich Ihnen, wie Sie eine solche Berechtigungsvergabe genau realisieren.

7.1 Beispiel für ein Organisationsmodell

Die Zuweisung von Rollen zu Organisationseinheiten (z. B. Abteilungen), Stellen oder Planstellen setzt voraus, dass im SAP-System ein *Organisationsmodell* vorhanden ist, das die konkrete Struktur des Unternehmens widerspiegelt (siehe Abbildung 7.1).

Eine solche Aufbauorganisation pflegen Sie beispielsweise mithilfe der Transaktion *PPOME*. Mit etwas Glück stellt Ihnen die Personalwirtschaft eine im Zuge der HCM-Implementierung angelegte Struktur fertig zur Verfügung.

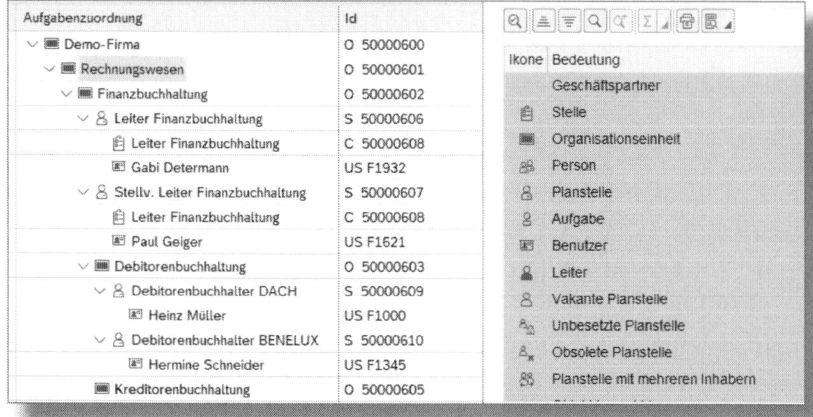

Abbildung 7.1: Organisationsmodell »Demo-Firma«

Einige Erläuterungen zu dem in Abbildung 7.1 gezeigten Organisationsmodell: In unserer »Demo-Firma« gibt es eine Abteilung (*Organisationseinheit*) FINANZBUCHHALTUNG mit den untergeordneten Abteilungen DEBITORENBUCHHALTUNG und KREDITORENBUCHHALTUNG. Die Debitorenbuchhaltung hat die *Planstellen* DEBITORENBUCHHALTER DACH und DEBITORENBUCHHALTER BENELUX. Die Planstelle Debitorenbuchhalter DACH ist aktuell besetzt mit dem SAP-Benutzer F1000 (HEINZ MÜLLER). Zusätzlich gibt es die beiden Planstellen LEITER FINANZBUCHHALTUNG und STELLV. LEITER FINANZBUCHHALTUNG. Beide sind der Organisationseinheit FINANZBUCHHALTUNG zugeordnet und werden durch die *Stelle* LEITER FINANZBUCHHALTUNG beschrieben.

7.2 Definition der Beispielrollen

Für einen Test der Rollenzuordnung zu Elementen eines Organisationsmodells habe ich zunächst einige Rollen definiert (siehe Abbildung 7.2). Die Rolle BC_ALLUSER ❶ soll Berechtigungen enthalten, die jedem Benutzer zur Verfügung gestellt werden. Im MENÜ DER ROLLE ❷ sind beispielsweise die Transaktion SU3, SMX und SP02 vorhanden.

Die Rolle BC_FI_PRINTER ❸ vergibt Berechtigungen zur Nutzung bestimmter Drucker. Zulässig sollen alle Drucker sein, deren technischer Name in der SAP-Druckerkonfiguration mit dem Wert *FI* ❹ beginnt.

Diese Berechtigung erhalten alle Benutzer, die im Organisationsmodell der Abteilung Finanzbuchhaltung oder untergeordneten Abteilungen zugeordnet sind.

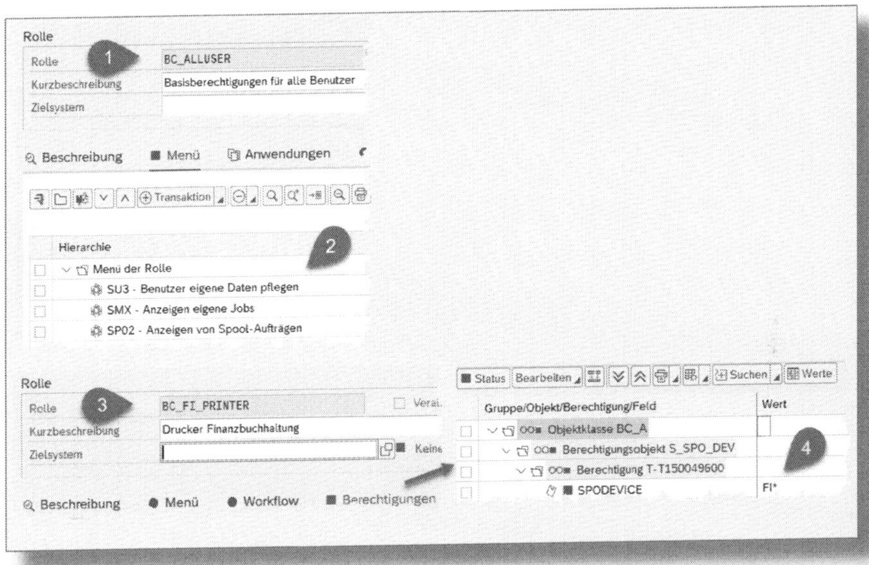

Abbildung 7.2: Rolle für Basisberechtigungen

Abbildung 7.3 zeigt Rollen, die für die Debitorenbuchhaltung vorgesehen sind. Die Rolle FI_V_DEBITOREN_XXXX ❶ dient als Vorlage für die Ableitung weiterer Rollen. Die Rolle beinhaltet z. B. die Transaktionen FD01 und FD02 ❷.

Die Rolle FI_A_DEBITOREN_DACH ❸ wird von der Rolle FI_V_DEBITOREN_XXXX ❹ abgeleitet und legt konkret fest, dass alle mit den Werten *AT*, *CH* oder *DE* ❺ beginnenden Buchungskreise zulässig sind. Diese Rolle soll der Planstelle *Debitorenbuchhalter DACH* zugewiesen werden.

Analog ist die Rolle FI_A_DEBITOREN_BELELUX ❻ definiert. Auch sie wird aus der Rolle FI_V_DEBITOREN_XXXX ❼ abgeleitet und kennzeichnet alle mit den Werten *BE*, *NL* oder *LU* ❽ beginnen Buchungskreise als zulässig. Diese Rolle soll der Planstelle *Debitorenbuchhalter BENELUX* zugewiesen werden.

Die Sammelrolle FI_S_DEBITOREN_ALL ❾ fasst die beiden Einzelrollen ❿ FI_A_DEBITOREN_DACH und FI_A_DEBITOREN_BELELUX zusammen. Sie soll der Stelle »Leiter Finanzbuchhaltung« zugeordnet werden und damit indirekt den Planstellen »Leiter Finanzbuchhaltung« und »Stellvertretender Leiter Finanzbuchhaltung«.

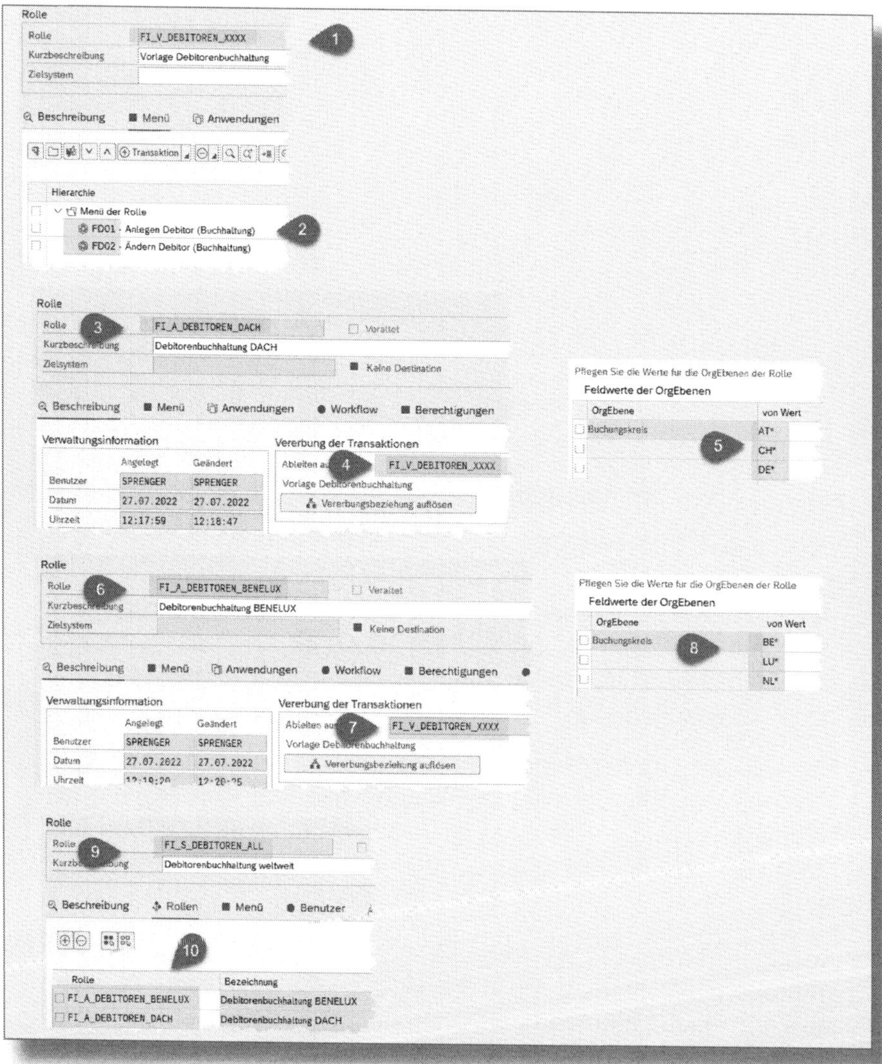

Abbildung 7.3: Rollen für die Debitorenbuchhaltung

7.3 Zuordnung einer Rolle zur Organisationseinheit

Die Rolle BC_ALLUSER ❶ soll allen Benutzern zugewiesen werden, die Mitglied der Organisationseinheit »Demo-Firma« sind (siehe Abbildung 7.4).

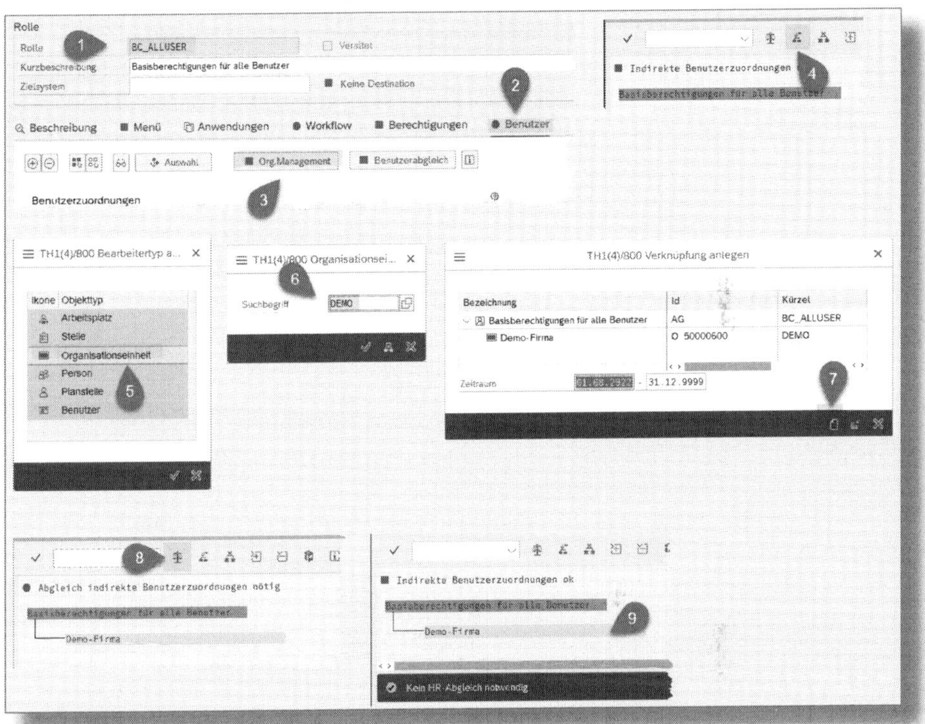

Abbildung 7.4: Zuordnung einer Rolle zur Organisationseinheit

Wie der rote Punkt ❷ auf dem Tab-Reiter BENUTZER anzeigt, sind aktuell der Rolle noch keine Benutzer zugeordnet. Die Zuordnung der Rolle zu Benutzern soll über das Organisationsmodell erfolgen, daher klicken wir auf die Schaltfläche ORG.MANAGEMENT ❸. Im daraufhin angezeigten Fenster starten wir die Zuordnung der Organisationseinheiten durch die Funktion [icon] ❹. Die Rolle soll einer *Organisationseinheit* ❺ zugewiesen werden. Wir wählen die Organisationseinheit DEMO-Firma ❻, den obersten Knoten unseres Organisationsmodells. Wie die Abbildung zeigt, können Sie die Zuordnung der Rolle über den Zeitraum auch zeitlich befristen. Die Zuordnung erfolgt durch Klicken auf [icon] ❼.

Damit sind noch nicht die SAP-Benutzer ermittelt, denen die Rolle zuzuordnen ist. Dies geschieht durch das Klicken auf [icon] ❽. Zu unserer Überraschung müssen wir aber feststellen, dass kein einziger SAP-Benutzer gefunden wird, obwohl Benutzer im Organisationsmodell Planstellen zugeordnet sind ❾.

Der Grund hierfür ist ein unvollständiges Customizing. Bei der Bestimmung der Benutzer, die einem Element des Organisationsmodells zugewiesen sind, werden sogenannte *Auswertungswege* berücksichtigt. Diese Auswertungswege können mithilfe der Transaktion *OOAW* gepflegt werden. Die SAP liefert Standardwege aus, die aber die von uns vorgesehene Funktionalität nicht abdecken (siehe Abbildung 7.5). Zuständig für die Bestimmung der SAP-Benutzer bei der Rollenzuordnung über das Organisationsmodell ist der Auswertungsweg US_ACTGR ❶. Durch Klicken auf AUSWERTUNGSWEG (EINZELPFLEGE) ❷ bekommen Sie die Teilschritte ❸ aufgelistet, die das System bei der Bestimmung der SAP-Benutzer durchläuft.

Eine Recherche im SAP-Portal führt zu dem Hinweis 1917098 (❶ in Abbildung 7.6). Auf Basis dieses Hinweises ergänzen Sie das Customizing der Auswertungswege. Die fehlende Zeile fügen Sie mit NEUE EINTRÄGE ❷ hinzu und erfassen genau den im Hinweis genannten Auswertungsweg ❸.

Neu hinzugefügter Auswertungsweg

Im Standard findet der Auswertungsweg US_ACTGR nur die Benutzer, die **direkt** einer Organisationseinheit zugeordnet sind. In unserem Beispiel haben wir der Organisationseinheit DEMO aber keinen Benutzer zugeordnet, sondern nur untergeordneten Organisationseinheiten, genauer den diesen zugewiesenen Planstellen. Der zusätzlich von uns eingetragene Weg sorgt dafür, dass bei der Zuweisung einer Rolle zu einer Organisationseinheit auch die Benutzer untergeordneter Organisationseinheiten berücksichtigt werden. Schauen Sie hierzu bitte auch noch einmal in den Hinweis. Hier finden Sie einige Anmerkungen der SAP zu möglichen Nebenwirkungen des zusätzlich definierten Weges.

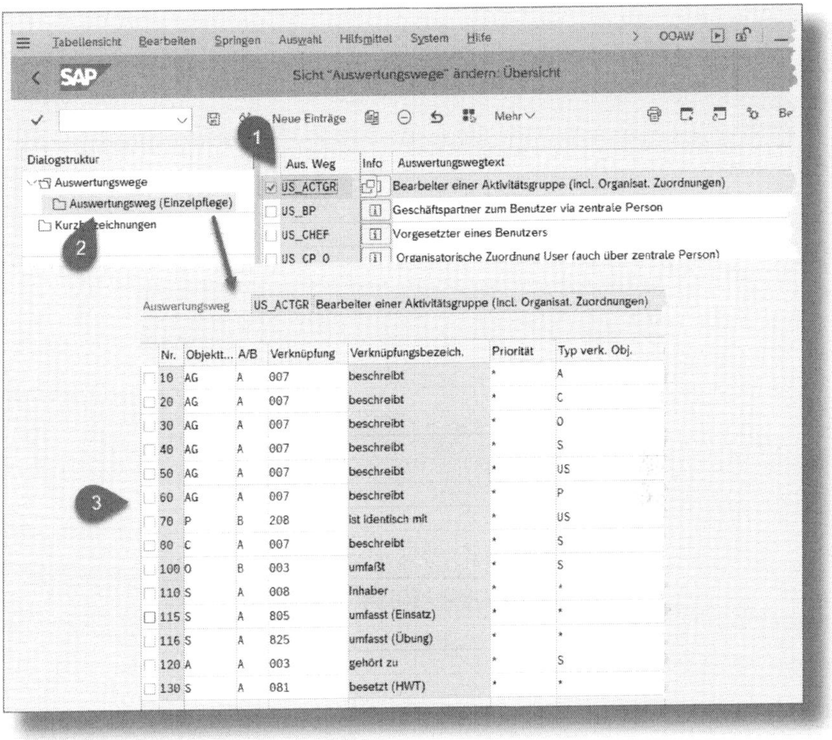

Tabellensicht Bearbeiten Springen Auswahl Hilfsmittel System Hilfe
OOAW
SAP
Sicht "Auswertungswege" ändern: Übersicht
Neue Einträge
Mehr
1
Dialogstruktur
Auswertungswege
Auswertungsweg (Einzelpflege)
Kurzbezeichnungen
2
Aus. Weg
Info
Auswertungswegtext
US_ACTGR
Bearbeiter einer Aktivitätsgruppe (incl. Organisat. Zuordnungen)
US_BP
Geschäftspartner zum Benutzer via zentrale Person
US_CHEF
Vorgesetzter eines Benutzers
US_CP_O
Organisatorische Zuordnung User (auch über zentrale Person)
Auswertungsweg
US_ACTGR Bearbeiter einer Aktivitätsgruppe (incl. Organisat. Zuordnungen)
3
Nr. Objektt... A/B Verknüpfung Verknüpfungsbezeich. Priorität Typ verk. Obj.
10 AG A 007 beschreibt * A
20 AG A 007 beschreibt * C
30 AG A 007 beschreibt * O
40 AG A 007 beschreibt * S
50 AG A 007 beschreibt * US
60 AG A 007 beschreibt * P
70 P B 208 ist identisch mit * US
80 C A 007 beschreibt * S
100 O B 003 umfaßt * S
110 S A 008 Inhaber * *
115 S A 805 umfasst (Einsatz) * *
116 S A 825 umfasst (Übung) * *
120 A A 003 gehört zu * S
130 S A 081 besetzt (HWT) * *

Abbildung 7.5: Standard-Customizing für Auswertungswege

1917098 - RHPROFL0: considering roles until highest parent org unit
1
Version 3
Language English
Release Status Released to Customer
Component BC-BMT-OM (Organizational Management)
Type SAP Knowledge Base Article
Master Language English
Category How To
Released On 25.08.2017
Neue Einträge
Mehr
2
Auswertungsweg
US_ACTGR Bearbeiter einer Aktivitätsgruppe (incl. Organisat. Zuordnungen)
Nr. Objektt... A/B Verknüpfung Verknüpfungsbezeich. Priorität Typ verk. Obj.
999 O B 002 ist Linien-Vorgesetzter v * O
3

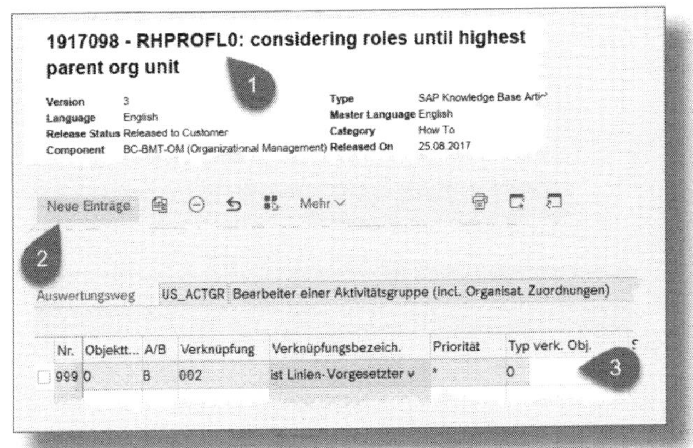

Abbildung 7.6: Ergänzter Auswertungsweg

Versuchen Sie nach der Ergänzung des Customizings jetzt noch einmal die Zuordnung der Rolle zum Organisationselement DEMO (siehe Abbildung 7.7).

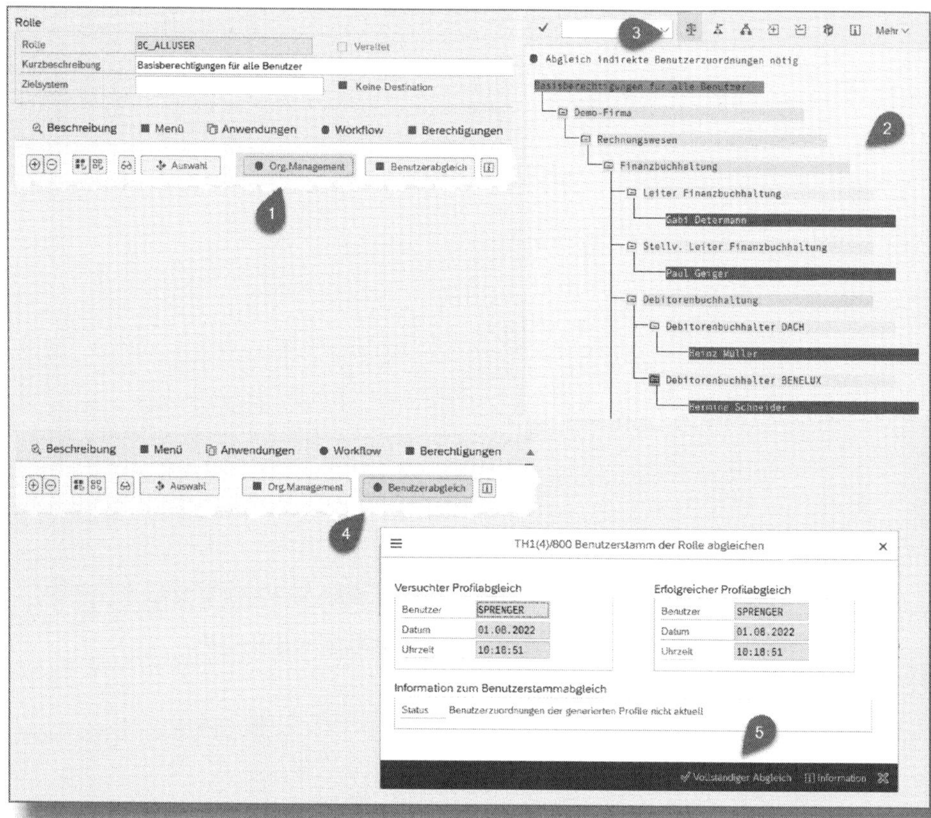

Abbildung 7.7: Korrekte Auswertung der Zuordnungen

Die Transaktion *PFCG* zeigt für die Rolle BC_ALLUSER mit dem roten Punkt auf der Schaltfläche ORG.MANAGEMENT ❶ an, dass die Auswertung der relevanten Benutzer noch nicht vollständig durchgeführt ist. Wenn Sie jetzt auf die Schaltfläche klicken, wird der Auswertungsweg US_ACTGR abgearbeitet, und tatsächlich sehen wir, dass das System alle im Organisationsmodell eingetragenen Benutzer gefunden hat. Die Baumstruktur ❷ gibt Aufschluss darüber, über welchen Weg die Benutzer ermittelt wurden. Der rote Kreis im Text oberhalb der Baumstruktur fordert Sie allerdings auf, durch Klicken auf [icon] ❸ zu ermitteln, ob tatsächlich alle Benutzer berücksichtigt wurden. Wenn Sie jetzt auch noch einen BENUTZERABGLEICH ❹ durchführen (VOLLSTÄNDIGER ABGLEICH ❺), erhalten die gefundenen Benutzer die Rolle BC_ALLUSER (siehe Abschnitt 7.5).

Analog ordnen Sie die Rolle BC_FI_PRINTER ❶ der Organisationseinheit FINANZBUCHHALTUNG ❷ zu (siehe Abbildung 7.8).

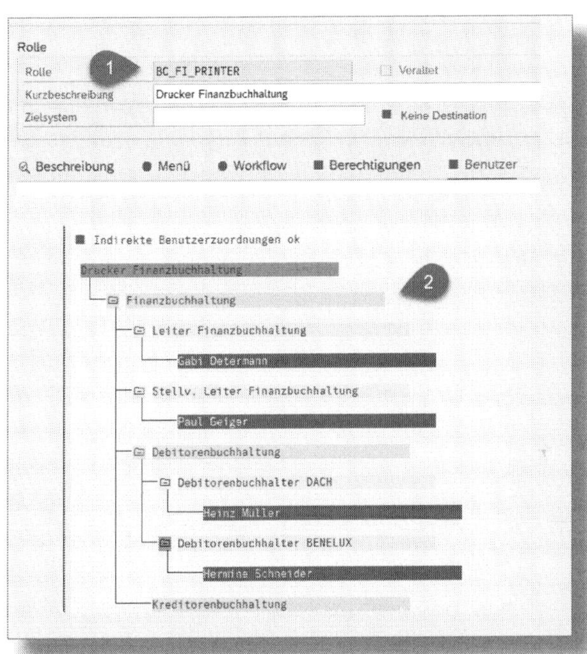

Abbildung 7.8: Zuordnung der Rolle BC_FI_PRINTER

7.4 Zuordnung von Rollen zu Stellen und Planstellen

Schauen wir uns nun an, wie Sie Rollen einer Stelle oder einer Planstelle zuordnen (siehe Abbildung 7.9). Die Rolle FI_S_DEBITOREN_ALL ❶ weisen Sie der Stelle LEITER FINANZBUCHHALTUNG ❷ zu. Über die definierten Auswertungswege werden die Planstellen LEITER FINANZBUCHHALTUNG und STELLV. LEITER FINANZBUCHHALTUNG gefunden und damit auch die den Planstellen zugeordneten Benutzer.

Der Rolle FI_A_DEBITOREN_DACH ❸ ordnen Sie direkt die Planstelle DEBITORENBUCHHALTER DACH ❹ zu. Wie Sie sehen, wird der Benutzer HEINZ MÜLLER als Inhaber der Planstelle ermittelt. Die beiden weiteren Benutzer PAUL GEIGER und GABI DETERMANN erscheinen ebenfalls in den Ergebnissen. Dies ist korrekt, denn die Rolle FI_A_DEBITOREN_DACH ist Bestandteil der Sammelrolle FI_S_DEBITOREN_ALL, die beide Benutzer über die Zuweisung der Sammelrolle zur Stelle LEITER FINANZBUCHHALTUNG verfügen.

Analog ordnen Sie die Rolle FI_A_DEBITOREN_BENELUX ❺ der Planstelle DEBITORENBUCHHALTER BENELUX ❻ zu. Auch hier zeigt sich, dass die Bestimmung der Benutzer gemäß unserem Organisationsmodell erfolgt ist.

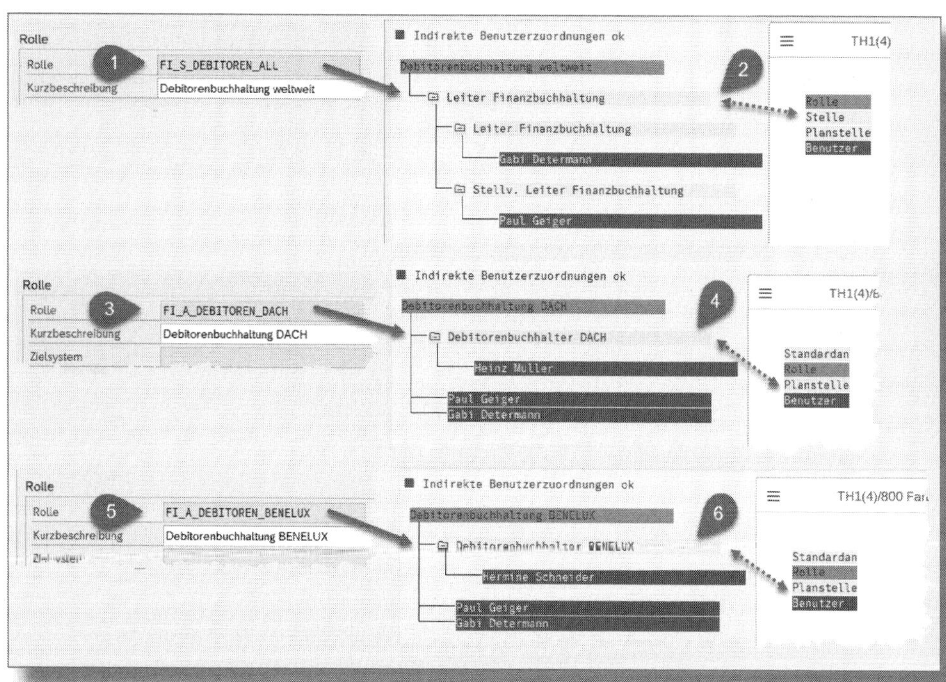

Abbildung 7.9: Zuordnung zu Stellen und Planstellen

7.5 Anzeige der Zuordnungen in SU01

Prüfen wir jetzt, wie sich die Zuordnung der Rollen zu Elementen des Organisationsmodells auf die Benutzerstammdaten ausgewirkt hat (siehe Abbildung 7.10). Der Benutzer F1932 (Gabi Determann) ❶ besitzt nun die Rolle BC_ALLUSER, BC_FI_PRINTER ❷ und die Sammelrolle FI_S_DEBITOREN_ALL ❸. Über diese Sammelrolle sind indirekt auch die Einzelrollen FI_A_DEBITOREN_BENELUX und FI_A_DEBITOREN_DACH zugewiesen. Das Icon in der Spalte INDIREKT kennzeichnet die Rollen bzw. Sammelrollen, die der Benutzer über die Rollenzuweisung zu Organisationselementen indirekt erhalten hat.

Der Benutzer F1000 (Heinz Müller) ❹ verfügt durch die indirekte Zuweisung über die Rollen BC_ALLUSER, BC_FI_PRINTER und FI_A_DEBITOREN_DACH ❺.

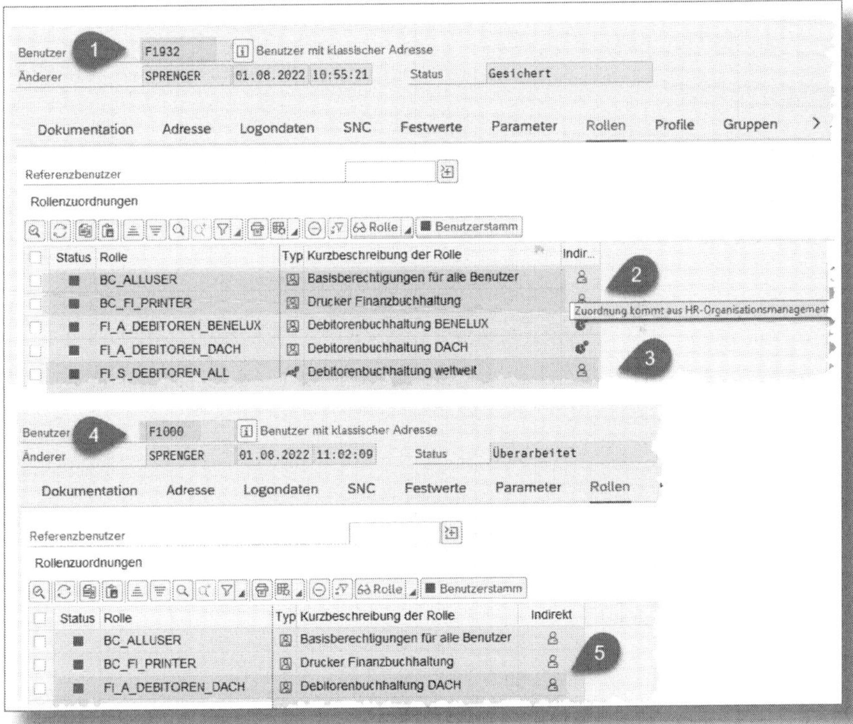

Abbildung 7.10: Indirekte Rollenzuordnungen in SU01

7.6 Änderung der Organisationsstruktur

Die Vorteile der Rollenzuordnung zu Organisationseinheiten gegenüber der direkten Zuweisung von Benutzern zeigen sich, wenn Sie Änderungen an der Struktur vornehmen (siehe Abbildung 7.11). Im konkreten Beispiel wird eine Planstelle neu besetzt ❶. Der bisherige Inhaber F1000 (HEINZ MÜLLER) der Planstelle DEBITORENBUCHHALTER DACH wird z. B. zum 31.07.2022 versetzt und der Benutzer F1111 (JOHANNA MÜLLER) übernimmt die Planstelle zum 01.08.2022. Durch einen Benutzerabgleich ❷ am 01.08.2002 wird die Rollenzuordnung zu den SAP-Benutzern automatisch korrigiert. Der Benutzer F1000 verliert die Rollenzuordnung ❸, stattdessen erhält sie der Benutzer F1111 ❹.

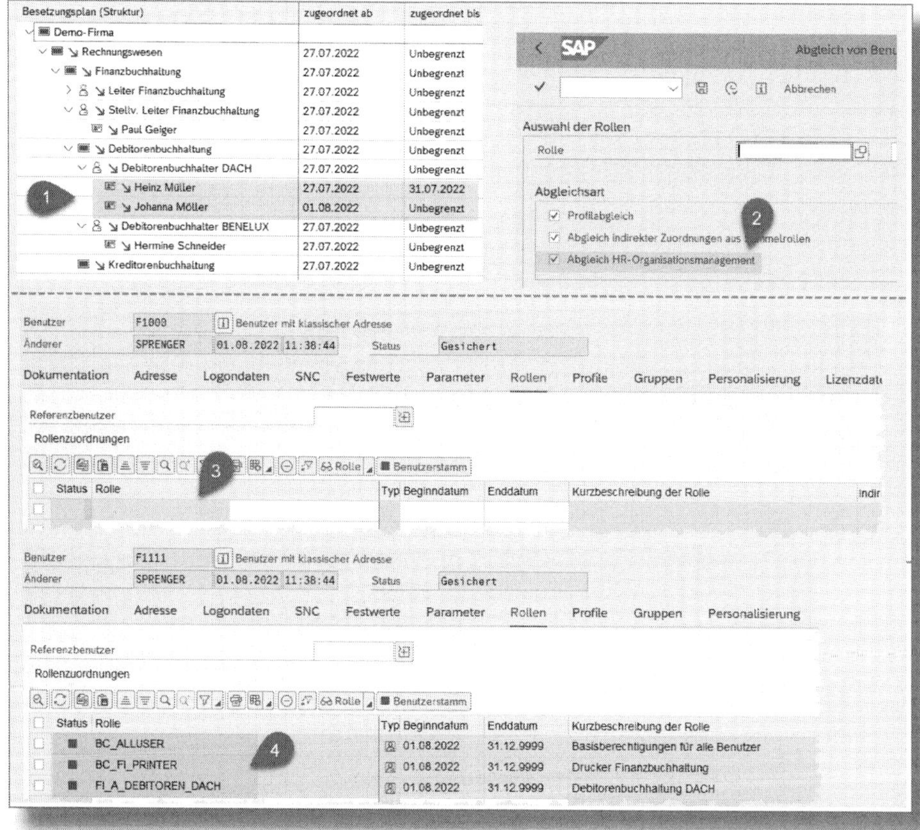

Abbildung 7.11: Neubesetzung einer Stelle

👉 Automatisierter Benutzerabgleich

Den Benutzerabgleich müssten Sie prinzipiell jeden Tag starten, damit Änderungen an der Organisationsstruktur tatsächlich ausgewertet werden und zu einer Korrektur der Rollenzuordnung führen. Sie können sich die Arbeit erleichtern, wenn Sie den Benutzerabgleich per Job automatisch täglich ausführen. Die Einplanung eines solchen Jobs veranlassen Sie mithilfe der Transaktion *PFUD*.

8 Funktionstrennung (SOD)

Sie können davon ausgehen, dass das auf einem SAP-System implementierte Berechtigungskonzept in regelmäßigen Abständen einer Revision unterzogen wird. Solche Revisionen finden oft in einem Rhythmus von drei bis vier Jahren statt und werden häufig von Wirtschaftsprüfern durchgeführt. Im Fokus steht dabei, ob Berechtigungen bestimmter Anwender für die Datensicherheit oder die Stabilität des SAP-Systems kritisch sind. Auch eine Kombination für sich genommen eigentlich unkritischer Berechtigungen kann zum Problem werden. In diesem Kapitel lernen Sie, wie Sie feststellen, welche Berechtigungen in Ihrem System als kritisch klassifiziert sind oder wie Sie selbst die Klassifikation überarbeiten. Auch die Definition kritischer Kombinationen von Berechtigungen werden wir betrachten. Besonders interessant ist, wie man überprüft, ob die definierten Kriterien auch eingehalten werden.

8.1 Grundbegriffe

Was sind *kritische Berechtigungen* und *kritische Kombinationen von Berechtigungen*? Was ist eine *SOD-Matrix*?

Ich erläutere zunächst in einfachen Worten den Begriff der *kritischen Berechtigung*. Eine einzelne Berechtigung gilt dann als kritisch, wenn Sie isoliert betrachtet einem Anwender erlaubt, sicherheitsrelevante Funktionen im SAP-System auszuführen. Dies könnten z. B. Funktionen sein, die zum Stillstand eines SAP-Systems oder zu einem Datenverlust führen, oder aber Funktionen, die es erlauben, eigentlich vor dem Anwender geschützte Daten anzuzeigen oder zu ändern.

Beispiele: Kritische Berechtigungen

Als kritisch betrachtet man etwa die Möglichkeit des Debuggings von Anwendungen in einem produktiv genutzten SAP-System. Das Debugging mit vollen Berechtigungen gewährt dem Benutzer die Option, während der Programmausführung Werte zu ändern oder Anweisungen, beispielsweise eine programmierte Berechtigungsprüfung, zu überspringen.

Ein weiteres Beispiel: Gerne wird in Unternehmen die Berechtigung für die Transaktion *SE16* vergeben. Die SE16 erlaubt es einem Anwender, Daten von Tabellen anzuzeigen. Wenn hier eine ALL-Berechtigung für den Tabellennamen vergeben wird, kann ein mit dieser Berechtigung ausgestatteter Anwender alle im System gespeicherten Daten sehen und möglicherweise sogar herunterladen.

Selbst wenn eine einzelne Berechtigung als unkritisch beurteilt wird, kann sie doch in Kombination mit einer anderen, ebenfalls unkritischen Berechtigung unter bestimmten Bedingungen zu einer *kritischen Kombination* führen, die ein ähnliches Gefährdungspotenzial besitzt wie eine einzelne kritische Berechtigung.

Beispiel: Kritische Kombination von Berechtigungen

Ein Mitarbeiter der Kreditorenbuchhaltung besitzt die Berechtigung, für Rechnungen eines Lieferanten Zahlungen anzuweisen. Diese Berechtigung ist, wenn der betreffende Mitarbeiter für diese Aufgabe zuständig ist, für sich betrachtet zunächst einmal unkritisch. Einem anderen Mitarbeiter geben Sie die Berechtigung, Lieferantenstammdaten zu pflegen. Auch diese Berechtigung ist für sich genommen nicht kritisch. Wie verhielte es sich aber, wenn Sie einem Mitarbeiter beide Berechtigungen gäben? Er könnte dann z. B. einen neuen Lieferanten anlegen, vielleicht mit seiner eigenen Bankverbindung, und dann im Namen dieses Lieferanten eine Rechnung an die Firma schicken. Der Mitarbeiter gibt dann, da er über eine passende Berechtigung verfügt, die Eingangsrechnung zur Zahlung frei. Ähnliches ist in der Praxis tatsächlich so schon vorgekommen. Eigentlich unkritische Berechtigungen können also in der Kombination zu einem Risiko für die Firma werden.

Kritische Kombinationen von Berechtigungen sollten infolgedessen vermieden werden, beispielsweise dadurch, dass man Aufgaben, die, in einer Hand vereinigt, zu einer kritischen Kombination führen, auf mehrere Personen verteilt. Hier sprechen wir dann von einer »Gewaltenteilung« oder, mit dem englischsprachigen Fachbegriff, von einer *Segregation of Duties (SOD)*. In diesem Zusammenhang wird Ihnen das Stichwort *SOD-Matrix* begegnen. Diese Matrix stellt übersichtlich dar, welche Kombinationen von Aufgaben (Berechtigungen) als kritisch einzustufen sind. Sie können sie sich als Excel-Blatt vorstellen, in dessen Zeilen und Spalten Sie die Aufgaben (engl. Duties) schreiben. In den jeweiligen Kreuzungspunkten tragen Sie ein X ein, wenn die Aufgabe, die in der Zeile steht, eine kritische Kombination zu derjenigen darstellt, die in der Spalte steht. Statt eines »X« könnte man z. B. auch eine Ziffer eintragen, mit der man kategorisiert, für wie kritisch man eine Kombination hält (1 = sehr kritisch, 2 = kritisch, 3 = tolerierbar etc.). Abbildung 8.1 zeigt, wie eine SOD-Matrix in Excel aussehen könnte.

SOD-Matrix
Beschaffung

ID	Aufgabe	A01 Bestellung bearbeiten	A02 Bestellung genehmigen	A03 Wareneingang bearbeiten	A04 Rechnung freigeben	A05 Materialstamm bearbeiten	A06 Lieferantenstamm bearbeiten	A07 Kreditorenrechnung bearbeiten	A08 Kreditorenzahlungen bearbeiten	A09 Zahlungslauf bearbeiten
A01	Bestellung bearbeiten		X	X	X	X	X	X	X	X
A02	Bestellung genehmigen	X		X	X	X	X	X	X	X
A03	Wareneingang bearbeiten	X	X							
A04	Rechnung freigeben	X	X				X			
A05	Materialstamm bearbeiten	X	X							
A06	Lieferantenstamm bearbeiten	X	X		X					X
A07	Kreditorenrechnung bearbeiten	X	X							
A08	Kreditorenzahlungen bearbeiten	X	X							X
A09	Zahlungslauf bearbeiten	X	X				X		X	

Abbildung 8.1: Beispiel einer SOD-Matrix

8.2 Transaktion für Definition und Auswertungen

Es ergibt sicherlich Sinn, kritische Berechtigungen und kritische Kombinationen von Berechtigungen in einem SAP-System zu dokumentieren. Idealerweise könnten wir dann »auf Knopfdruck« überprüfen, ob bestimmte Rollenzuordnungen zu Konflikten mit unseren Vorgaben führen.

Genau die passenden Funktionen bietet uns die Transaktion *SUIM* (Benutzerinformationssystem). Diese sind eingebunden in die Struktur des Informationssystems und den Pfad BENUTZER • MIT KRITISCHEN BERECHTIGUNGEN (❶ in Abbildung 8.2). Alternativ können Sie auch die Transaktion *S_BCE_68002111* starten.

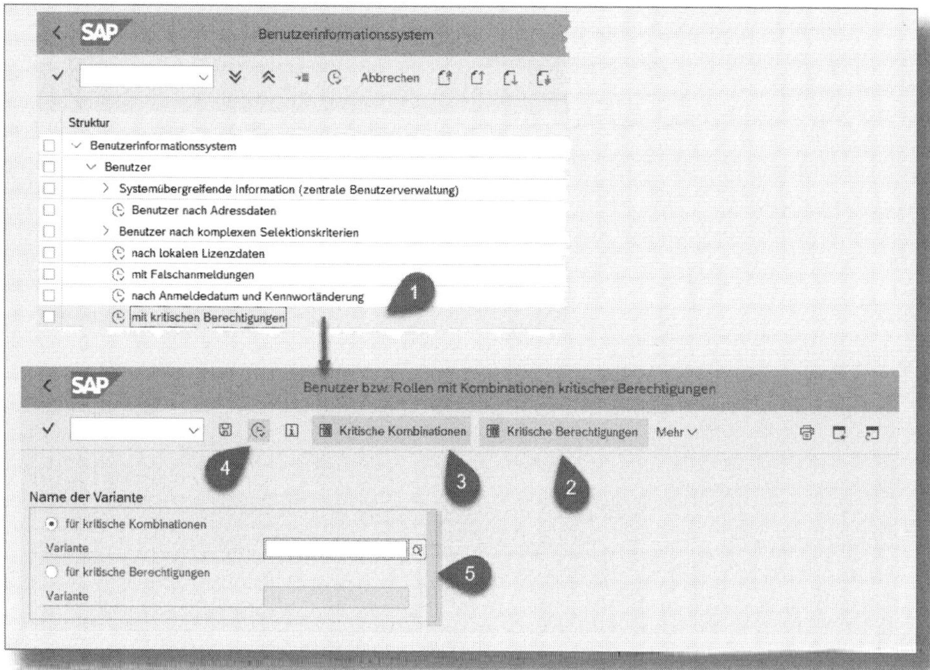

Abbildung 8.2: Definition und Auswertung von kritischen Berechtigungen

Die Funktionen KRITISCHE BERECHTIGUNGEN ❷ bzw. KRITISCHE KOMBINATIONEN ❸ ermöglichen Ihnen die Pflege beider. Eine Prüfung, ob Sie die von Ihnen definierten Vorgaben einhalten, starten Sie durch Klicken auf ❹. Den Typ der Prüfung (FÜR KRITISCHE BERECHTIGUNGEN oder FÜR KRITISCHE KOMBINATIONEN) legen Sie im Block NAME DER VARIANTE ❺ fest.

8.3 Definition einer kritischen Berechtigung

Wir wollen als Beispiel das Debugging als kritische Funktion festlegen. Das Debugging wird mithilfe des Berechtigungsobjekts S_DEVELOP berechtigt, indem man für das Berechtigungsfeld OBJTYPE den Wert DEBUG als zulässig angibt. Genau dies muss als kritische Berechtigung hinterlegt werden (siehe Abbildung 8.3). Starten Sie die Funktion KRITISCHE BERECHTIGUNGEN ❶. Wenn Sie in der Baumstruktur auf den Knoten KRIT. BERECHTIGUNG ❷ klicken, erhalten Sie in der Liste rechts einen Überblick über die bereits definierten kritischen Berechtigungen. Einen neuen Eintrag erzeugen Sie mit NEUE EINTRÄGE ❸. Den Namen der neuen Kombination tragen Sie in eine leere Zeile in der Spalte ID BERECHTIGUNG ❹ in ein. Wählen Sie einen Namen im Kundennamensraum. In der Spalte FARBE wählen Sie eine Farbe aus, mit der die kritische Berechtigung bei Auswertungen gekennzeichnet wird. Die Zahl, die einer Farbe zugeordnet ist, stellt ein Maß dar, wie kritisch eine Berechtigung eingeschätzt wird: Je höher der Wert, desto kritischer ist sie.

Zu der kritischen Berechtigung müssen Sie jetzt noch das Berechtigungsobjekt und die Berechtigungswerte angeben. Markieren Sie hierfür die von Ihnen angelegte kritische Berechtigung und doppelklicken Sie links in der Dialogstruktur den Knoten BERECHTIGUNGSDATEN ❺. Markieren Sie anschließend NEUE EINTRÄGE ❻. In der Übersicht BERECHTIGUNGSDATEN geben Sie in der Spalte OBJEKT das Berechtigungsobjekt ein und in den Spalten FELDNAME und WERT die Werte für die Berechtigungsfelder zum Objekt. Im konkreten Beispiel legen Sie fest, dass eine kritische Berechtigung vorliegt ❼, wenn zu dem Objekt *S_DEVELOP* für das Feld *OBJTYPE* der Wert *DEBUG* festgelegt ist.

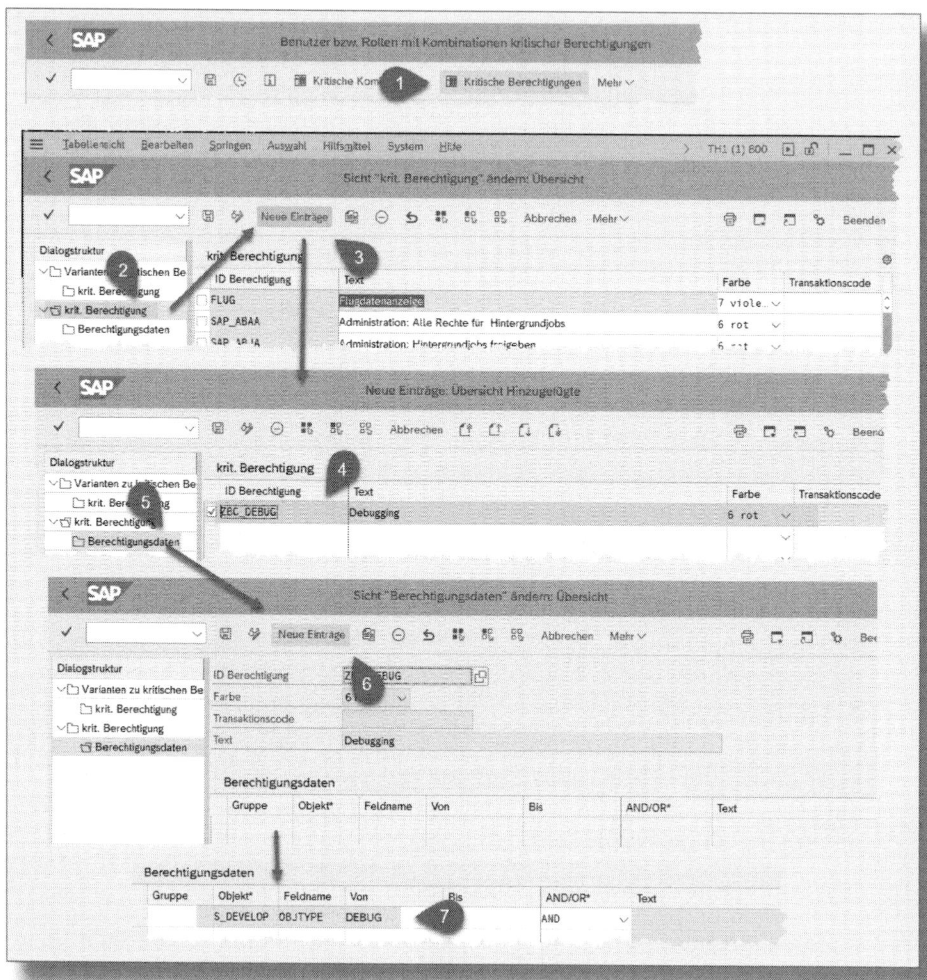

Abbildung 8.3: Debugging als kritische Einzelberechtigung

☛ Komplexere kritische Berechtigungen

Sie können auch eine kritische Berechtigung definieren, die mehrere Berechtigungsobjekte oder mehrere Werte zu einem Berechtigungsfeld berücksichtigt. Zur Verknüpfung der unter BERECHTIGUNGSDATEN eingetragenen Zeilen können Sie in der Spalte AND/OR festlegen, ob die eingegeben Zeilen mit AND oder OR verknüpft werden sollen. Eine Klammerung mehrerer Zeilen können sie dadurch erreichen, dass Sie den Zeilen, die geklammert sein sollen, einen gemeinsamen Wert in der Spalte GRUPPE zuordnen.

Die Auswertung kritischer Berechtigungen geschieht nicht auf Basis einzelner Berechtigungen. Kritische Berechtigungen müssen einer VARIANTE ZU KRITISCHEN BERECHTIGUNGEN zugeordnet werden. Genau diese Varianten geben Sie dann bei einer konkreten Prüfung an. Dies hat den Vorteil, dass Sie bei einer Prüfung gleich mehrere kritische Berechtigungen berücksichtigen können.

Abbildung 8.4 zeigt, wie eine Variante definiert wird. Doppelklicken Sie hierfür in der Dialogstruktur links auf den Knoten VARIANTEN ZU KRITISCHEN BERECHTIGUNGEN ❶ und wählen Sie dann die Funktion NEUE EINTRÄGE ❷. Geben Sie der Variante einen Namen (z. B. ZBC_KRITISCH) ❸ und doppelklicken Sie in der Dialogstruktur auf den Knoten KRIT. BERECHTIGUNG ❹. Gehen Sie anschließend auf NEUE EINTRÄGE ❺. Tragen Sie in der Tabelle in die Spalte ID BERECHTIGUNG ❻ die kritischen Berechtigungen ein, die Sie in einer Überprüfung berücksichtigen möchten.

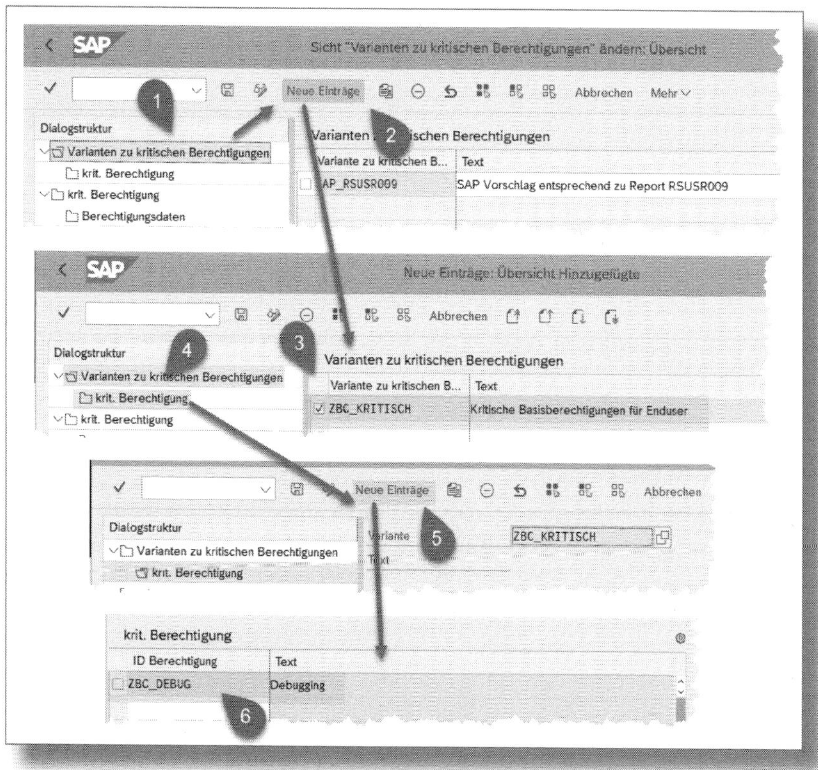

Abbildung 8.4: Zuordnung zu einer Variante

8.4 Auswertung einer kritischen Berechtigung

Überprüfen Sie jetzt, welcher Benutzer im System die von uns als kritisch eingeschätzte Debugging-Berechtigung besitzt (siehe Abbildung 8.5). Markieren Sie hierfür die Option FÜR KRITISCHE BERECHTIGUNGEN und geben Sie den Namen der Variante an, die geprüft werden soll ❶. Bei Bedarf schränken Sie den Kreis der zu berücksichtigenden Benutzer ein, z. B. auf Benutzer der Gruppe FINANZEN ❷. Starten Sie die Auswertung durch Klicken auf [Symbol] ❸. Die Trefferliste zeigt uns, dass der Benutzer F1000 über die kritische Berechtigung ZBC_DEBUG verfügt ❹. Die Zeile wird (in den ersten drei Spalten) mit der Farbe hinterlegt, die wir bei der Definition der kritischen Berechtigung festgelegt hatten. Interessant zu wissen: Über welche Rolle hat der Anwender die Berechtigung erhalten? Markieren Sie hierzu die relevante Zeile und klicken Sie auf LT. SELEKTION ❺. Sie sehen jetzt die Rolle(n), durch die der Anwender die kritischen Berechtigungen zugewiesen bekommt ❻.

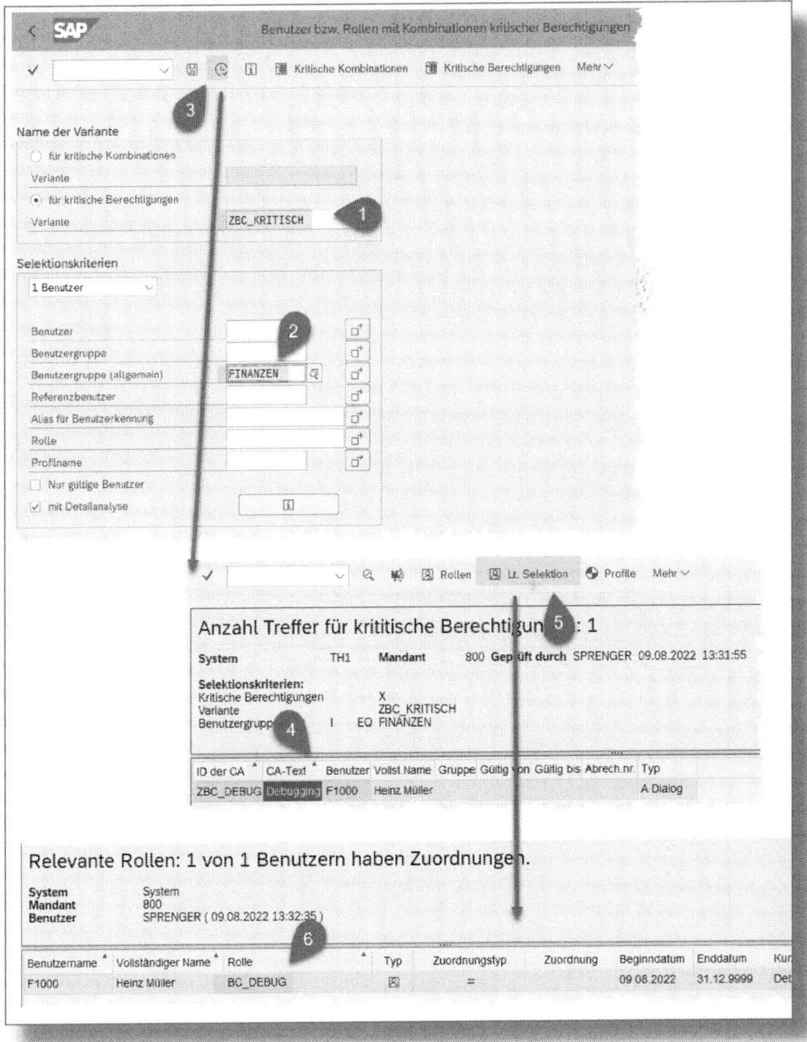

Abbildung 8.5: Benutzer mit kritischer Berechtigung

8.5 SAP-Muster für kritische Berechtigungen

SAP gibt bereits einige Definitionen von kritischen Berechtigungen vor, die man bedarfsgerecht zu Varianten kombinieren kann (siehe Abbildung 8.6). Diese Berechtigungen klassifizieren aber im Wesentlichen nur solche für Basisfunktionalitäten wie Customizing, Systemadministration oder Entwicklung ❶. Wie die Abbildung zeigt, ist es zulässig, die kritischen Berechtigungen der SAP auch in eigene Varianten aufzunehmen ❷.

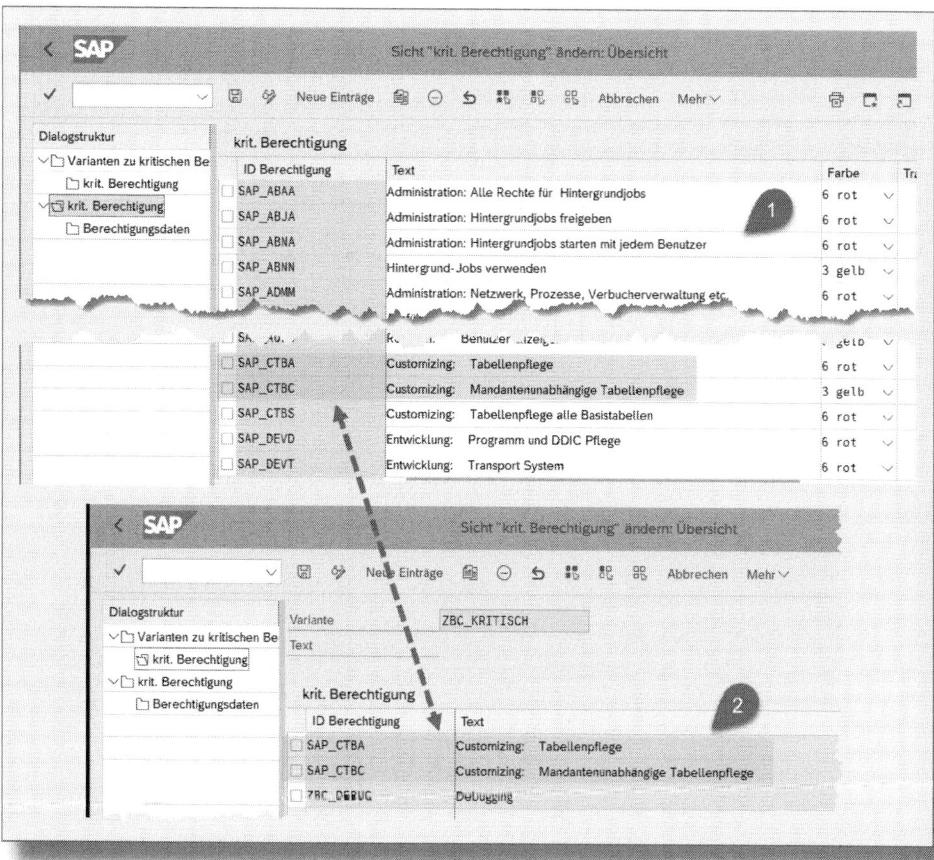

Abbildung 8.6: Muster für kritische Berechtigungen

8.6 Kritische Kombination von Berechtigungen

Die Definition kritischer Kombinationen von Berechtigungen erscheint auf den ersten Blick etwas umständlich. Kombinieren können Sie nämlich nur Berechtigungen, die Sie zuvor als kritisch definiert haben. Dabei sind diese Berechtigungen einzeln oft eher unkritisch.

In unserem konkreten Beispiel definieren Sie zunächst die beiden kritischen Berechtigungen ZMD_LIEFERANT und ZAP_RECHNUNG (siehe Abbildung 8.7). Die Berechtigung ZMD_LIEFERANT ❶ soll feststellen, ob ein Benutzer die Transaktionen MK01 oder XK01 (Lieferant bzw. Kreditor anlegen) starten darf ❷. Als Farbe wurde *5 grün* gewählt. Das soll andeuten, dass die »kritische« Berechtigung für sich gesehen eher unkritisch ist. Analog dazu kontrolliert die kritische Berechtigung ZAP_RECHNUNG ❸, ob die Transaktionen F-43 oder F-53 ❹ zu starten sind (Lieferantenrechnung bzw. Zahlungsausgang). Auch hier soll die Farbwahl *5 grün* signalisieren, dass die Einzelberechtigung eher unkritisch ist.

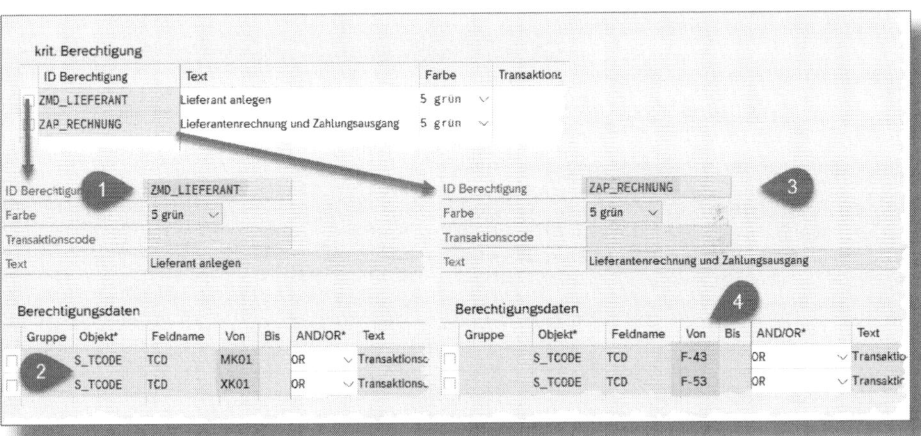

Abbildung 8.7: Kritische Berechtigungen

Die beiden unkritischen Berechtigungen sind, wenn sie in Kombination zugewiesen werden, als kritisch zu betrachten. Wir definieren hierfür eine kritische Kombination (siehe Abbildung 8.8). Starten Sie die Funktion KRITISCHE KOMBINATIONEN ❶ und doppelklicken Sie anschließend in der Dialogstruktur auf den Knoten KOMBINATION ❷. Mit NEUE EIN-

TRÄGE ❸ können Sie eine neue Kombination anlegen. Geben Sie der kritischen Kombination einen Namen ❹, z. B. *ZLIEF_ZAHLUNG*. In der Dialogstruktur müssen Sie jetzt auf den Knoten KRIT. BERECHTIGUNG doppelklicken ❺, um die Berechtigungen anzugeben, deren Kombination als kritisch gilt. Noch einmal wählen Sie NEUE EINTRÄGE ❻ und geben dann die kritischen Berechtigungen an ❼, die berücksichtigt werden sollen.

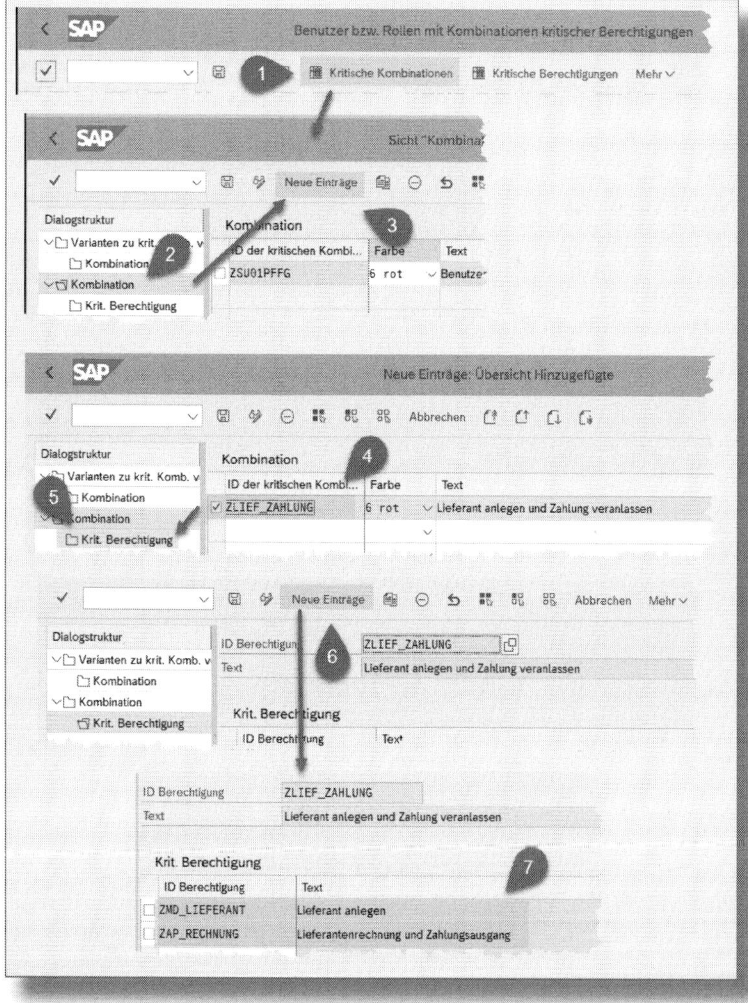

Abbildung 8.8: Kritische Kombination von Berechtigungen

Wie schon bei den kritischen Berechtigungen gilt, dass bei der Prüfung auf kritische Kombinationen nicht direkt der Name der Kombination angegeben werden kann. Auch kritische Kombinationen müssen Sie zunächst in eine Variante aufnehmen (siehe Abbildung 8.9). Doppelklicken Sie hierzu in der Dialogstruktur den Knoten VARIANTEN ZU KRIT. KOMB. V... ❶ und wählen Sie NEUE EINTRÄGE ❷. Geben Sie der Variante einem Namen, z. B. *ZEINKAUF* ❸. Die kritischen Kombinationen ordnen Sie der Variante zu, indem Sie in der Dialogstruktur den Knoten KOMBINATIONEN ❹ doppelklicken und (zum wiederholten Male) die Funktion NEUE EINTRÄGE ❺ aufrufen. In der mit KOMBINATION beschrifteten Liste werden nun die kritischen Kombinationen aufgeführt ❻, die Bestandteil der Variante sein sollen.

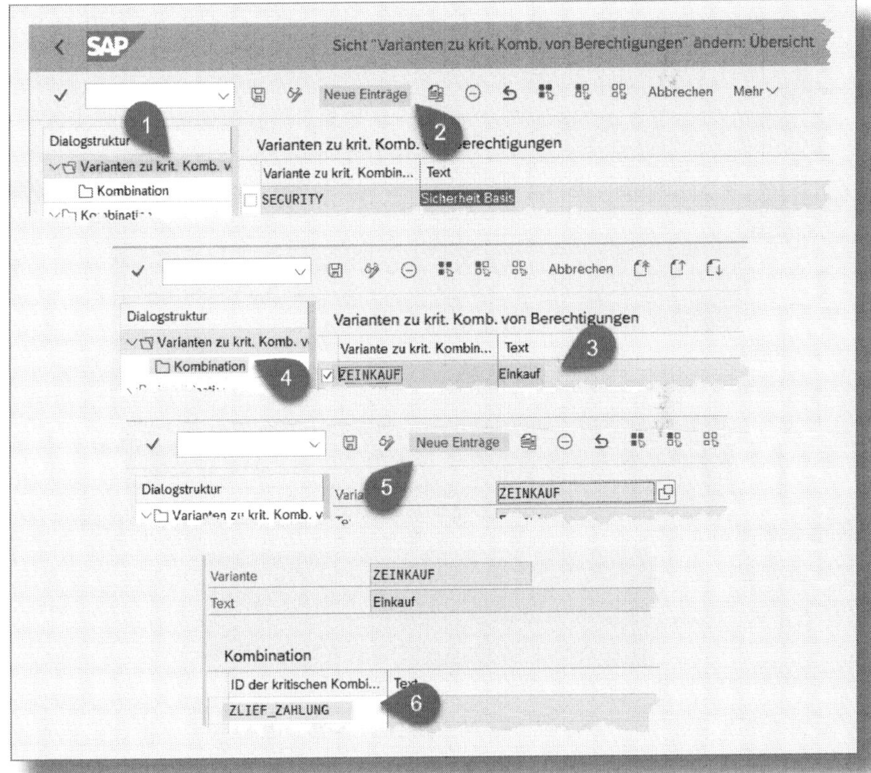

Abbildung 8.9: Variante für kritische Kombinationen

8.7 Auswertung kritischer Kombinationen

Für eine Auswertung der kritischen Kombinationen habe ich zunächst einmal einige Testrollen angelegt (siehe Abbildung 8.10). Die Rolle LO_LIEFERANT ❶ gestattet den Start der Transaktionen MK01 und XK01 ❷ und ist den Benutzern E1000 und P3741 zugeordnet ❸. Entsprechend erlaubt die Rolle LO_ZAHLUNG ❹ den Start der Transaktionen F-43 und F-53 ❺. Sie ist den Benutzern F1000 und P3741 ❻ zugewiesen.

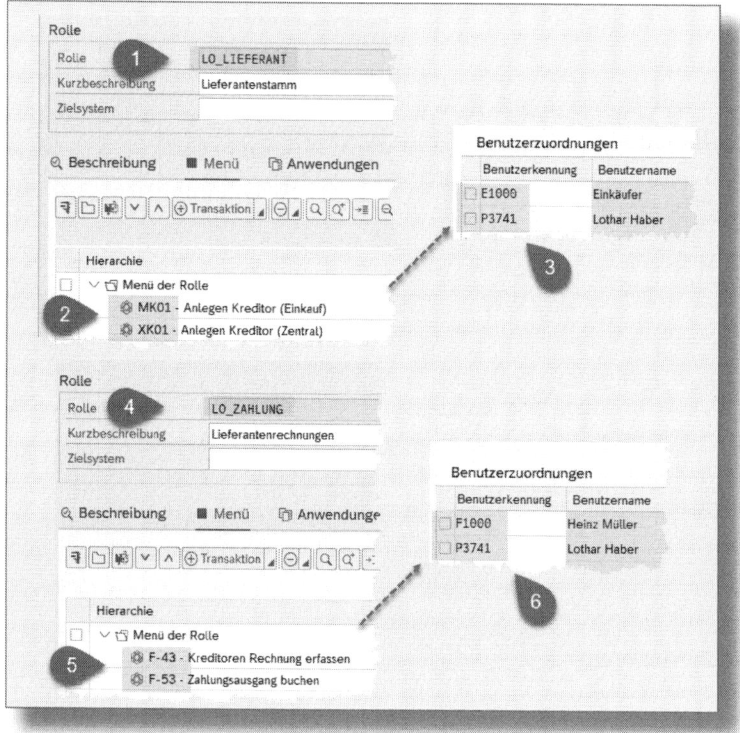

Abbildung 8.10: Musterrollen für SOD-Test

Beachten Sie: Der Benutzer P3741 besitzt beide Rollen.

Starten Sie nun eine Auswertung der kritischen Kombinationen (siehe Abbildung 8.11). In der Sektion NAME DER VARIANTE markieren Sie zunächst die Option FÜR KRITISCHE KOMBINATIONEN und geben den Namen der zu prüfenden Variante an ❶. Zusätzlich wurde die Prüfung auf die BENUTZERGRUPPE *TRAINING* eingeschränkt. Wenn wir die Auswertung starten, zeigt uns die Trefferliste, dass die BENUTZER P3741 und SPRENGER die kritische Kombination von Berechtigungen besitzen ❷. Mit der Funktion LT. SELEKTION ❸ ermitteln Sie für einen ausgewählten Benutzer, über welche Rolle(n) die kritische Kombination von Berechtigungen zugewiesen ist. Für den Benutzer P3741 bestätigt sich dies, da die Rollen LO_LIEFERANT und LO_ZAHLUNG für die kritische Kombinationen verantwortlich sind.

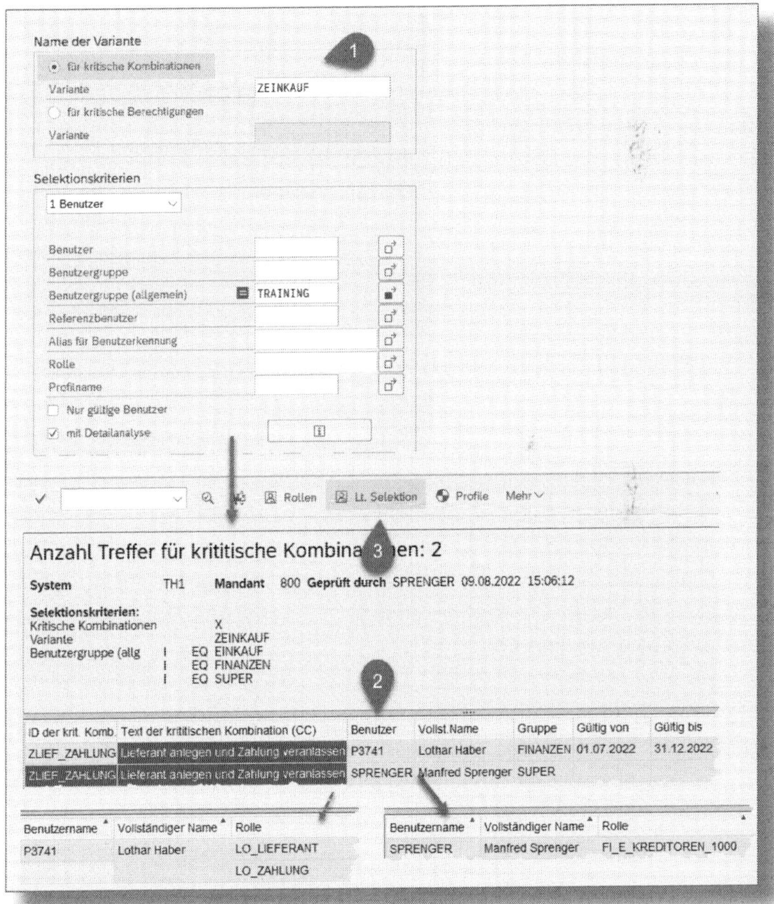

Abbildung 8.11: Auswertung kritischer Kombinationen

Für den Benutzer SPRENGER ist die Information zu den Rollen so nicht ganz richtig. Die Rolle FI_E_KREDITOREN beinhaltet tatsächlich nicht beide kritischen Berechtigungen. Da dem Benutzer SPRENGER aber über das Profil SAP_ALL alle Transaktionen zum Start zur Verfügung stehen, ist die Aussage, dass der Benutzer über die kritische Kombination von Berechtigungen verfügt, korrekt.

8.8 Download und Upload von kritischen Berechtigungen

Die Pflege der kritischen Berechtigungen und kritischen Kombinationen von Berechtigungen ist nicht unbedingt komfortabel. Es gibt aber eine Möglichkeit, die Berechtigungen per Download aus dem SAP-System zu exportieren und nach einer Überarbeitung (wie immer mit Excel) zurück in das System zu reimportieren (siehe Abbildung 8.12). Die Dialoganwendung zum Datentransfer rufen Sie mithilfe der Funktion TRANSFER auf.

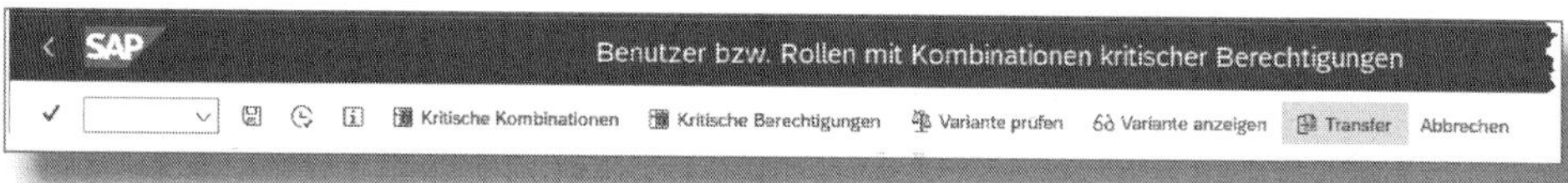

Abbildung 8.12: Aufruf der Transfer-Funktionen

Unter OPTIONEN ❶ (siehe Abbildung 8.13) legen Sie fest, ob Sie die Daten nur anzeigen oder einen Download bzw. Upload durchführen möchten. Den Namen der Variante oder Kombination bzw. kritischen Berechtigung geben Sie in der Rubrik NAME DER VARIANTE ❷ an. Unter DATEINAME ❸ legen Sie fest, in welchem Format die Datei bei einem Export angelegt werden soll.

Wählen Sie in einem ersten Beispiel die Option *Zeige Daten* sowie *ZEINKAUF* als Variante der kritischen Kombinationen (siehe Abbildung 8.14). Im Ergebnis sehen Sie, aus welchen Tabellen ❶ die Daten gelesen werden, zu jeder Tabelle sind die betreffenden Tabellenzeilen ❷ gelistet.

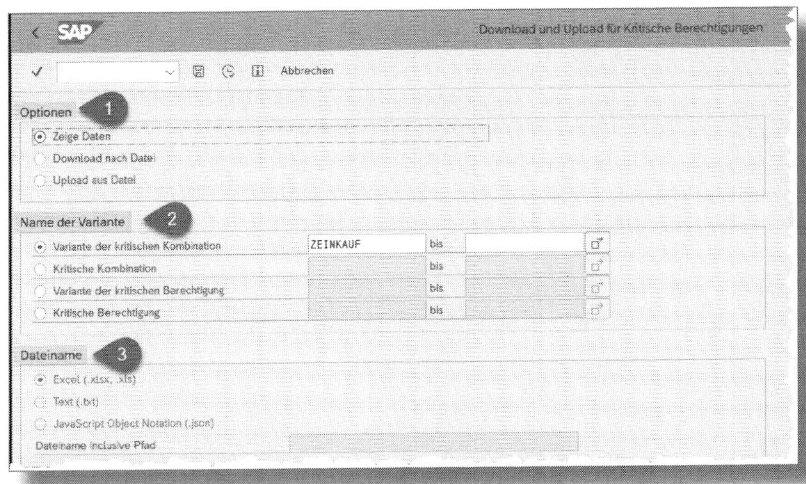

Abbildung 8.13: Möglichkeiten zum Download und Upload

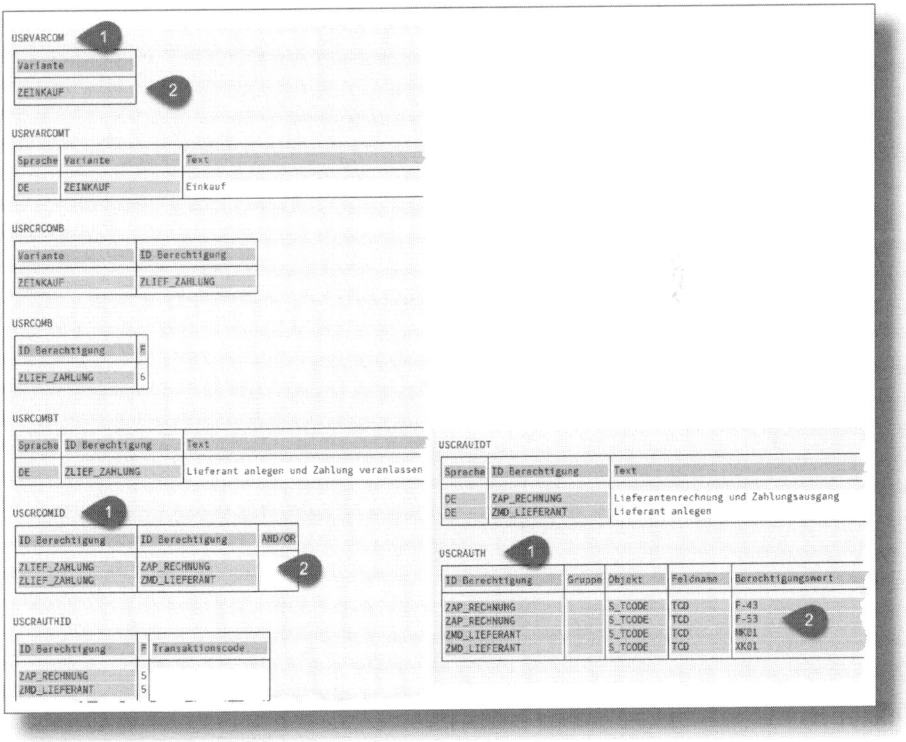

USRVARCOM

Variante
ZEINKAUF

USRVARCOMT

Sprache	Variante	Text
DE	ZEINKAUF	Einkauf

USRCRCOMB

Variante	ID Berechtigung
ZEINKAUF	ZLIEF_ZAHLUNG

USRCOMB

ID Berechtigung	F
ZLIEF_ZAHLUNG	6

USRCOMBT

Sprache	ID Berechtigung	Text
DE	ZLIEF_ZAHLUNG	Lieferant anlegen und Zahlung veranlassen

USCRCOMID

ID Berechtigung	ID Berechtigung	AND/OR
ZLIEF_ZAHLUNG	ZAP_RECHNUNG	
ZLIEF_ZAHLUNG	ZMD_LIEFERANT	

USCRAUTHID

ID Berechtigung	F	Transaktionscode
ZAP_RECHNUNG	5	
ZMD_LIEFERANT	5	

USCRAUIDT

Sprache	ID Berechtigung	Text
DE	ZAP_RECHNUNG	Lieferantenrechnung und Zahlungsausgang
DE	ZMD_LIEFERANT	Lieferant anlegen

USCRAUTH

ID Berechtigung	Gruppe	Objekt	Feldname	Berechtigungswert
ZAP_RECHNUNG		S_TCODE	TCD	F-43
ZAP_RECHNUNG		S_TCODE	TCD	F-53
ZMD_LIEFERANT		S_TCODE	TCD	MK01
ZMD_LIEFERANT		S_TCODE	TCD	XK01

Abbildung 8.14: Beispiel für »Zeige Daten«

Die Abbildung 8.15 zeigt, wie ein Export der Variante ZEINKAUF als Excel-Datei aussieht.

Es steht Ihnen natürlich frei, die Datei komplett zu überarbeiten oder von vornherein neu anzulegen. Beachten Sie aber, dass der Aufbau des Excel-Blatts genau dem in der Abbildung entsprechen muss, ansonsten ist ein Import in das SAP-System nicht möglich.

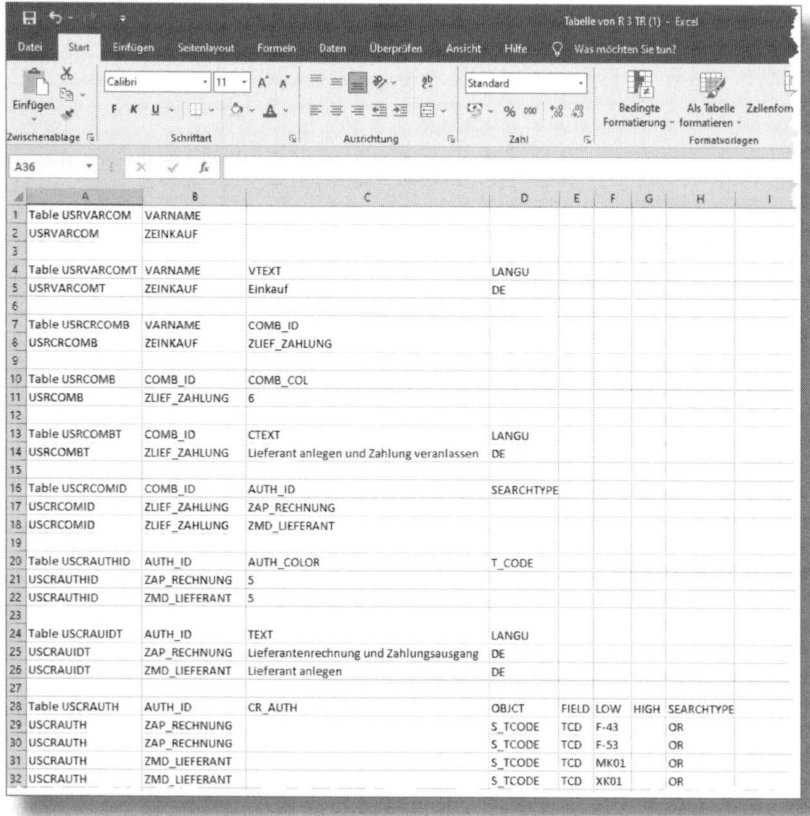

	A	B	C	D	E	F	G	H	I
1	Table USRVARCOM	VARNAME							
2	USRVARCOM	ZEINKAUF							
3									
4	Table USRVARCOMT	VARNAME	VTEXT	LANGU					
5	USRVARCOMT	ZEINKAUF	Einkauf	DE					
6									
7	Table USRCRCOMB	VARNAME	COMB_ID						
8	USRCRCOMB	ZEINKAUF	ZLIEF_ZAHLUNG						
9									
10	Table USRCOMB	COMB_ID	COMB_COL						
11	USRCOMB	ZLIEF_ZAHLUNG	6						
12									
13	Table USRCOMBT	COMB_ID	CTEXT	LANGU					
14	USRCOMBT	ZLIEF_ZAHLUNG	Lieferant anlegen und Zahlung veranlassen	DE					
15									
16	Table USCRCOMID	COMB_ID	AUTH_ID	SEARCHTYPE					
17	USCRCOMID	ZLIEF_ZAHLUNG	ZAP_RECHNUNG						
18	USCRCOMID	ZLIEF_ZAHLUNG	ZMD_LIEFERANT						
19									
20	Table USCRAUTHID	AUTH_ID	AUTH_COLOR	T_CODE					
21	USCRAUTHID	ZAP_RECHNUNG	5						
22	USCRAUTHID	ZMD_LIEFERANT	5						
23									
24	Table USCRAUIDT	AUTH_ID	TEXT	LANGU					
25	USCRAUIDT	ZAP_RECHNUNG	Lieferantenrechnung und Zahlungsausgang	DE					
26	USCRAUIDT	ZMD_LIEFERANT	Lieferant anlegen	DE					
27									
28	Table USCRAUTH	AUTH_ID	CR_AUTH	OBJCT	FIELD	LOW	HIGH	SEARCHTYPE	
29	USCRAUTH	ZAP_RECHNUNG		S_TCODE	TCD	F-43		OR	
30	USCRAUTH	ZAP_RECHNUNG		S_TCODE	TCD	F-53		OR	
31	USCRAUTH	ZMD_LIEFERANT		S_TCODE	TCD	MK01		OR	
32	USCRAUTH	ZMD_LIEFERANT		S_TCODE	TCD	XK01		OR	

Abbildung 8.15: Heruntergeladene Daten

Falls Ihnen, aus welcher Quelle auch immer, eine Datei zur Verfügung steht, die Informationen zu kritischen Berechtigungen, deren Kombination oder Varianten enthält, können Sie diese in das SAP-System importieren (siehe Abbildung 8.16). Wählen Sie hierfür die Option UPLOAD AUS DATEI ❶ und geben Sie den Dateinamen an ❷. Wenn Sie mit der Funktion [Symbol] den Upload starten, wird die Datei zunächst nur gelesen, geprüft und, falls keine Formatfehler vorliegen, auf dem Bildschirm angezeigt. Erst der Klick auf [Symbol] ❸ startet tatsächlich den Import in das SAP-System. Sie erhalten ein Importprotokoll ❹, das darüber Auskunft gibt, in welche Tabellen wie viele Zeilen importiert wurden.

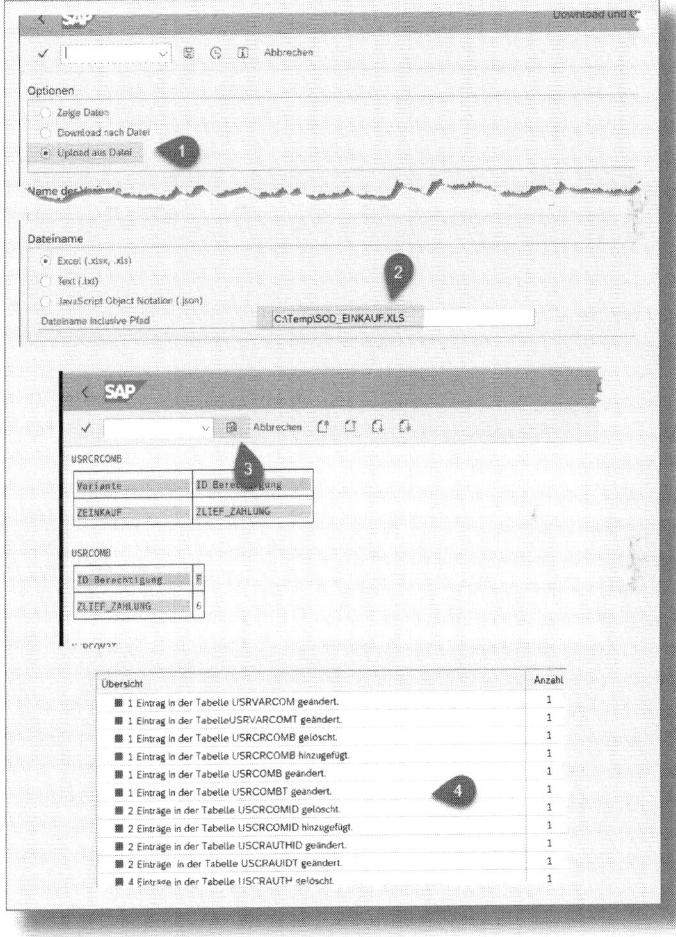

Abbildung 8.16: Upload der Daten

9 Zentrale Benutzerverwaltung

Als SAP-Kunde werden Sie wegen der von SAP empfohlenen Drei-System-Landschaft immer in mehreren Systemen Benutzerstammdaten pflegen müssen. Die Anzahl der Systeme bzw. Mandanten ist in der Praxis oft noch größer, wenn Sie z. B. für das Personalwesen (SAP HCM) eine zusätzliche Drei-System-Landschaft betreiben. Wenn dann noch ein SAP Solution Manager und SAP-BW-System hinzukommen, kann man leicht den Überblick verlieren, in welchem System man welche Benutzer angelegt hat. Eine einfache Abhilfe schafft die *Zentrale Benutzerverwaltung (ZBV)*, auch Common User Access *(CUA)* genannt.

Die für den Betrieb der ZBV notwendigen Komponenten sind per se in jedem SAP-System vorhanden, die Konfiguration ist recht einfach und der tägliche Betrieb sehr zuverlässig.

Die SAP bietet mit dem *SAP Identity Management*, insbesondere in Verbindung mit der *SAP GRC Access Control*, eine noch »professionellere« Lösung an, die allerdings zusätzlich installiert und lizensiert werden muss. Die »gute alte« ZBV reicht für Ihre Anforderungen möglicherweise schon aus.

9.1 Beispielkonstellation

Abbildung 9.1 zeigt die Systemkonstellation, anhand derer ich Ihnen erklären möchte, wie Sie die Zentrale Benutzerverwaltung einrichten und betreiben. Auf der rechten Seite der Abbildung erkennen Sie eine typische Drei-System-Landschaft, bestehend aus den Systemen E01, Q01 und P01. In jedem dieser Systeme ist der Mandant 001 konfiguriert. Das System AIP soll als *ZBV-Master* dienen, also als das System, in dem die Benutzer zentral verwaltet werden. Präziser müssen wir eigentlich sagen, dass der Mandant 001 in diesem System der Mastermandant für die ZBV ist. Unser Ziel ist es, für die Mandanten 001 der Systeme E01, Q01 und P01 nur noch im ZBV-Master die Benutzerstammdaten zu pflegen. So soll beispielsweise der Benutzer F1452 im ZBV-Master mithilfe der Transaktion *SU01* angelegt werden. Im Benutzerstammsatz hinterlegen Sie dann, dass dieser Benutzer die Möglichkeit haben soll, sich in den Mandanten 001 der Systeme Q01 und P01 anzumelden. Hierfür muss der Benutzerstammsatz vom System AIP aus in die Mandanten 001 von Q01 und P01 kopiert werden. Sie werden sehen, dass dies automatisch passiert, wenn Sie den Benutzerstammsatz im ZBV-Master sichern. In unserer ZBV-Konfiguration sind die Mandanten 001 der Systeme E01, Q01 und P01 die *ZBV-Tochtersysteme*, d. h., für diese Mandanten erfolgt die Benutzerverwaltung über den ZBV-Master.

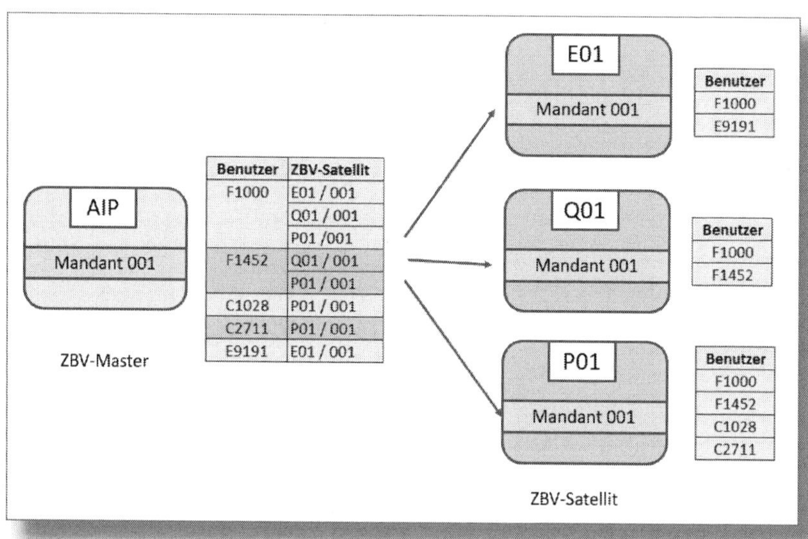

Abbildung 9.1: Beispielkonstellation für eine ZBV

Ausfall des ZBV-Mastersystems

Die im ZBV-Mastersystem angelegten Benutzer werden beim Sichern der Benutzerstämme automatisch in die jeweils vorgesehenen Tochtersysteme kopiert. Eine Anmeldung im Tochtersystem wird nach wie vor auch von diesem gesteuert, d. h., bei einem Ausfall des ZBV-Mastersystems ist ein Log-in in den Tochtersystemen möglich. Lediglich Änderungen an den Benutzerstammdaten können während des Ausfalls nicht mehr erfolgen.

☛ In welchem System ist der ZBV-Master einzurichten?

Der ZBV-Master (präziser: der ZBV-Mastermandant) muss nicht notwendigerweise in einem separaten System außerhalb einer vorhandenen Drei-System-Landschaft eingerichtet werden. So können Sie beispielsweise auch einen Mandanten 777 im System E01 einrichten und diesen als ZBV-Master verwenden. Für den ZBV-Betrieb sind zwischen den beteiligten Systemen Kommunikationsverbindungen (RFC) notwendig. Über solche Verbindungen verfügt von Hause aus immer der SAP Solution Manager, der gemäß den SAP-Vorgaben bei jedem Kunden installiert sein sollte. Aus diesem Grunde wird sehr häufig der ZBV-Master in einem Mandanten des Solution Manager betrieben.

In den nächsten Abschnitten werden wir für unsere Beispiel-Landschaft die Zentrale Benutzerverwaltung konfigurieren.

9.2 Einrichtung der ZBV – Teil 1

In diesem Abschnitt beschreibe ich, welche Konfigurationsschritte erforderlich sind, um für unsere Beispiellandschaft die ZBV einzurichten. Im Einzelnen sind zu definieren:

- logische Systemnamen
- Benutzerstammsätze für die Kommunikationsverbindungen
- RFC-(Remote-Function-Call-)Verbindungen

Erst danach kann die eigentliche ZBV konfiguriert werden.

9.2.1 Logische Systeme benennen

Es ist nicht auszuschließen, dass es in Ihrer SAP-Systemlandschaft SAP-Systeme mit derselben SAP-System-ID gibt und dass zusätzlich noch in diesen Systemen Mandanten mit identischer Nummer existieren. Die Kombination aus System-ID und Mandantennummer reicht also nicht aus, um einen Mandanten in der Systemlandschaft eindeutig zu identifizieren. SAP verwendet daher den *logischen Systemnamen*, um ihn zu kennzeichnen. Der logische Systemname ist ein maximal zehn Zeichen langer Schlüssel, den Sie einem Mandanten in der Mandantenkonfiguration (siehe Tabelle T000) zuweisen. Wichtig ist, dass jeder Mandant einen eindeutigen Schlüssel besitzt.

Notwendigkeit eines logischen Systemnamens

Prinzipiell müssen nicht alle Mandanten mit einem logischen Systemnamen versehen werden. Das logische System ist für einen Mandanten nur dann nötig, wenn er Bestandteil eines Szenarios ist, bei dem Daten mit dem Mandanten ausgetauscht werden.

Logische Systemnamen können Sie z. B. mithilfe der Transaktion *SALE* einrichten – oder alternativ, indem Sie die Transaktion *SM30* aufrufen und die View *V_TBDLS* angeben (siehe Abbildung 9.2). Prinzipiell ist der Name eines logischen Systems frei wählbar, SAP empfiehlt jedoch die Notation <SID>CLNT<MANDANT>, also wäre für den Mandanten 001 des Systems E01 der SAP-konforme Name des logischen Systems E01CLNT001. Diese Namenskonvention ist natürlich nicht mehr anwendbar, wenn Sie innerhalb Ihrer Systemlandschaft mehrere Systeme mit gleicher System-ID haben.

In unserem konkreten Beispiel habe ich mich an die SAP-Empfehlungen gehalten und die logischen Systemnamen *E01CLNT001, Q01CLMT001, P01CLNT001* und *AIPCLNT001* ❶ angelegt. Beachten Sie, dass diese logischen Systemnamen in allen Systemen verfügbar sein müssen, die Bestandteil der ZBV sind. Es ist also sinnvoll, die logischen Systemnamen im System AIP anzulegen und dann in die übrigen Systeme zu transportieren. Anschließend müssen Sie zu jedem an der ZBV beteiligten Mandanten den logischen Systemnamen zuordnen. Starten Sie hierzu jeweils in den Systemen ❷ die Transaktion *SCC4*, und tragen Sie die logischen Systemnamen ❸ ein.

! Nachträgliche Änderung des logischen Systemnamens

Die Transaktion *SCC4* gibt eine Warnmeldung aus, wenn Sie einen logischen Systemnamen ändern möchten. Hintergrund: Der logische Systemname wird auch in einigen Anwendungstabellen hinterlegt, quasi als Ursprungskennzeichen, um zu dokumentieren, in welchem Mandanten welches System die Daten angelegt wurden. Wenn Sie den logischen Systemnamen verändern, wird diese Änderung nicht automatisch an die betroffenen Tabellen weitergereicht. Abhilfe schafft hierbei die Transaktion *BDLS*. Doch Vorsicht, es lässt sich sehr schwer abschätzen, welche Laufzeit die BDLS für die Korrektur der logischen Systemnamen benötigt.

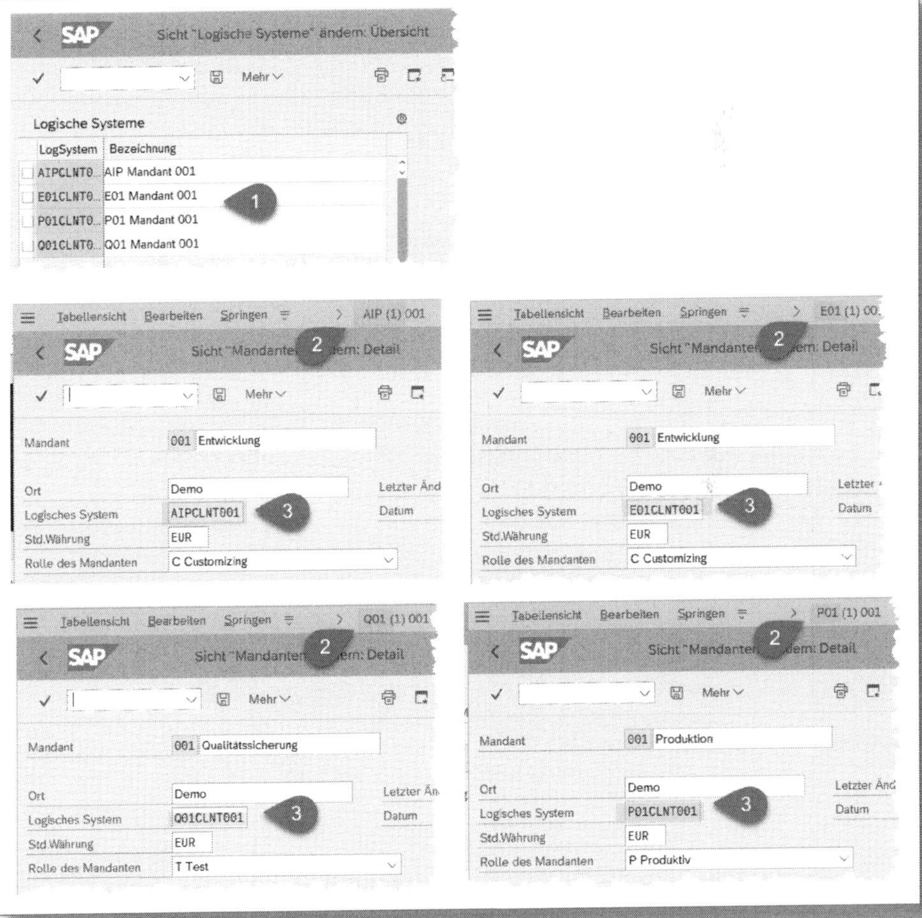

Abbildung 9.2: Logische Systeme

9.2.2 Benutzer anlegen

Für den Transport bzw. Abgleich der Benutzerstammdaten zwischen den Systemen einer ZBV sind RFC-Kommunikationsverbindungen erforderlich. Bei der Definition dieser RFC-Verbindungen sind Benutzer anzugeben, mit denen die Anmeldung im Zielsystem erfolgen soll.

! Benutzer für RFC-Verbindungen nur dort verwenden!

Achten Sie zwingend darauf, beim Anlegen der RFC-Verbindungen keine Benutzer zu verwenden, die bei einer normalen Anmeldung z. B. per SAP GUI zum Einsatz kommen. Sollte ein solcher Benutzer beispielsweise durch zu viele Falschanmeldungen gesperrt werden oder das Kennwort abgelaufen sein, würde die RFC-Verbindung in diesem Fall nicht mehr funktionieren.

Die ZBV-Tochtersysteme müssen sich zu einem Datenabgleich im ZBV-Master anmelden können. Prinzipiell könnte man im ZBV-Master einen einzigen Benutzer für alle ZBV-Tochtersysteme vorzusehen. Doch auch hier gilt: Wird dieser Benutzer gesperrt, kann kein Tochtersystem mehr mit dem ZBV-Master kommunizieren.

Ich folge daher der SAP-Empfehlung und lege für jedes Tochtersystem im ZBV-Master einen eigenen Benutzer an (siehe Abbildung 9.3). Im konkreten Beispiel sind dies die Benutzer *CUA_E01*, *CUA_Q01* und *CUA_P01* ❶. Das Präfix »CUA« soll darauf hinweisen, dass die Benutzer für die ZBV (engl. CUA) verwendet werden. Die Benutzer selbst sollen dem Benutzertyp *B System* ❷ angehören, da eine explizite Anmeldung per SAP GUI nicht notwendig ist und bei Benutzern des Typs »System« das Kennwort nicht abläuft. Keineswegs einfach zu beantworten, ist die Frage, welche Rollen man den Benutzern zuordnen sollte ❸.

In einigen SAP-Dokumentationen tauchen (wie auch in SAP-Hinweis 492589) werden die folgenden Rollen auf:

- SAP_BC_USR_CUA_CENTRAL_DIST
- SAP_BC_USR_CUR_CENTRAL
- SAP_BC_USR_CUA_SETUP_CENTRAL

Die letztgenannte Rolle benötigen Sie nur während der Konfiguration der ZBV. Nach eigenen Erfahrungen sorgen diese Rollen für eine störungsfreie Einrichtung und einen störungsfreien Betrieb der ZBV, werden aber in der Transaktion *PFCG* im Langtext als »veraltet« eingeschätzt. Die aufgeführten Rollen ermöglichen es, den gesamten Funktionsumfang der ZBV zu nutzen. Problematisch ist hierbei, dass in den Rollen recht großzügig Berechtigungen zum Objekt S_RFC (RFC-Aufrufberechtigungen für Funktionsbausteine) vergeben werden. Der SAP-Hinweis 2000585 nennt die neuen SAP-Vorschlagsrollen, die verwendet werden sollen: Die Berechtigungen sind hierbei stärker eingeschränkt und auf mehr Rollen aufgeteilt, um gezielter Funktionalitäten der ZBV autorisieren zu können. Die in Abbildung 9.3 zugewiesenen Rollen ❸ entsprechen den neuen Empfehlungen der SAP.

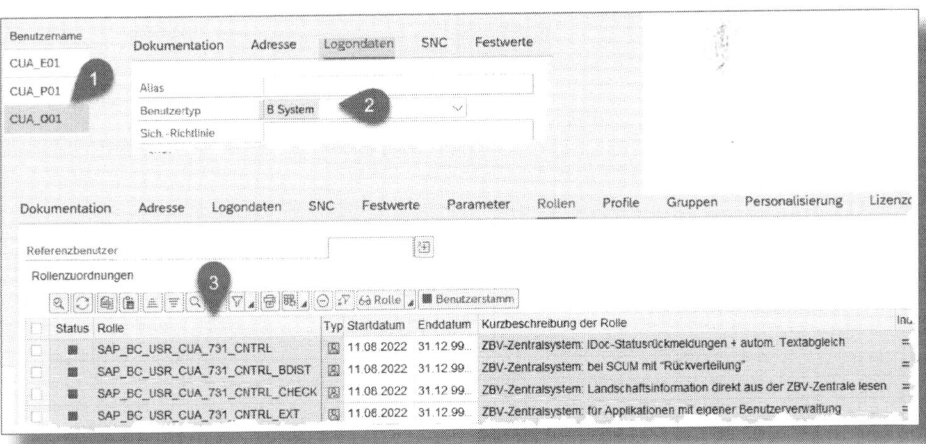

Abbildung 9.3: Benutzer im ZBV-Zentralsystem

Das ZBV-Mastersystem kommuniziert mit jedem Tochtersystem, um z. B. neue Benutzer dorthin zu senden. Folglich muss sich das Mastersystem in jedem Tochtersystem anmelden können. Prinzipiell wäre es möglich, in allen Tochtersystemen einen einheitlichen Benutzer zu definieren, beispielsweise in unserer Konstellation mit dem Namen CUA_AIP. Damit deuten wir an, dass der Benutzer für die ZBV benötigt wird und das System AIP der ZBV-Master ist. Auch hier hat die SAP ihre Vorschläge überarbeitet: Da bei der Erstkonfiguration eines Tochtersystems die dort vorhandenen Benutzer in den ZBV-Master kopiert werden, ist bei einem einheitlichen Namen wie CUA_AIP im ZBV-Master nicht mehr direkt erkennbar, aus welchem System der Benutzerstammsatz übernommen wurde. In Abbildung 9.4 habe ich die neuen Empfehlungen der SAP berücksichtigt.

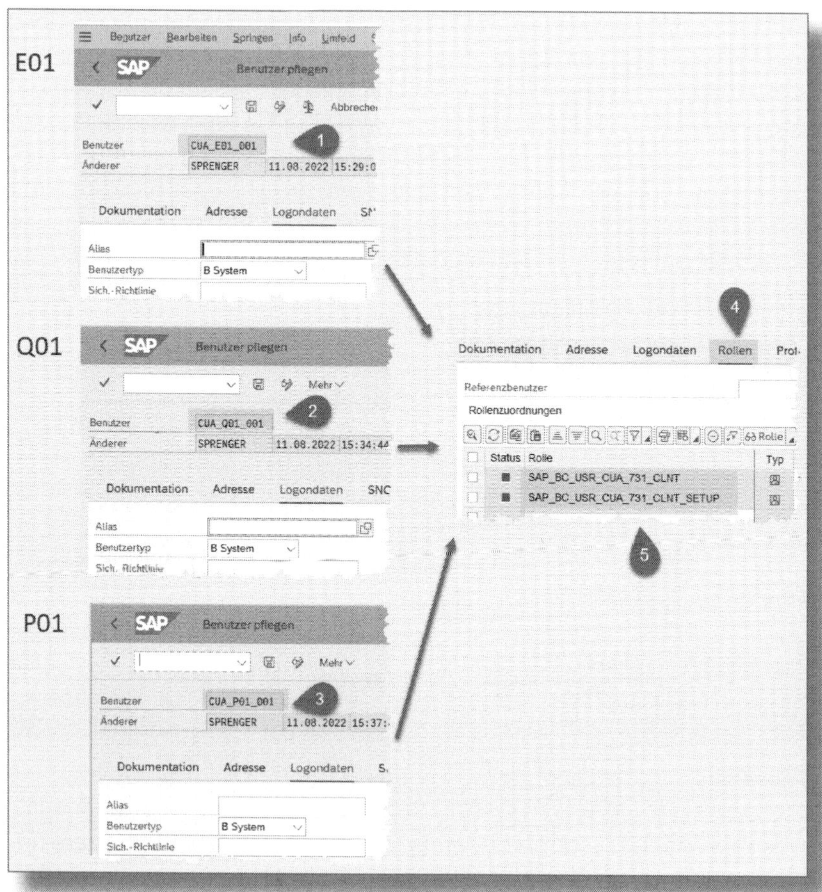

Abbildung 9.4: Benutzer in ZBV-Tochtersystemen

In den ZBV-Tochtersystemen wurden jeweils die Benutzer CUA_E01_001 ❶, CUA_Q01_001 ❷ und CUA_P01_001 ❸ definiert. Damit ist auch nach der Übertragung der Benutzer in den ZBV-Master sofort am Namen zu erkennen, zu welchem Tochtersystem ein Benutzer gehört. Dabei stellt sich wieder die Frage nach den Rollen ❹, die diese Benutzer erhalten sollen. In der Dokumentation werden die Rollen SAP_BC_USER_CUA_SETUP_CLIENT und SAP_BC_USR_CUA_CLIENT genannt. Auch hier hat die SAP gemäß Hinweis 2000585 die Empfehlungen überarbeitet; Abbildung 9.4 zeigt die Rollen ❺, die aktuell zu verwenden sind. Die Rolle *SAP_BC_USR_CUA_731_CLNT_SETUP* ist nur in dem Moment erforderlich, in dem das ZBV-Tochtersystem an den ZBV-Master angebunden wird.

! Berechtigungsprobleme während des ZBV-Set-ups

Bei der Konfiguration der ZBV musste ich mehrfach die Erfahrung machen, dass mit den neuen Rollenempfehlungen der SAP Berechtigungsprobleme einhergehen. Ich verwende daher zumindest während der Ersteinrichtung der ZBV lieber die »veralteten« Rollen und tausche diese erst danach gegen die neuen aus.

9.2.3 RFC-Verbindungen definieren

Im letzten Schritt vor der eigentlichen Konfiguration der ZBV legen Sie die RFC-Verbindungen an, die für die Kommunikation zwischen den Systemen erforderlich sind. Beginnen Sie mit denjenigen Verbindungen, die im ZBV-Master vorhanden sein müssen (siehe Abbildung 9.5). Dieser muss eine Verbindung zu jedem Tochtersystem haben. Dementsprechend legen Sie für diese Systeme mithilfe der Transaktion *SM59* eine RFC-Destination an. Wenn Sie den Destinationen die Namen der jeweiligen logischen Systeme geben, vereinfacht das die Konfiguration der ZBV enorm. Schauen Sie bitte auch in den Abschnitt 9.8. Dort finden Sie weitere Informationen dazu, wie die ZBV »im Hintergrund« arbeitet. Außerdem erfahren Sie, was zu tun ist, wenn Sie für die RFC-Destination einen anderen Namen als den des logischen Systems nutzen müssen, weil u. U. die RFC-Destination schon existiert, aber für andere Kommunikationsszenarien genutzt wird.

Wie Sie in Abbildung 9.5 erkennen ❶, habe ich die drei RFC-Verbindungen *E01CLNT001*, *Q01CLNT001* und *P01CLNT001* angelegt und für den Anmeldevorgang im Zielsystem jeweils den dafür im ZBV-Tochtersystem vorhandenen Benutzer hinterlegt ❷, für die Destination E01CLNT001 ist dies entsprechend der Benutzer *CUA_E01_001*.

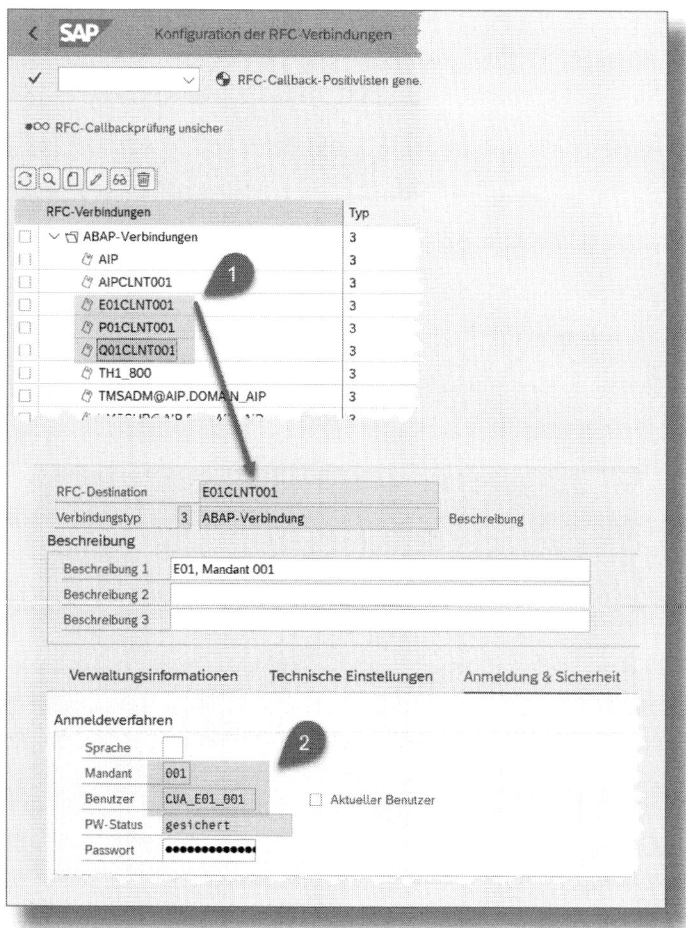

Abbildung 9.5: RFC-Verbindungen im Zentralsystem

In jedem ZBV-Tochtersystem muss eine RFC-Verbindung definiert werden, die eine Kommunikation mit dem ZBV-Master ermöglicht (siehe Abbildung 9.6). Als Namen für die RFC-Destination wähle ich hier den logischen Systemnamen des ZBV-Masters ❶. Der Anmeldevorgang soll mit dem im ZBV-Master eigens für das Tochtersystem angelegten Benutzer ❷ erfolgen.

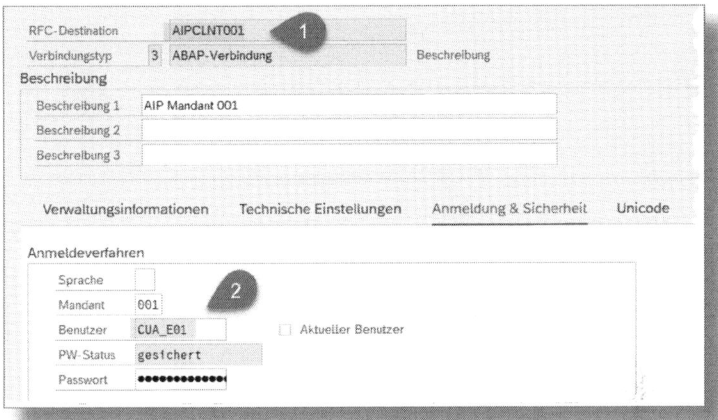

Abbildung 9.6: RFC-Verbindung im Tochtersystem

9.3 Einrichtung der ZBV – Teil 2

Nachdem nun alle Voraussetzungen geschaffen worden sind, können Sie mit der konkreten Einrichtung der ZBV beginnen (siehe Abbildung 9.7). Starten Sie hierfür im ZBV-Mastermandanten die Transaktion *SALE*, oder folgen Sie im Benutzermenü SAP Easy Access dem Pfad WERKZEUGE • ADMINISTRATION • BENUTZERPFLEGE • ZENTRALE BENUTZERVERWALTUNG ❶ • ALE-CUSTOMIZING ❷.

In der daraufhin angezeigten Struktur können Sie sich mittels ALE MUß-AKTIVITÄTEN FÜR ZENTRALE BENUTZERVERWALTUNG ❸ noch einmal vergewissern, dass Sie alle notwendigen Vorarbeiten durchgeführt haben. Die für die Konfiguration der ZBV erforderlichen Schritte sind unterhalb des Knotens ❸ aufgeführt. Diese finden Sie auch im Benutzermenü SAP Easy Access unterhalb des Knotens ZENTRALE BENUTZERVERWALTUNG ❶.

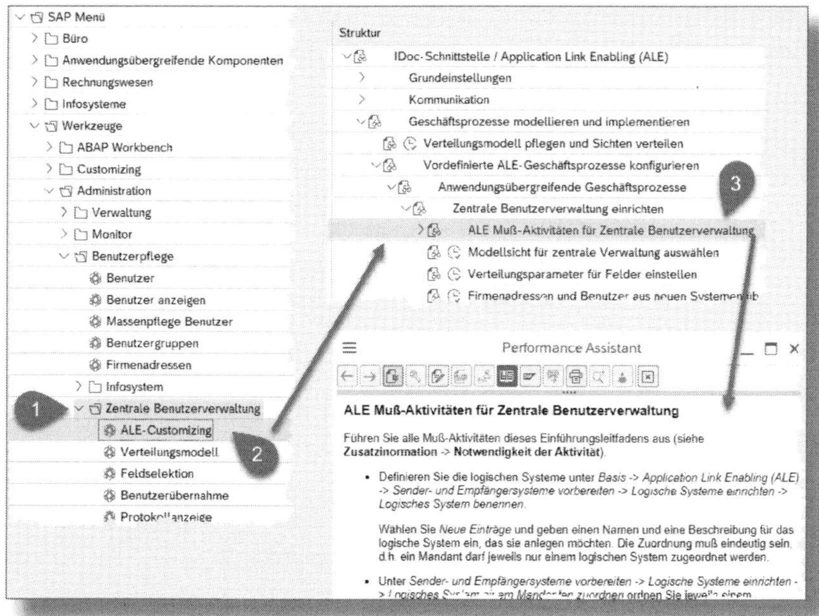

Abbildung 9.7: Einstieg in die ZBV-Konfiguration

9.3.1 Verteilungsmodell definieren

Das *Verteilungsmodell* beschreibt, welche Systeme (genauer: welche logischen Systeme) Bestandteile der ZBV sind. Das logische System, in welchem Sie das Verteilungsmodell anlegen, wird automatisch zum ZBV-Master. Alle weiteren im Verteilungsmodell aufgeführten Systeme werden als ZBV-Tochtersysteme mit einer Kopie des Verteilungsmodells versorgt. Diese Kopie sorgt dafür, dass das jeweilige System weiß, wer der ZBV-Master ist.

Im Benutzermenü SAP Easy Access finden Sie die Transaktion zur Definition des Verteilungsmodells ❶ unterhalb des Knotens ZENTRALE BENUTZERVERWALTUNG (siehe Abbildung 9.8). Geben Sie zunächst dem Verteilungsmodell einen Namen ❷ und wählen dann die Funktion ▢ aus ❸. Der dem aktuellen Anmeldemandanten zugewiesene logische Systemname wird automatisch in das Feld SENDESYSTEM übernommen. Damit ist festgelegt, dass dieses logische System zum ZBV-Master wird.

Werden Sie bei Ihren ersten Erfahrungen mit der ZBV jedoch nicht zu übermütig! Tragen Sie in der Liste der TOCHTERSYSTEME in die Spalte EMPFÄNGER ❹ zunächst einmal nur ein einziges logisches System ein. Sie können später ohne Probleme weitere Tochtersysteme hinzufügen.

Sobald Sie ein System eingetragen haben, versucht der ZBV-Master testweise eine Verbindung mit diesem herzustellen. Hierfür wird die RFC-Verbindung verwendet, deren Namen mit dem logischen Systemnamen des Tochtersystems übereinstimmt. Ein erfolgreicher Verbindungstest wird durch ein grünes Rechteck in der Spalte RFC-STATUS signalisiert. Sollte es zu Verbindungsfehlern kommen, wird stattdessen ein roter Punkt angezeigt. Sie können den Verbindungstest jederzeit wiederholen, indem Sie auf das Icon klicken.

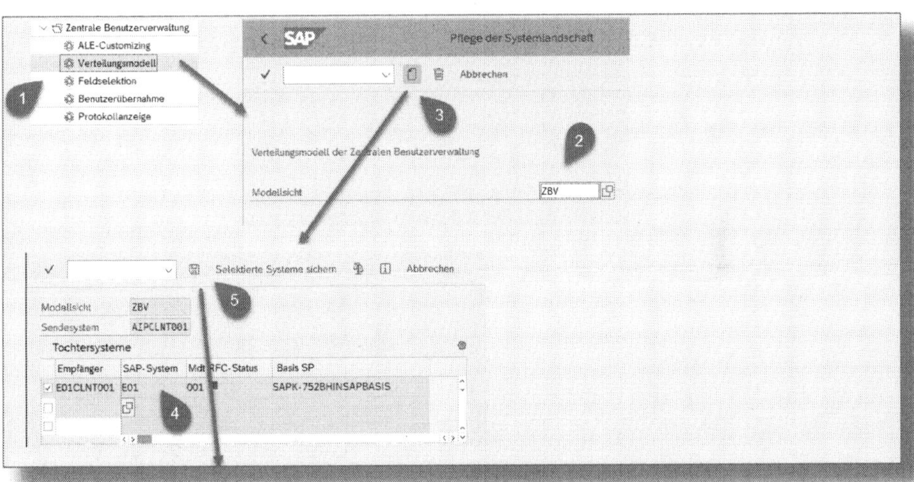

Abbildung 9.8: Verteilungsmodell definieren (1)

Wenn Sie die Modelldefinition sichern ❺, erhalten Sie ein Protokoll ❻ über die Aktivitäten, die automatisch durchgeführt wurden (siehe Abbildung 9.9). Dazu gehören z. B. die Replikationen des Verteilungsmodells als Kopie in die angegebenen Tochtersysteme sowie einige weitere Konfigurationen, die ich detaillierter in Abschnitt 9.8 erläutere. Im Protokoll werden Warnmeldungen mit einem gelben Dreieck und Fehlermeldungen mit einem roten Punkt markiert. Der Langtext ❼ zu einer Meldung gibt Ihnen Tipps zur Fehlerbehebung.

Potenzielle Fehlerquellen

Nach eigenen Erfahrungen treten Probleme dann auf, wenn die RFC-Verbindungen nicht korrekt angelegt wurden. In diesem Falle gilt es, mithilfe der Transaktion *SM59* noch einmal die Definitionen der Verbindungen zu prüfen und einen Verbindungstest durchzuführen. Zusätzlich kann auch die nicht ganz so einfache und in Abschnitt 9.2.2 beschriebene Rollenzuordnung zu den in den Destinationen verwendeten Benutzern zu Fehlern führen.

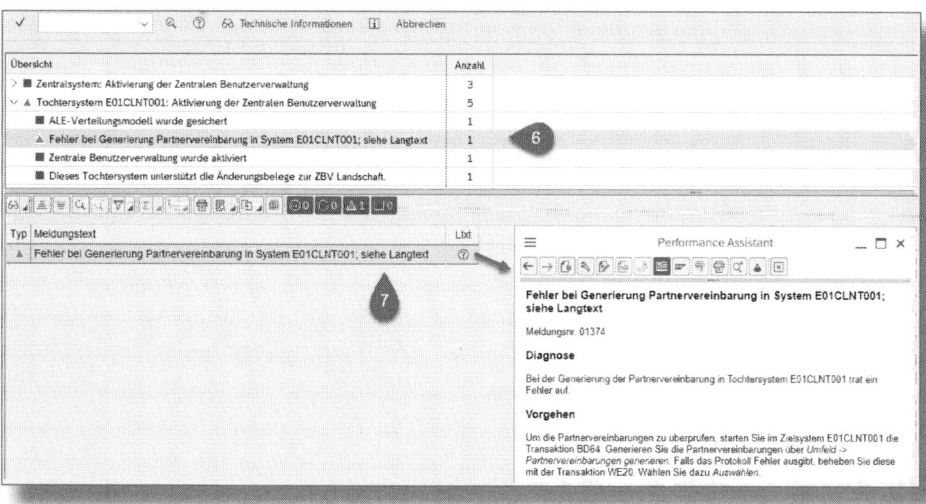

Abbildung 9.9: Verteilungsmodell definieren (2)

Treten beim Sichern des Verteilungsmodells keine Probleme auf, wird die ZBV aktiviert. Beachten Sie, dass ab diesem Zeitpunkt die Benutzerverwaltung (Transaktion *SU01*) im Tochtersystem nur noch mit Einschränkungen möglich ist (siehe Abbildung 9.11).

9.3.2 Partnervereinbarungen generieren

Beim Sichern des Verteilungsmodells werden für die neu aufgenommenen Tochtersysteme sogenannte *Partnervereinbarungen* generiert. Diese steuern u. a., welche RFC-Verbindung für welches logische System verwendet wird und ob Änderungen eines Benutzerstammsatzes im ZBV-Master sofort oder z. B. erst zeitverzögert in die vorgesehenen Tochtersysteme weitergereicht werden. Details hierzu finden Sie in Abschnitt 9.8.

Treten bei der Definition des Verteilungsmodells die in Abschnitt 9.3.1 erwähnten Probleme auf, wurden oft die Partnervereinbarungen nicht korrekt angelegt. In diesem Fall sollten Sie versuchen, die Generierung der Partnervereinbarungen erneut zu starten (siehe Abbildung 9.10). Rufen Sie hierfür die Transaktion *BD64* auf und stellen den Cursor auf das für die ZBV vorgesehene Verteilungsmodell ❶. Wählen Sie die Funktion UMFELD • PARTNERVEREINBARUNG GENERIEREN aus ❷. Markieren Sie zunächst die Option CHECK-LAUF ❸. Bei Bedarf können Sie im Feld PARTNERSYSTEM noch angeben, für welche Tochtersysteme die Partnervereinbarungen geprüft werden sollen. Wenn Sie den Check durch Klicken auf ❹ starten, wird überprüft, ob die bereits vorhandenen Partnervereinbarungen korrekt definiert sind. Positive Ergebnisse werden mit einem grünen Rechteck markiert. Sollten Fehler gemeldet werden, versuchen Sie eine erneute Generierung der Partnervereinbarungen. Deaktivieren Sie hierzu die Option CHECK-LAUF und starten die Generierung mit .

Treten weiterhin Fehler auf, ziehen Sie bitte den Abschnitt 9.8 zurate.

Ist das Verteilungsmodell korrekt definiert und sind die Partnervereinbarungen funktionsfähig, ist in den Tochtersystemen die Benutzerverwaltung *(SU01)* nur noch eingeschränkt nutzbar (siehe Abbildung 9.11). Sie können in diesem Fall keine neuen Benutzer mehr anlegen ❶, Benutzerstammdaten können nicht mehr kopiert ❷ werden. Das Ändern und Löschen von Benutzerstammdaten ist zwar noch möglich, doch werden Sie später sehen, dass es auch hier mit fortlaufender Konfiguration der ZBV zu weiteren Einschränkungen kommt.

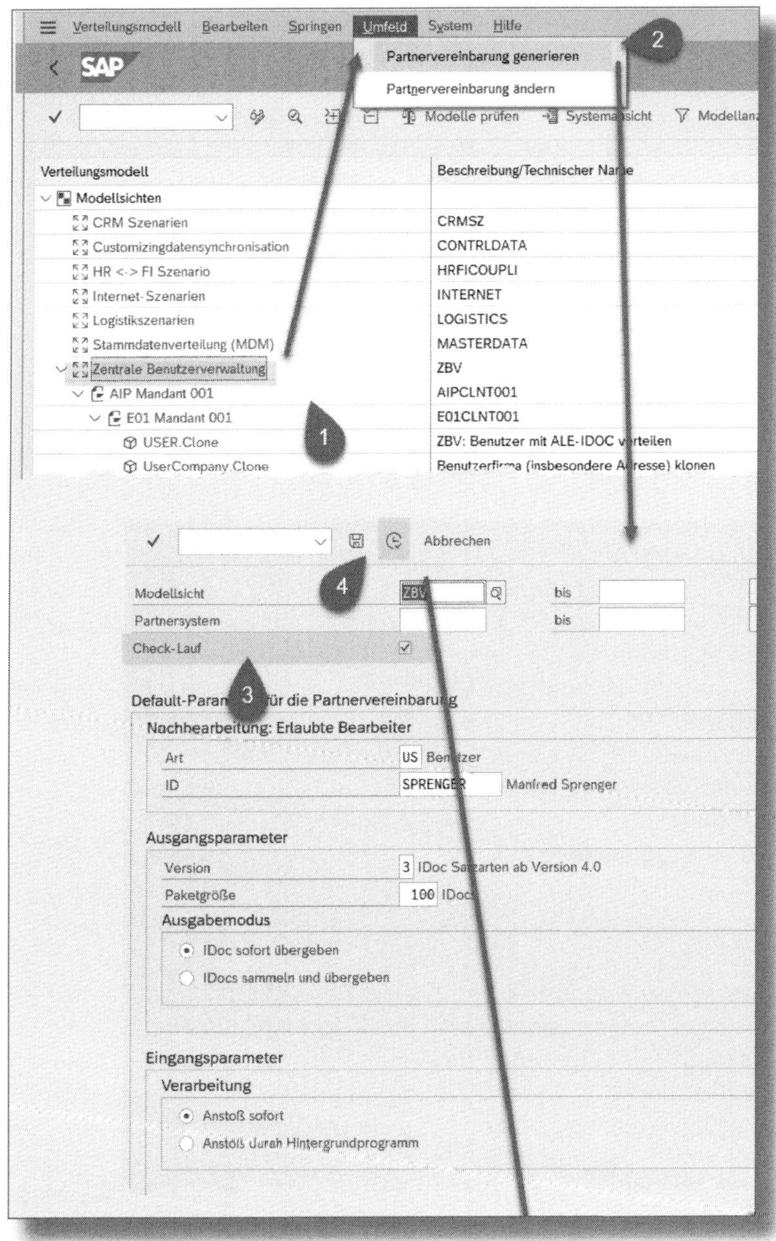

Abbildung 9.10: Partnervereinbarungen generieren (Check-Lauf)

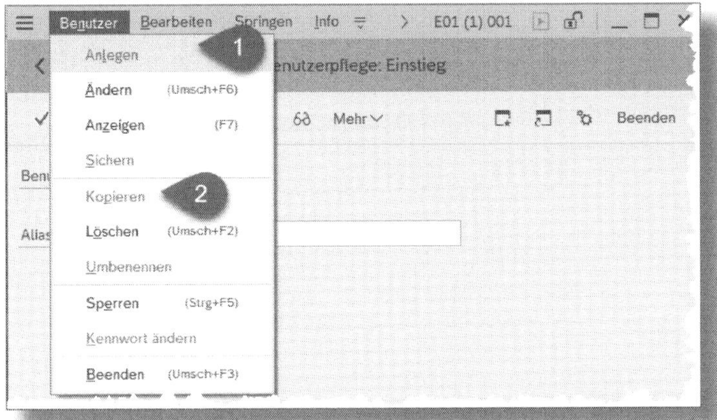

Abbildung 9.11: Benutzerverwaltung im Tochtersystem

9.3.3 Feldselektion einstellen

Für die ZBV können Sie festlegen, welche Teile des Benutzerstammsatzes ausschließlich im ZBV-Master gepflegt werden dürfen und welche auch dezentral in den Tochtersystemen. Bei Bedarf ist es sogar möglich, Änderungen, die in einem Tochtersystem erfolgt sind, zurück an den ZBV-Master zu senden und von dort wieder in alle für den Benutzerstammsatz relevanten Tochtersysteme zu kopieren. Für die Konfiguration starten Sie die Transaktion *Feldselektion* (siehe Abbildung 9.12). Die Felder des Benutzerstammsatzes sind passend zu den Tab-Reitern gruppiert, die auch die Transaktion *SU01* bei der Pflege des Benutzerstammsatzes anzeigt. Für jedes Feld des Stammsatzes können Sie festlegen, welches System des Verteilungsmodells für die Pflege des Feldes zuständig ist. Für die Optionen ❶, die zur Verfügung stehen, siehe Tabelle 9.1.

Wert	Bedeutung
GLOBAL	Der Feldwert wird im ZBV-Master festgelegt und in die Tochtersysteme kopiert. Im Tochtersystem kann der Wert nicht geändert werden.
LOKAL	Der im ZBV-Master für das Feld angegebene Wert ist für die Tochtersysteme irrelevant. Der Wert kann in jedem Tochtersystem unabhängig von anderen Systemen definiert werden.
VORSCHLAG	Der im ZBV-Master für das Feld angegebene Wert wird bei der **ersten** Übertragung an das Tochtersystem übergeben. Danach kann der Wert in jedem Tochtersystem unabhängig von den anderen Systemen festgelegt werden.
RÜCKVERTEILUNG	Der im ZBV-Master angegebene Feldwert wird bei einer Änderung an alle relevanten Tochtersysteme übergeben. Der Wert kann anschließend in jedem Tochtersystem geändert werden. Dabei wird der geänderte Wert zurück an den ZBV-Master gesendet und von dort wieder an alle Tochtersysteme verteilt. Das bedeutet, dass der Wert in jedem Tochtersystem geändert werden darf, dann aber für alle Tochtersysteme gilt.

Tabelle 9.1: Optionen für die Feldselektion

☛ Übliche Werte für die Feldselektion

Für die Felder ADRESSE und LOGONDATEN auf den Tab-Reitern wird für gewöhnlich die Option *global* gewählt. Bei den Feldern des Tab-Reiters FESTWERTE (❷ in Abbildung 9.12) trifft man häufig eine individuelle Festlegung, für PARAMETER verwendet man meistens die Option *Vorschlag* gewählt.

Bei der Zuordnung von Rollen und Referenzbenutzern (siehe Tab-Reiter ROLLEN ❸) klicken Sie am besten die Option *Global* an. Damit lässt sich im ZBV-Master die Rollenzuordnung für alle Tochtersysteme festlegen und kontrollieren. Bei der Rollenzuordnung hätten Sie zusätzlich auch die Möglichkeit, *Lokal* auszuwählen, was dann aber dazu führen würde, dass Sie in jedem Tochtersystem den betreffenden Benutzern Rollen zuweisen müssten. Der Aufwand ist hier sicherlich höher als bei dem »globalen« Ansatz.

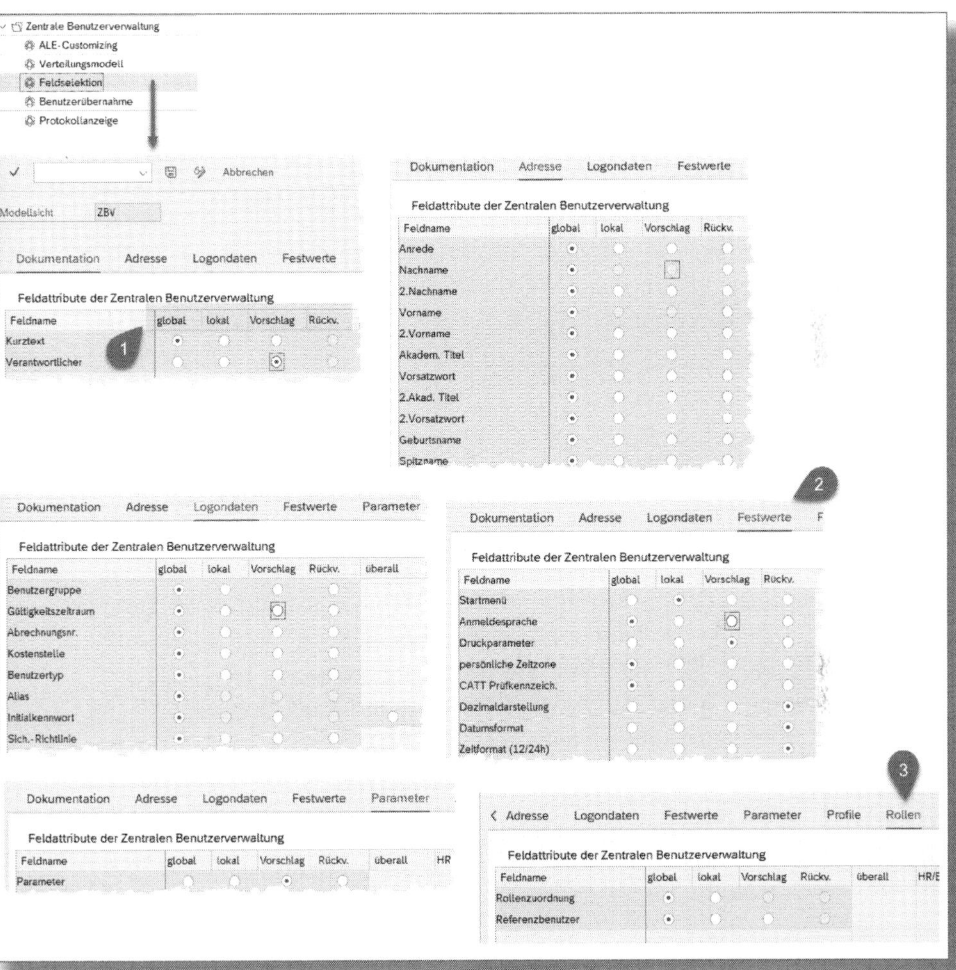

Abbildung 9.12: Feldselektion einstellen

☛ Rollendefinition

Rollen werden im Normalfall immer in einem der Tochtersysteme (üblich: im Entwicklungssystem) definiert und dann mithilfe von Transportaufträgen in die anderen Tochtersysteme verteilt. Die ZBV bietet keine Möglichkeit hierzu. Es ist auch nicht vorgesehen, die Rollen im ZBV-Master zu definieren. Wenn der ZBV-Master, wie es in der Praxis häufig der Fall ist, als Mandant in einem Solution Manager liegt, stehen für eine Rollendefinition dort gar nicht alle Berechtigungsobjekte zur Verfügung, die es in einem SAP-ERP- oder S4/HANA-System gibt. Damit im ZBV-Master allerdings eine Zuordnung von Rollen im jeweiligen Tochtersystem möglich ist, muss im ZBV-Master bekannt sein, welche Rollen es in den Tochtersystemen gibt (siehe Abschnitt 9.3.4).

9.3.4 Benutzerübernahme

Nachdem die Feldselektion konfiguriert ist, müssen Sie Benutzerstamm- und Adressdaten von den Tochtersystemen an den ZBV-Master übertragen (siehe Abbildung 9.13). Starten Sie hierfür die Transaktion für die BENUTZERÜBERNAHME ❶ und markieren im Folgebild das Tochtersystem ❷, aus dem Sie die Firmenadressen und Benutzerstammdaten in den ZBV-Master übernehmen möchten. Beginnen Sie mit der Übernahme der FIRMENADRESSEN ❸.

Zur Erinnerung: Bei den Firmenadressen handelt es sich um die Adressen der Firma, für die der SAP-Benutzerstammsatz angelegt wurde. Diese Adressen werden im Benutzerstamm abgelegt.

Alle im Tochtersystem definierten Firmenadressen werden gelesen und mit den bereits im ZBV-Master vorhandenen Adressen abgeglichen. Unter der Überschrift ÜBERBLICK finden Sie eine Angabe, wie viele Adressen nur im Tochtersystem vorhanden sind und wie viele Adressen – mit identischen oder abweichenden Daten – in beiden Systemen existieren. In der unterhalb der Übersicht angezeigten Baumstruktur ❹ können Sie detailliert feststellen, um welche Firmenadressen es sich jeweils handelt. Öffnen Sie z. B. den Knoten IDENTISCHE FIRMENADRESSEN und markieren dort alle aufgeführten Adressen. Klicken Sie dann auf AUS TOCHTERSYSTEM ÜBERNEHMEN ❺. Dies hat zur Folge, dass bei der schon identisch im ZBV-Master vorhandenen Firmenadresse vermerkt wird, dass sie auch im Tochtersystem existiert. Wiederholen Sie das Ganze anschließend noch einmal für alle Firmenadressen, die Sie unterhalb der Knoten NUR IM TOCHTERSYSTEM und UNTERSCHIEDLICHE FIRMENADRESSEN finden. Im letzten Fall werden die Daten aus dem ZBV-Master verwendet, sie sind dann auch für das Tochtersystem gültig. Die erfolgreiche Übernahme wird durch eine Meldung ❻ bestätigt. Wenn Sie alle Firmenadressen aus dem Tochtersystem übernommen haben, sollten die unter ÜBERBLICK aufgeführten Zählerstände für NUR IM TOCHTERSYSTEM, UNTERSCHIEDLICHE FIRMENADRESSEN und IDENTISCHE FIRMENADRESSEN den Wert *0* haben.

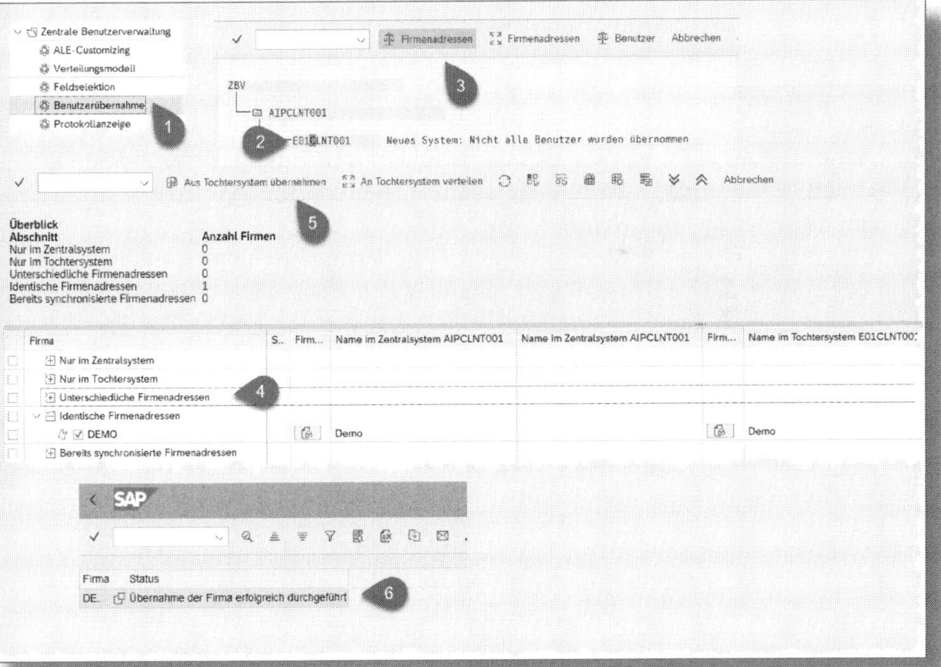

Abbildung 9.13: Firmenadressen übernehmen

Nach der Übernahme der Firmenadressen übergeben Sie die im Tochtersystem vorhandenen Benutzerstammdaten an den ZBV-Master (siehe Abbildung 9.14). Im ZBV-Master wird auch die Information abgelegt, welche Rollen ein Benutzer im Tochtersystem besitzt. Dazu muss im ZBV-Master aber bekannt sein, welche Rollen es im Tochtersystem überhaupt gibt. Starten Sie hierzu die Funktion UMFELD • TEXTABGLEICH FÜR ZBV ZENTRALSYSTEM ➊. Das ZBV-Mastersystem liest daraufhin zu allen im Tochtersystem vorhandenen Rollen die Kurzbeschreibung und legt diese zusammen mit dem Rollennamen in Tabellen des ZBV-Masters ab. Die Definition der Rollen selbst, also z. B. die Menüstruktur oder die in der Rolle hinterlegten Berechtigungswerte, werden dabei allerdings nicht übertragen. Im ZBV-Master sind also die Rollen des Tochtersystems nicht mit der Transaktion *PFCG* anzeigbar (es sei denn, sie existieren auch im Master).

Die Übernahme der Benutzerstammdaten erfolgt nun analog zu derjenigen der Firmendaten. Markieren Sie das Tochtersystem ➋, aus welchem Sie die Daten übernehmen möchten, und starten Sie die Benutzerübernahme ➌. Anders als bei den Firmenadressen sehen Sie jetzt keine Baumstruktur, sondern stattdessen verschiedene Tab-Reiter. Diese zeigen Ihnen diejenigen Benutzernamen an, die noch nicht im ZBV-Master abgelegt oder bereits mit unterschiedlichen oder identischen Daten vorhanden sind. Wechseln Sie z. B. zum Tab-Reiter NEUE BENUTZER ➍ und markieren alle dort aufgeführten Benutzernamen ➎. Starten Sie dann den Datentransfer durch Klicken auf ÜBERNAHME BENUTZER ➏. Anschließend sollte die Liste der neuen Benutzer leer sein. Wiederholen Sie den Vorgang für die Tab-Reiter IDENTISCHE BENUTZER und UNTERSCHIEDLICHE BENUTZER.

Mit der vollständigen Übernahme der Benutzerstammdaten sind die Stammsätze im Tochtersystem nur noch eingeschränkt änderbar. Was bearbeitet werden kann, steuert die konfigurierte Feldselektion (siehe Abschnitt 9.3.3). Die Neuanlage oder das Löschen von Benutzerstammsätzen ist allerdings im Tochtersystem generell nicht mehr möglich.

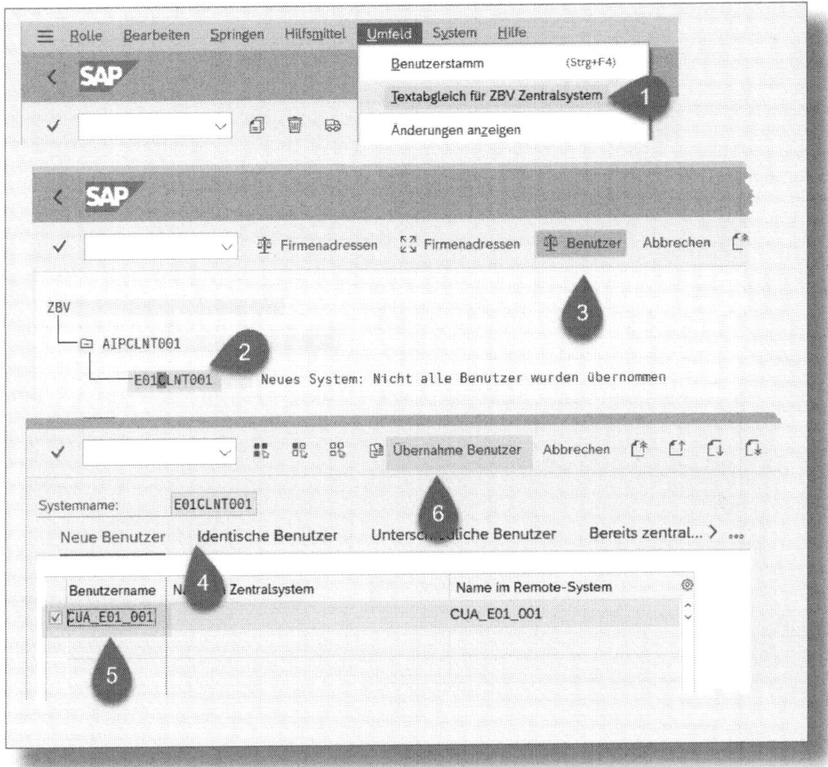

Abbildung 9.14: Übernahme Benutzer

9.4 Benutzer im ZBV-Zentralsystem anlegen

Wenn Sie jetzt einen Benutzer wie gewohnt im ZBV-Zentralsystem anlegen, kann sich dieser zunächst weder im ZBV-Master noch in einem der Tochtersysteme anmelden (siehe Abbildung 9.15). Im konkreten Beispiel haben wir den Benutzer *OTTO* ❶ angelegt. Bei einem Anmeldeversuch im ZBV-Master erhält der Anwender die Fehlermeldung, dass die ZBV-Systemzuordnung fehlt ❷.

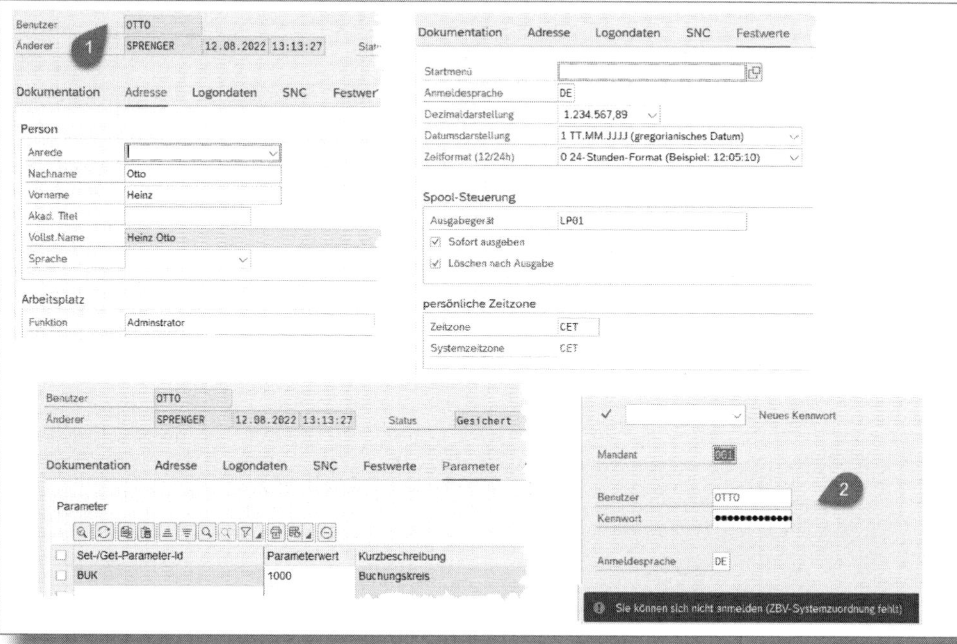

Abbildung 9.15: Benutzer ohne Systemzuordnung anlegen

Für jeden im ZBV-Master angelegten Benutzer müssen Sie definieren, in welchem der logischen Systeme, die im Verteilungsmodell der ZBV aufgeführt sind, eine Anmeldung erlaubt sein soll und welche Rollen der Anwender in dem jeweiligen System haben soll. Führen Sie zunächst einen Textabgleich durch, damit das ZBV-Zentralsystem die Rollen aus den Tochtersystemen kennt (siehe Abbildung 9.16). Starten Sie hierfür in der Transaktion *SU01* auf dem Tab-Reiter ROLLEN die Funktion TEXTABGLEICH ❶. Als EMPFANGSSYSTEM wird der logische Systemname des ZBV-Masters ❷ vorgeschlagen. Im Protokoll erkennen Sie, für welche Systeme der Textabgleich erfolgt ist.

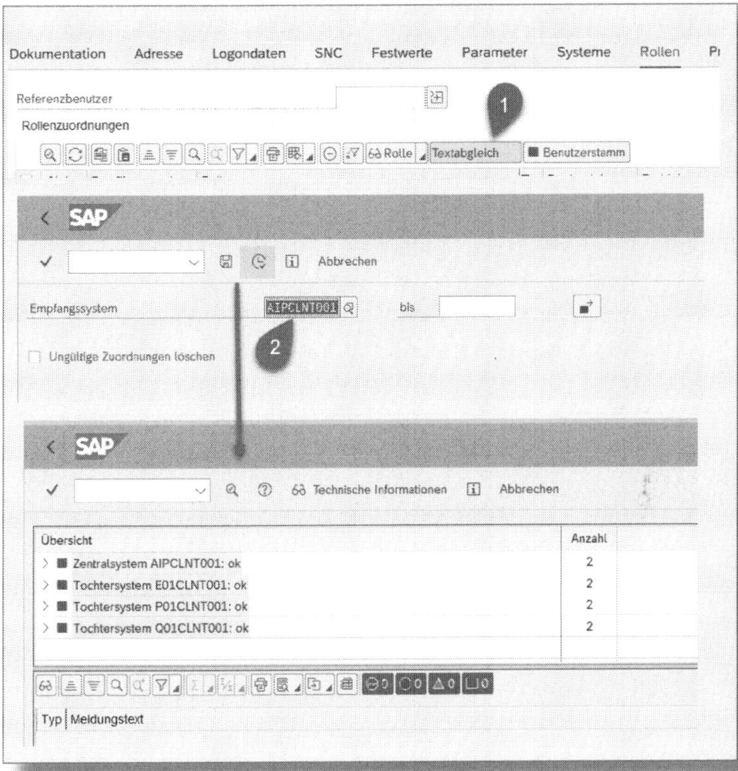

Abbildung 9.16: Textabgleich

👉 Automatischer Textabgleich

Laut SAP-Hinweis 1642106 ist ein automatischer Textabgleich möglich, dieser wird selbst bei älteren SAP-Releases seit 2018 unterstützt und sollte bereits aktiv sein. Details finden Sie im genannten Hinweis. Ein manueller Abgleich ist nur noch erforderlich, wenn es zu Kommunikationsproblemen zwischen den Systemen des ZBV-Verteilungsmodells gekommen ist.

Legen Sie die für eine Anmeldung erlaubten Systeme und die Rollenzuordnung fest (siehe Abbildung 9.17). Wechseln Sie hierzu in der Transaktion *SU01* zum Tab-Reiter SYSTEME ❶. In der angezeigten Tabelle tragen Sie in der Spalte EMPFÄNGERSYSTEM ❷ die Namen der logischen Systeme ein, an denen sich ein Anwender mit dem SAP-Benutzer anmelden darf. Beachten Sie, dass auch eine Anmeldung im ZBV-Master nur dann möglich ist, wenn dessen logischer Systemname in der Tabelle eingetragen ist.

Wenn Sie auf den Tab-Reiter ROLLEN wechseln ❸, erkennen Sie, dass es in der Tabelle für die Rollenzuordnung auch hier eine Spalte EMPFÄNGERSYSTEM gibt. Die Rollenzuordnung ❹ erfolgt also jetzt für jedes Empfängersystem – unabhängig von den anderen Systemen.

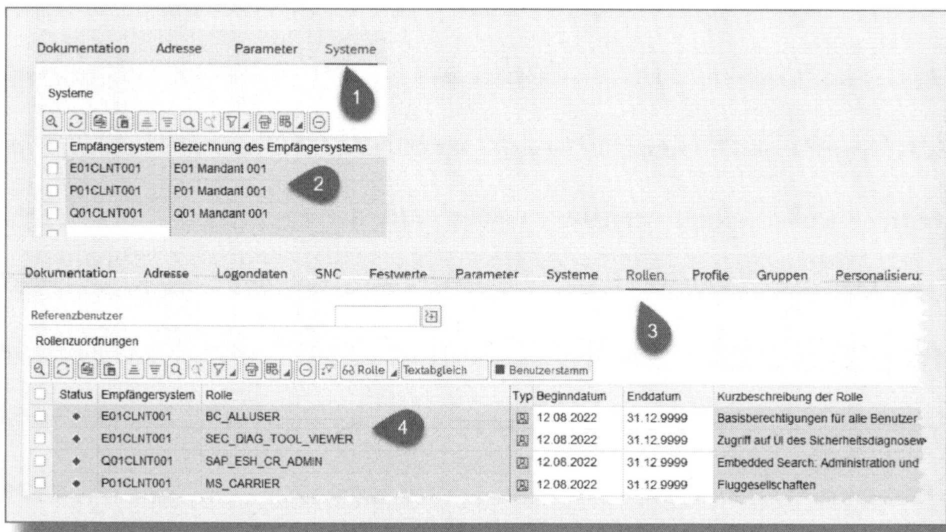

Abbildung 9.17: Systeme und Rollen zuordnen

Wenn Sie den Benutzerstammsatz sichern, werden die Benutzerstammdaten samt Rollenzuordnung in die zugelassenen Systeme repliziert. Dabei wird die konfigurierte Feldselektion (siehe Abschnitt 9.3.3) berücksichtigt. Die Replikation erfolgt im Hintergrund, es kann ein paar Sekunden dauern, bis die Benutzerstammsätze in den Zielsystemen angelegt bzw. angepasst sind.

9.5 Verteilungsprotokoll auswerten

Wie in Abschnitt 9.4 erwähnt, werden die Daten zwischen dem ZBV-Master und den Tochtersystemen im Hintergrund ausgetauscht. Beim Sichern der Benutzerstammdaten werden Sie daher keine Meldungen erhalten, mit welchen Systemen ein Abgleich erfolgt ist oder ob Fehler aufgetreten sind. Die Datenverteilung wird natürlich protokolliert (siehe Abbildung 9.18), eine PROTOKOLLANZEIGE ❶ wird unterstützt. Dabei können Sie Selektionsbedingungen für die Auswertung definieren ❷ und so z. B. eine Filterung für einen bestimmten Änderungszeitraum oder ein bestimmtes logisches System festlegen. Zusätzlich ist es möglich, den Verteilungsstatus ❸ auszuwerten, d. h., Sie entscheiden, ob Sie beispielsweise auch erfolgreiche Verteilungen auswerten möchten.

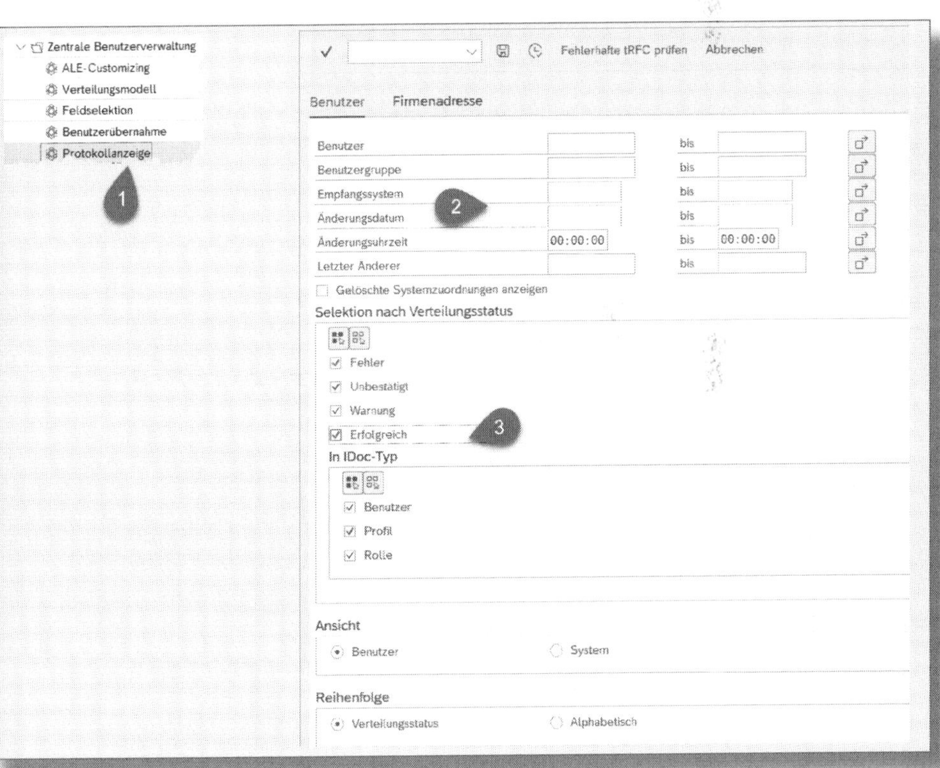

Abbildung 9.18: Verteilungsprotokoll (Abgrenzung)

Das Protokoll (siehe Abbildung 9.19) zeigt Ihnen an, welche Benutzerstammdaten in welches System übertragen wurden. Ein grünes Rechteck vor jeder Zeile deutet darauf hin, dass die Datenverteilung erfolgreich war. Beispiele für einen fehlerhaften Datenabgleich werden wir in Abschnitt 9.7 genauer untersuchen.

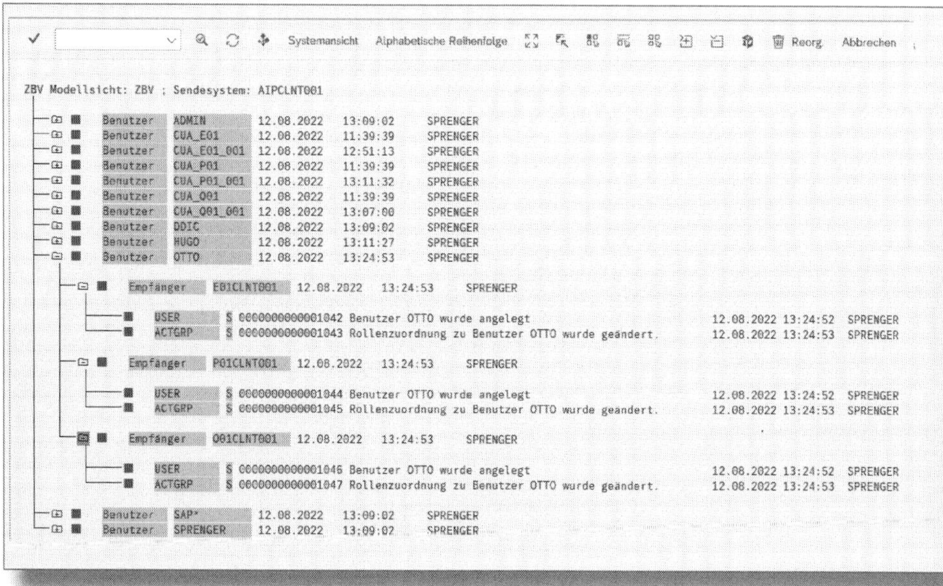

Abbildung 9.19: Verteilungsprotokoll (Ergebnis)

9.6 Benutzerpflege im Tochtersystem

Schauen wir uns nun einmal an, was passiert, wenn Sie in einem Tochtersystem Benutzerstammdaten pflegen. Generell gilt, dass direkt in den Tochtersystemen keine neuen Benutzer angelegt oder Benutzer gelöscht werden können. Alle Felder, die bei der Konfiguration der Feldselektion als »global« klassifiziert worden sind, sind in den Tochtersystemen beim Aufruf der Transaktion *SU01* schreibgeschützt. Abbildung 9.20 zeigt, wie Sie die Feldselektion für die Felder des Tab-Reiters FESTWERTE eingestellt haben. Sie erkennen, dass die als »global« klassifizierten Felder STARTMENÜ und ZEITZONE nicht änderbar sind.

Alle übrigen Felder sind eingabebereit. Ändern Sie bitte jetzt im Tochtersystem P01CLNT001 für den Benutzer *OTTO* die Daten wie folgt ab (siehe Tabelle 9.2):

Feld	Neuer Wert	Feldselektion
Startmenü ❶	*S001*	*Lokal*
Dezimaldarstellung ❷ Datumsformat	*1,234,567.89* *JJJJ-MM-TT*	*Rückv.* (Rückverteilung)
Ausgabegerät ❸	*BUERO_123*	*Vorschlag*

Tabelle 9.2: Änderungen am Benutzerstamm

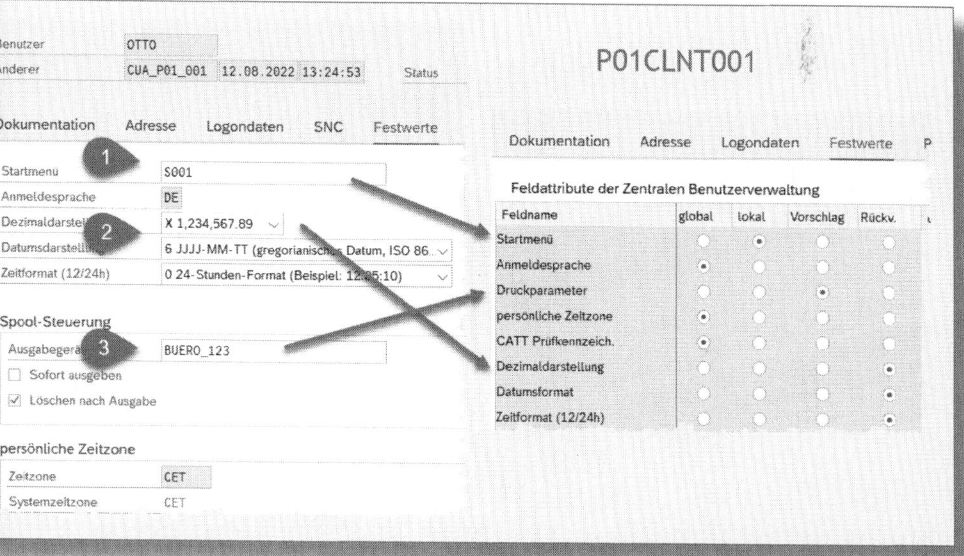

Abbildung 9.20: Benutzerpflege im Tochtersystem

Was passiert, wenn Sie die Benutzerstammdaten von OTTO jetzt sichern? Betrachten Sie die Auswirkungen auf den Benutzerstammsatz von OTTO im ZBV-Master (System AIP, Mandant 001) und beispielsweise im Tochtersystem Q01, Mandant 001 (siehe Abbildung 9.21). Die für die Felder DEZIMALDARSTELLUNG und DATUMSDARSTELLUNG eingestellte Rückverteilung sorgt dafür, dass die im Tochtersystem vorgenommenen Änderungen auch im System AIP ❶ ankommen ❷. Beachten Sie: Die Rückverteilung bewirkt, dass jetzt die Änderungen auch an die übrigen Tochtersysteme weitergegeben werden: Im System Q01 ❹ sind die DEZIMALDARSTELLUNG und die DATUMSDARSTELLUNG ❺ identisch mit denen in P01 und AIP. Die Änderung des Werts für das Startmenü in P01 wurde nicht an AIP oder Q01 weitergeleitet. Dies entspricht aber genau der Wirkungsweise der Feldselektion »Lokal« für das Feld STARTMENÜ. Ebenso findet sich der neue Wert des Feldes AUSGABEGERÄT ❸ nicht in den Systemen AIP und Q01 wieder. Die Feldselektion »Vorschlag« hat zwar bewirkt, dass bei der Anlage des Benutzerstammsatzes der Wert LP01 (❸ bzw. ❻) zunächst einmal für alle Systeme gilt, danach aber Änderungen in jedem Tochtersystem keine Auswirkungen auf andere Systeme mehr haben.

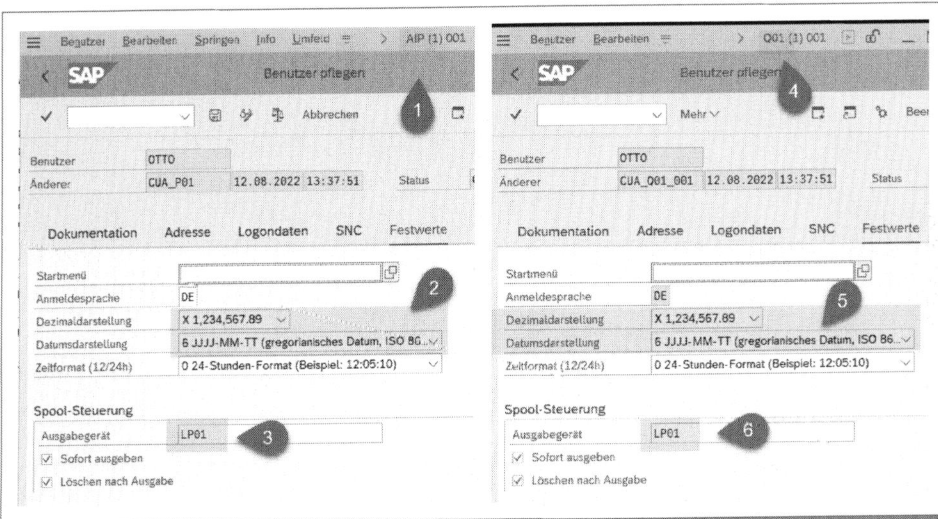

Abbildung 9.21: Auswirkungen der Feldselektion

9.7 Fehleranalyse

Bei der Synchronisation der Benutzerstammdaten kann es zu Fehlern kommen. Da die Datenverteilung, wie schon erwähnt, beim Sichern eines Benutzerstammsatzes im Hintergrund abläuft, erhalten Sie zunächst keinerlei Fehlermeldungen. Sie werden u. U. einfach nur feststellen, dass in einem der Tochtersysteme ein Benutzerstamm nicht angelegt oder eine Rollenzuordnung nicht korrigiert worden ist. In solchen Fällen sollten Sie das Verteilungsprotokoll (Transaktion *SCUL*) der ZBV auswerten (❶ in Abbildung 9.22). Neben einer zeitlichen Selektion oder einer Filterung nach dem logischen Namen des Empfängersystems können Sie auch den Status eingrenzen, der ausgewertet werden soll. Im Falle einer Fehleranalyse sollten Sie die Option ERFOLGREICH ❷ deaktivieren.

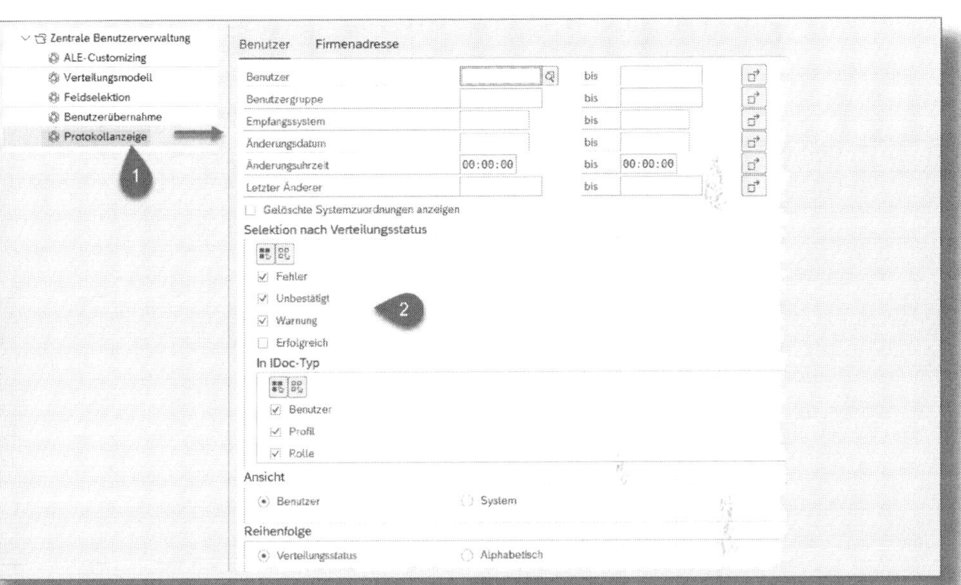

Abbildung 9.22: Einschränkung der Protokollanzeige

In Abbildung 9.23 sehen Sie Beispiele für Fehlermeldungen. Die einzelnen Meldungen sind mit einem Icon markiert und farblich hinterlegt; die Legende ❶ zeigt an, welche Bedeutung das Icon bzw. eine farbige Unterlegung haben. Schauen Sie sich die Meldungen einmal genauer an.

Die Stammdaten des Benutzers HEINZ sollten an das Tochtersystem E01CLNT001 übertragen werden ❷. Dies ist fehlgeschlagen, weil im ZBV-Mastersystem dem Benutzer HEINZ die Benutzergruppe FINANZEN zugewiesen wurde, diese aber im Zielsystem nicht existiert.

Benutzergruppen werden also offensichtlich von der zentralen Benutzerverwaltung nicht zwischen den Systemen des Verteilungsmodells ausgetauscht. Sie müssen selbst manuell dafür sorgen, dass die im ZBV-Master verwendeten Benutzergruppen in den Tochtersystemen tatsächlich existieren.

Benutzer OTTO ❸ konnte nicht im System Q01CLNT001 durch die ZBV verändert werden, weil genau in dem Moment, in dem die Stammdaten von OTTO im ZBV-Master gesichert wurden, die Daten parallel im Tochtersystem bearbeitet wurden und daher für die Dauer dieses Vorgangs gesperrt waren. Diese Fehlerart sollte in der Praxis sehr selten vorkommen.

Die Weitergabe der Daten von Otto an das Tochtersystem P01CLNT001 hat den Status »Verteilung unbestätigt« ❹, einen weitergehenden, erklärenden Text gibt es dazu nicht.

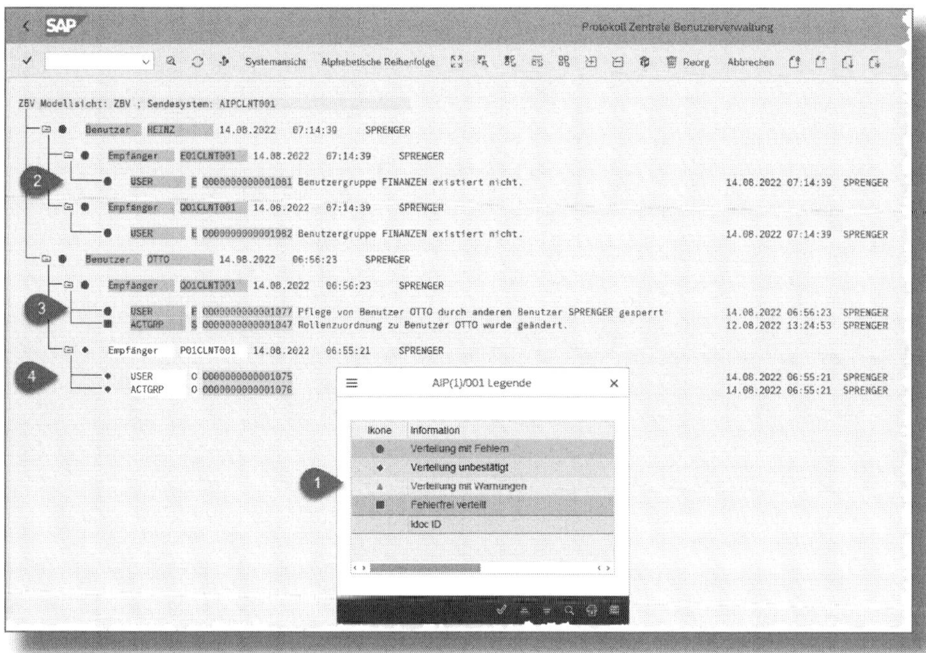

Abbildung 9.23: Fehlerprotokoll

Der Status »Verteilung unbestätigt« deutet darauf hin, dass die Kommunikation zwischen dem ZBV-Master und dem betreffenden Tochtersystem gestört ist. Details hierzu erhalten Sie, wenn Sie die Funktion FEHLERHAFTE TRFC PRÜFEN ❶ im Einstiegsbild der Protokollanzeige aufrufen (siehe Abbildung 9.24). Sie sehen, dass die Verbindung zum Zielsystem P01CLNT001 ❷ nicht zustande gekommen ist, weil derjenige Benutzer gesperrt ist ❸, der in der RFC-Destination P01CLNT001 als Log-in-Benutzer hinterlegt ist (siehe Abschnitt 9.2.3). In diesem Falle sollte im System P01CLNT001 geprüft werden, warum der Benutzer gesperrt ist. Mögliche Ursachen sind: Es läuft gerade eine Wartung des Systems oder aber der Benutzer wurde automatisch gesperrt, weil das in der RFC-Destination hinterlegte Kennwort nicht mit dem übereinstimmt, das dem Log-in-Benutzer im Tochtersystem tatsächlich zugewiesen wurde.

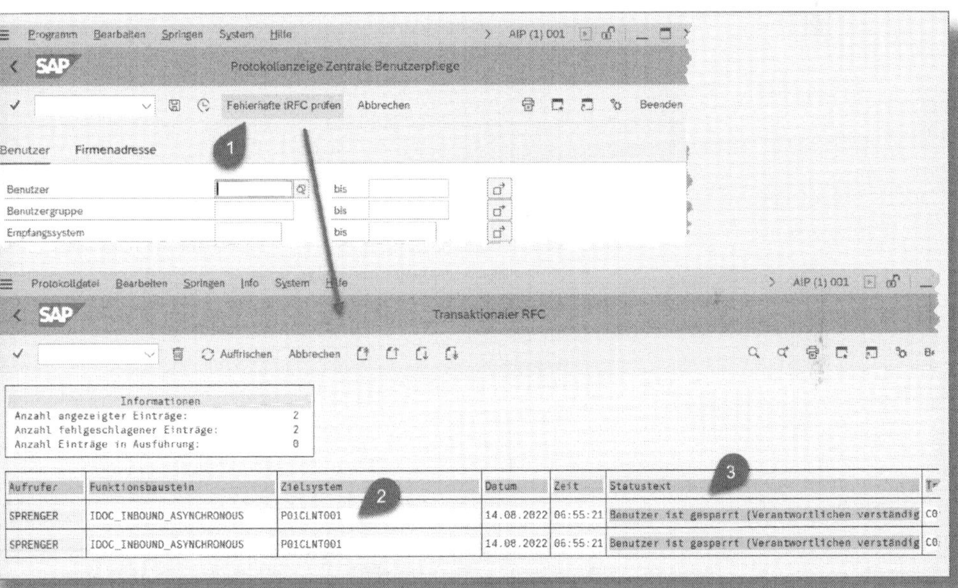

Abbildung 9.24: Fehlerhafte tRFC prüfen

Wenn Sie die Fehlerursachen beseitigt haben, können Sie die Datenverteilung noch einmal starten (siehe Abbildung 9.25). Markieren Sie (❶) die Benutzer, für die Sie eine erneute Datensynchronisation ausführen möchten, und klicken Sie dann auf ❷. Wählen Sie aus, ob Sie BENUTZERSTAMMDATEN ❸ und/oder ROLLENZUORDNUNG und die damit verbundene PROFILZUORDNUNG erneut senden möchten.

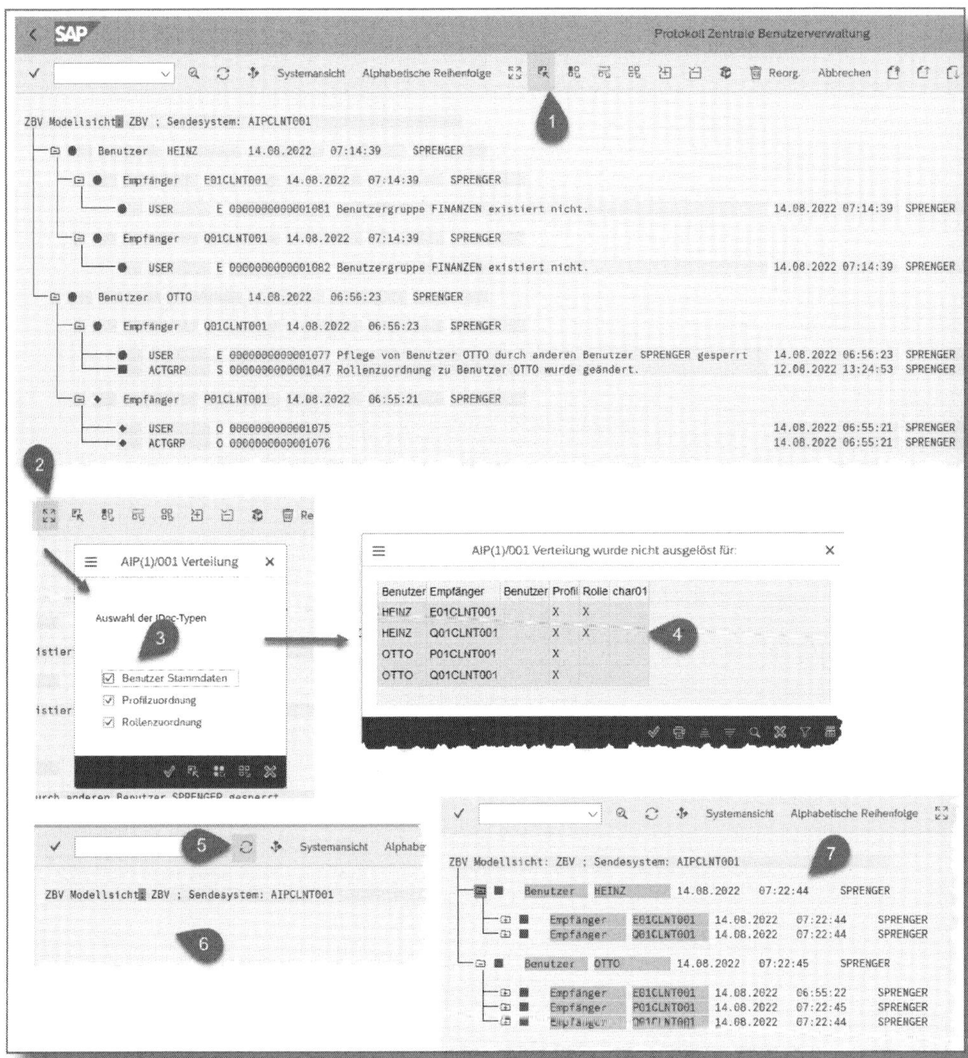

Abbildung 9.25: Erneuter Verteilungsversuch

Das Protokoll ❹ zeigt, welche der ausgewählten Bestandteile bei welchem Benutzer nicht gesendet wurden, weil dies nicht notwendig war. Im Falle des Benutzers HEINZ wurden z. B. an das System E01CLNT01 nur die eigentlichen Benutzerstammdaten erneut übertragen, nicht aber Rollen- und Profilzuordnung, weil hier die entsprechenden Daten im ZBV-Master gar nicht geändert worden waren. Wenn Sie das Verteilungsprotokoll jetzt aktualisieren ❺, ist im Idealfall das Fehlerprotokoll leer ❻. Wählen Sie für das Protokoll auch den Status »Erfolgreich« aus, können Sie feststellen, ob die erneute Datenübertragung erfolgreich war ❼.

9.8 Hintergrundinformationen zur ZBV

Bei der ZBV verwendet SAP zur Datenverteilung die *ALE*-Technologie (ALE = Application Link Enabling). ALE wird SAP-seitig schon seit mehr als 30 Jahren eingesetzt, um generell einen Dateiaustausch zwischen SAP-Systemen untereinander, aber auch mit Nicht-SAP-Systemen zu ermöglichen. Die Daten werden dabei als *Nachricht* ausgetauscht, als sogenanntes *IDoc* (Intermediate Document). Für jede Art von Nachricht (Materialstamm, Rechnung, Benutzerstamm usw.) gibt es ein eigenes Nachrichtenformat *(Nachrichtentyp)*. Im Falle der ZBV wird für den Austausch der Benutzerstammdaten der Nachrichtentyp *USERCLONE* verwendet, für den der Firmenadressen der Nachrichtentyp *CCLONE*. In einem ALE-Verteilungsmodell wird pro Sender- und Empfängersystem hinterlegt, welche Nachricht (und damit welcher Nachrichtentyp) ausgetauscht werden soll. Alternativ kann auch anstelle des Nachrichtentyps eine *BAPI-Methode* genannt werden, die selbst ein IDoc des entsprechenden Nachrichtentyps erzeugt.

☛ BAPI-Methode

Die BAPI-Methode ist programmiertechnisch nichts anderes als ein ABAP-Funktionsbaustein, der für einen Aufruf per RFC (Remote Function Call) freigegeben ist. BAPI-Methoden wurden speziell für Remote-Zugriffe auf SAP-Systeme entwickelt.

Abbildung 9.26 zeigt noch einmal das hier verwendete Verteilungsmodell für die ZBV. Als Sendesystem kommt der ZBV-Master AIPCLNT001 ❶ zum Einsatz, als Empfängersystem z. B. das Tochtersystem P01CLNT001 ❷. Dem Tochtersystem sind die beiden BAPI-Methoden USER.CLONE und USERCOMPANY.CLONE ❸ zugeordnet. Diese BAPI-Methoden (die Funktionsbausteine) werden automatisch gestartet, wenn im ZBV-Mastersystem eine Firmenadresse oder ein Benutzerstammsatz gesichert wird. Die BAPI-Methode USER.CLONE erzeugt dann selbst ein IDoc vom Typ USERCLONE ❹. Das Verteilungsmodell habe ich nicht explizit mit allen Einzelheiten angelegt, es wurde im Zuge unserer Konfiguration der ZBV automatisch erzeugt (siehe Abschnitt 9.3.1).

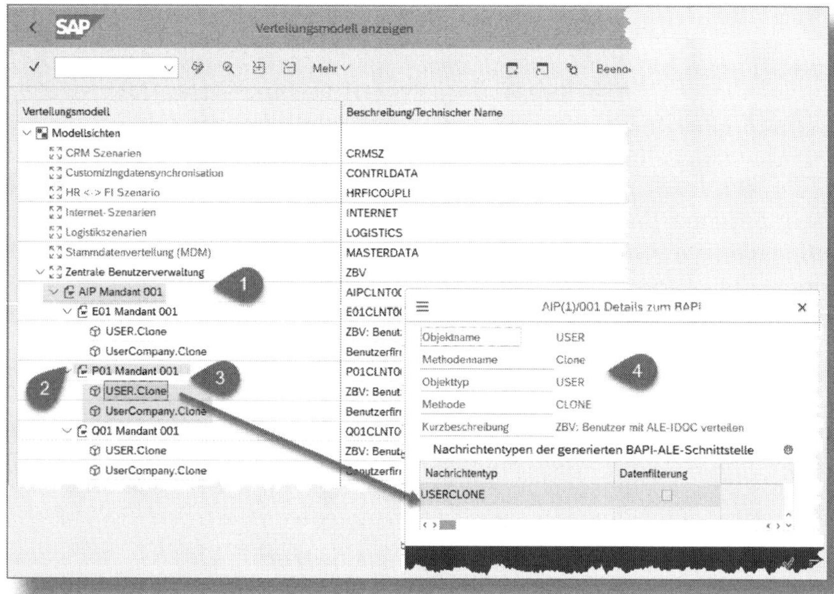

Abbildung 9.26: Nachrichtentypen im Verteilungsmodell

Während das Verteilungsmodell im Wesentlichen beschreibt, welcher Nachrichtentyp zwischen welchen Systemen ausgetauscht wird, legen die Partnervereinbarungen fest, auf welchem Wege (RFC, Datei ...) und wann (sofort nach dem Sichern, zeitversetzt per Job) die Datenverteilung erfolgt. Partnervereinbarungen gibt es sowohl im ZBV-Mastersystem als auch in den Tochtersystemen. Abbildung 9.27 zeigt die

Partnervereinbarung zwischen dem ZBV-Master und dem Tochtersystem E01CLNT001 (Transaktion *WE20*). Unter der Partnerart LS (logisches System) ist das Tochtersystem E01CLNT001 ❶ aufgeführt. Ein Doppelklick auf den Systemnamen zeigt unter der Rubrik Ausgangsparameter u. a. die Nachrichtentypen CCLONE und USERCLONE ❷ an, die für die Verteilung der Firmenadresse und der Benutzerstammdaten verwendet werden.

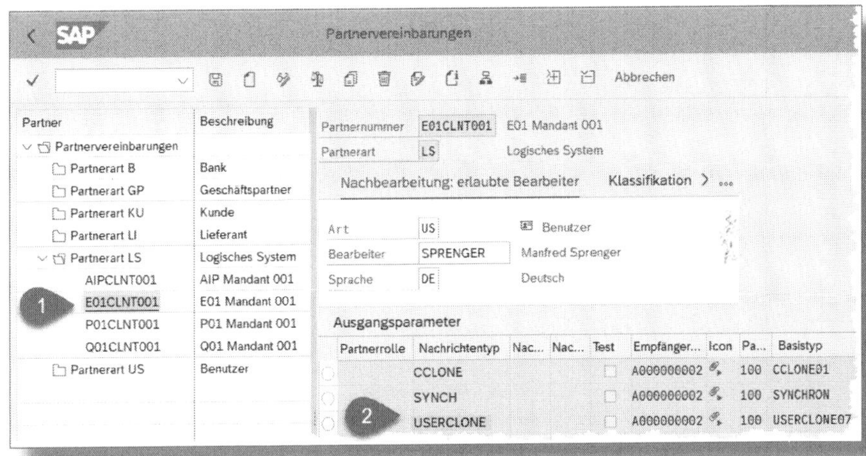

Abbildung 9.27: Partnervereinbarungen im ZBV-Zentralsystem

Wenn Sie jetzt z. B. einen Doppelklick auf den Nachrichtentyp USERCLONE machen, sehen Sie die Details zur Partnervereinbarung (siehe Abbildung 9.28). Mit dem Ausgabemodus ❶ steuern Sie, wann der Datenaustausch zum Tochtersystem auf der Seite des ZBV-Masters gestartet wird. Die Option IDoc sofort übergeben bedeutet, dass beim Sichern eines Benutzerstammsatzes im ZBV-Master für das Tochtersystem E01CLNT001 umgehend ein IDoc erzeugt und weitergeleitet wird. Wenn Sie stattdessen die Option IDocs sammeln aktivieren, wird das beim Sichern erzeugte IDoc zunächst auf einer Art »Stapel« abgelegt. Die auf dem Stapel gesammelten IDocs werden erst dann an das Tochtersystem weitergereicht, wenn Sie den Sendevorgang gezielt z. B. mithilfe des Reports RSEOUT00 starten.

Die sofortige Übergabe der IDocs hat einen erheblichen Nachteil: Bei einer Massenänderung von Benutzerstammdaten im ZBV-Master werden u. U. sehr viele IDocs erzeugt und direkt an das Tochtersystem weitergereicht. Die Verarbeitung der empfangenen Daten kann zu einer starken Systemauslastung führen. Mit der Option IDOC SAMMELN haben Sie es selbst in der Hand, den Sendezeitpunkt zu bestimmen, und können so gerade im Falle von Massenänderungen steuern, wann Sie im Tochtersystem die Last erzeugen. Sie sollten allerdings nicht vergessen, dass die Sammeloption ebenfalls einen Nachteil hat, nämlich dass Änderungen an Benutzerstammdaten im ZBV-System erst verzögert in den Tochtersystemen wiederzufinden sind.

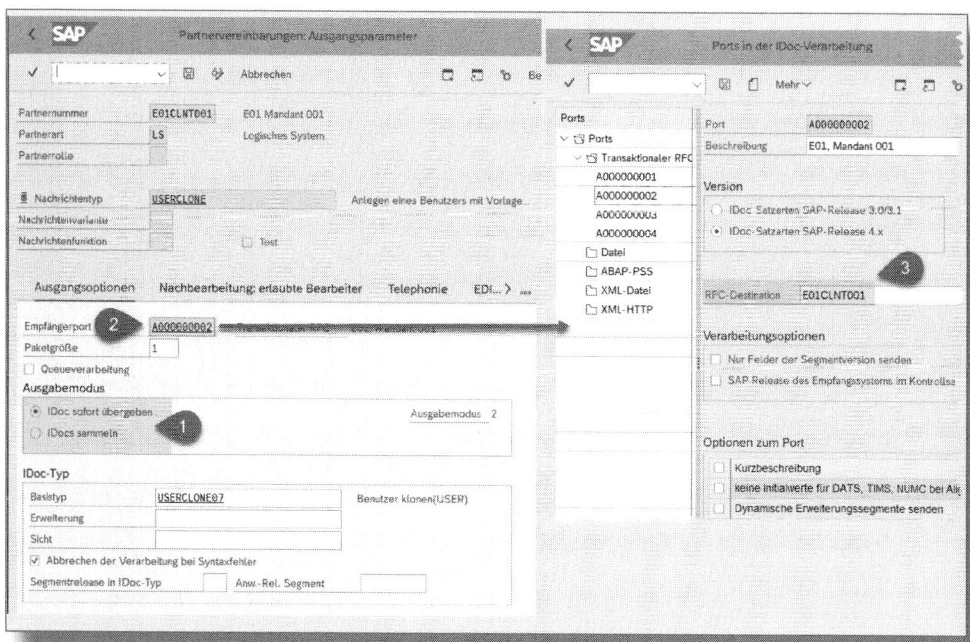

Abbildung 9.28: Detailinformationen zur Partnervereinbarung

Der EMPFÄNGERPORT ❷ steuert, auf welchem Wege der Datenaustausch zum Empfängersystem stattfindet. Wenn Sie einen Doppelklick auf das Feld ausführen, sehen Sie die *Portdefinition*. In unserem Beispiel erkennen Sie, dass mit dem Port die RFC-Destination E01CLNT001 ❸ verknüpft ist, d. h., die im Mastersystem erzeugten IDocs werden über diese RFC-Destinationen an das Tochtersystem gesendet. Genau an dieser Stelle können Sie bei Bedarf die RFC-Destination gegen eine andere austauschen. Das ist z. B. notwendig, wenn die von SAP für die ZBV vorgesehene Regelung »Logischer Systemname = Name der RFC-Destination« für Ihr SAP-System nicht realisierbar ist, weil die Standard-RFC-Destination schon anderweitig in Kommunikationsszenarien verwendet wird.

Eine Partnervereinbarung existiert nicht nur auf der Sender-, sondern auch auf der Empfängerseite (siehe Abbildung 9.29).

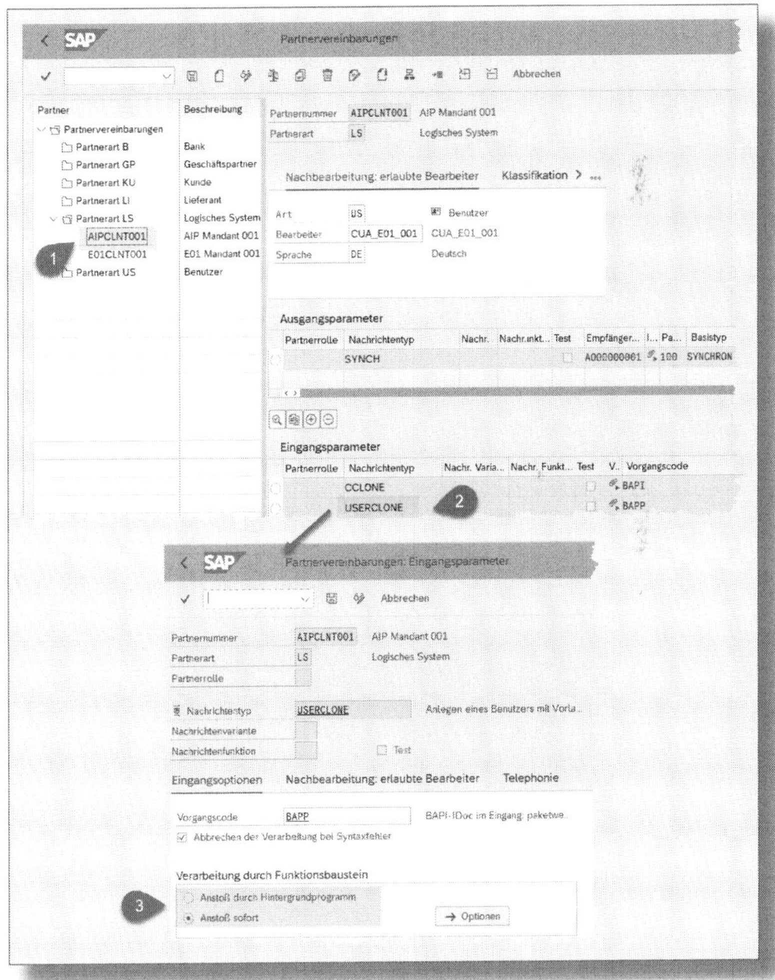

Abbildung 9.29: Partnervereinbarung im Tochtersystem

Im Tochtersystem E01CLNT001 gibt es eine Partnervereinbarung für das logische System AIPCLNT001 ❶, den ZBV-Master im Beispiel. Die Nachrichtentypen für die ZBV finden Sie hier unter der Rubrik EINGANGSPARAMETER. Doppelklicken Sie hier jetzt z. B. auf den Nachrichtentyp *USERCLONE* ❷, sehen Sie die Detailinformationen zur Partnervereinbarung. Auch auf der Empfängerseite können Sie steuern, wann die eingehenden IDocs verarbeitet werden ❸. Der Defaultwert ANSTOSS SOFORT bedeutet für die ZBV, dass die Änderungen, die vom ZBV-Master an das Tochtersystem weitergereicht wurden, sofort in die für die Benutzerstammdaten relevante Tabelle übertragen werden. Die Option ANSTOSS DURCH HINTERGRUNDPROGRAMM hingegen bewirkt, dass eingehende IDocs zunächst einmal nur gesammelt und erst durch den Anstoß eines Verarbeitungsprogramms in die Benutzerstammdaten geschrieben werden. Prinzipiell hätte man so die Möglichkeit, die durch die Verarbeitung der IDocs entstehende Last gezielt zu verlagern – gerade bei Massenänderungen. Der Nachteil ist klar: Die im ZBV-Master vorgenommenen Anpassungen an Benutzerstammdaten werden erst zeitverzögert im Tochtersystem wirksam.

Tabelle 9.3 listet einige Transaktionen auf, die hilfreich sein könnten, wenn Sie Fehler beim ZBV-Datenaustausch analysieren müssen.

Transaktion	Verwendung
WE81	Logische Nachrichten
WE30	IDoc-Typen
BD64	Verteilungsmodell
WE21	Portpflege
WE20	Partnervereinbarungen
SM59	RFC-Destinationen pflegen
SM58	Transaktionaler RFC
WE02	IDoc-Anzeige
BD87	IDoc-Statusmonitor
WLF_IDOC	IDoc-Monitor

Tabelle 9.3: Transaktionen für ALE und IDocs

9.9 ZBV auflösen

Wenn das SAP-System, das den ZBV-Master zur Verfügung stellt, für mehrere Tage nicht nutzbar ist – z. B. während eines Systemupgrades –, können während dieser Zeit keine Benutzerstammsätze für die Tochtersysteme angelegt oder geändert werden. Es ist daher manchmal notwendig, Tochtersysteme zumindest temporär aus dem ZBV-Verteilungsmodell zu entfernen, um eine lokale Pflege der Benutzerstammsätze zu ermöglichen. Es kann auch erforderlich sein, ein System dauerhaft aus der ZBV herauszunehmen, z. B. wenn die Zuständigkeiten für die Bearbeitung der Benutzerstammdaten grundsätzlich neu verteilt werden.

9.9.1 Tochtersystem aus der ZBV entfernen

Mithilfe des Reports *RSDELCUA* (❶ in Abbildung 9.30) entfernen Sie ein Tochtersystem aus dem Verteilungsmodell der ZBV. Wenn Sie den Report im ZBV-Master starten, können Sie das System bzw. die Systeme ❷ angeben, die entfernt werden sollen. Aktivieren Sie zunächst die Option TESTMODUS ❸. Das Protokoll ❹ zeigt Ihnen an, ob das Löschen möglich ist, und listet die Tabellen, aus denen Zeilen entfernt werden. Anschließend führen Sie den Report noch einmal ohne den aktivierten Testmodus aus. Im Tochtersystem stehen Ihnen danach in der Transaktion *SU01* wieder alle Funktionen ❺ zur Bearbeitung eines Benutzerstammsatzes zur Verfügung.

Report RSDELCUA

Sie können den Report RSDELCUA auch in demjenigen Tochtersystem starten, das Sie aus der zentralen Benutzerverwaltung entfernen möchten. In diesem Falle ist der Name des zu löschenden Tochtersystems bereits vorbelegt und kann nicht geändert werden. Beachten Sie hierzu auch den SAP-Hinweis 801877.

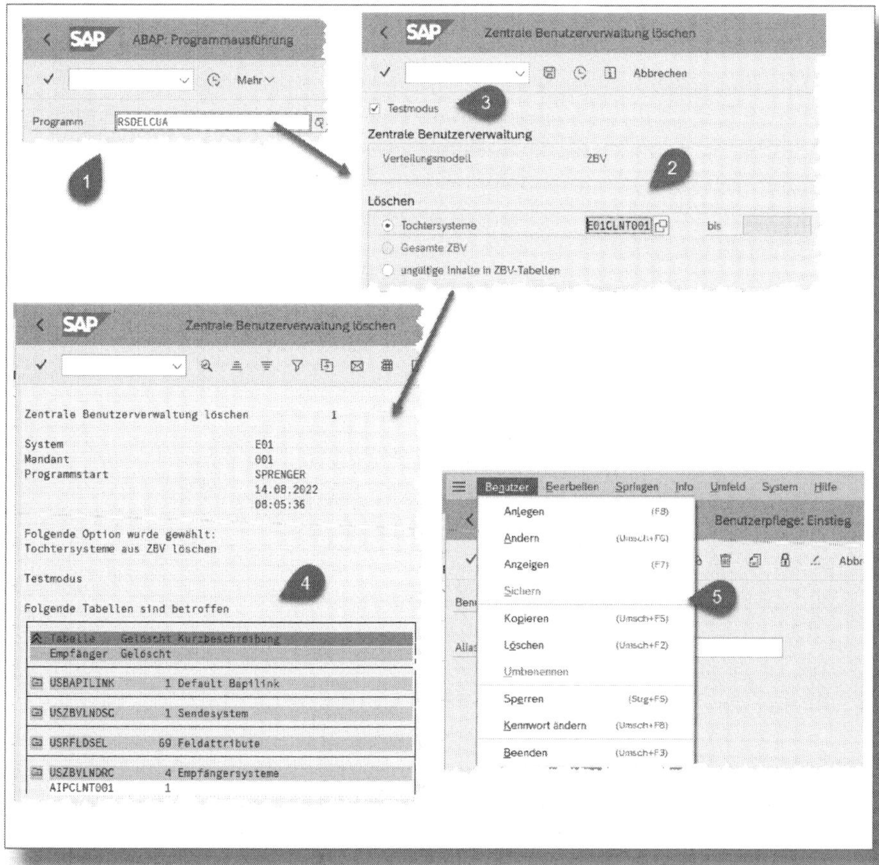

Abbildung 9.30: Tochtersystem entfernen

9.9.2 Gesamte ZBV entfernen

Die ZBV kann auch (bei Bedarf nur temporär) komplett gelöscht werden. Starten Sie hierfür im ZBV-Master den Report RSDELCUA (siehe Abbildung 9.31), und aktivieren Sie die Option GESAMTE ZBV ❶. Soll die ZBV nur temporär abgeschaltet werden, müssen Sie unbedingt die Option KEINE ÄNDERUNG VORNEHMEN (FÜR EIN ZEITNAHES WIEDERAUFSETZEN DER ZBV) ❷ aktivieren. Damit bleibt die Information erhalten, wie das Verteilungsmodell der ZBV konfiguriert ist, und auch die im ZBV-Master vorhandenen Daten zu Benutzern und deren Zuordnung zu Tochtersystemen gehen nicht verloren. Wenn Sie z. B. nach einem temporären Ausfall des ZBV-Mastersystems die ZBV reaktivieren möchten, müssen Sie die Tochtersysteme lediglich wieder in das Verteilungsmodell aufnehmen und die Benutzerstammdaten und Firmenadressen noch einmal synchronisieren (siehe hierzu Abschnitt 9.3.4). Dies ist notwendig, weil u. U. während der »Downtime« des ZBV-Masters Benutzerstammdaten im Tochtersystem angelegt oder geändert wurden. Starten Sie das Löschen der ZBV zunächst im TESTMODUS ❸, und prüfen Sie das Protokoll ❹ auf Fehlermeldungen. Ist alles okay, führen Sie den Report noch einmal ohne den Testmodus aus.

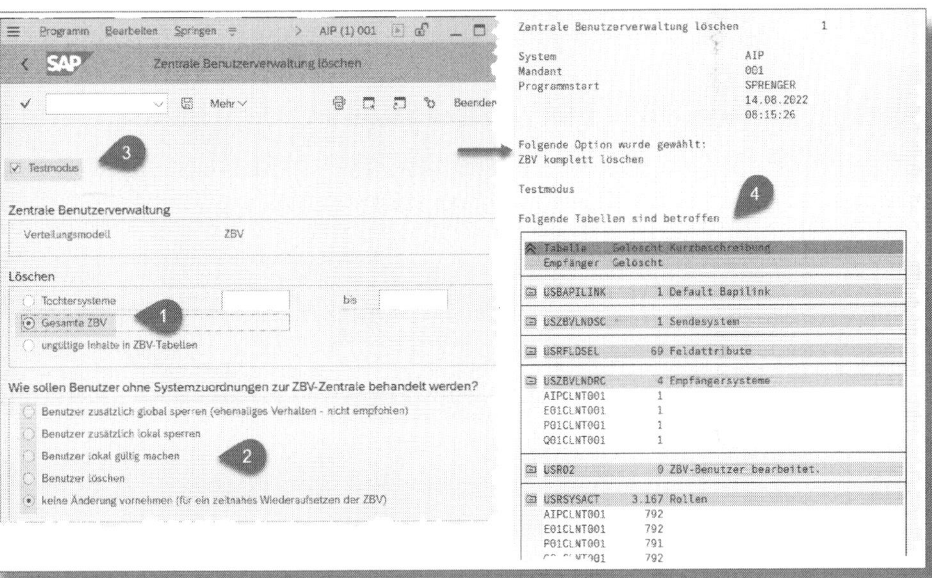

Abbildung 9.31: ZBV komplett löschen

Wenn Sie die ZBV tatsächlich endgültig löschen möchten, ist die Information obsolet, welche Benutzer es in den Tochtersystemen gegeben hat. Sie müssen entscheiden, wie die Benutzerstammsätze zu handhaben sind, die im ZBV-Master aufgrund ihrer Existenz in einem der Tochtersysteme angelegt wurden. Beachten Sie dazu die Optionen ❷, die Ihnen der Report RSDELCUA anbietet.

9.10 Check und Monitoring der ZBV

Die Konfiguration der ZBV kann mithilfe der Transaktion *SCUA* gezielt geprüft werden (siehe Abbildung 9.32). Klicken Sie hierzu auf das Icon . Im Prüfprotokoll werden alle im Verteilungsmodell eingetragenen Tochtersysteme gelistet. In der Spalte BENUTZER IM TS ❶ sehen Sie, mit welchem Benutzer sich der ZBV-Master bei Bedarf über die betreffende RFC-Destination im Tochtersystem anmeldet. Das grüne Quadrat in der Spalte EMPF. TYP signalisiert, dass dieser Benutzer wie vorgesehen ein Benutzer des Typs »System« ist. Weitere Icons in den Spalten VERB.TEST und LOGONTEST zeigen, ob die Kommunikation zum Tochtersystem funktionsfähig ist.

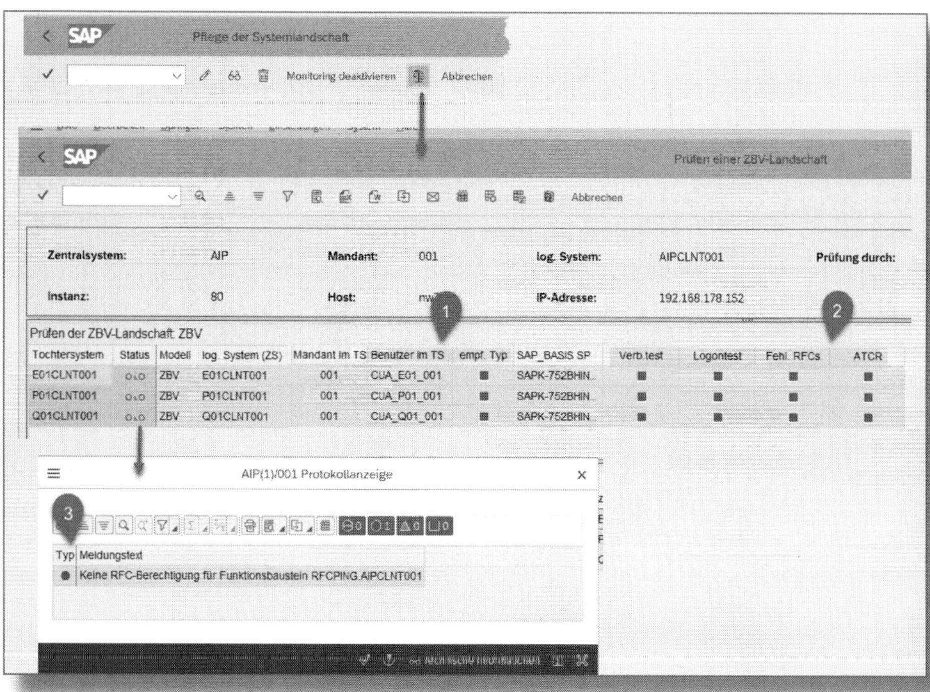

Abbildung 9.32: ZBV prüfen

Sorgfältig prüfen sollten Sie die Spalte FEHL. RFCs ❷. Ein roter Punkt würde darauf hindeuten, dass es (in der Vergangenheit) Fehler bei der Datensynchronisation gegeben hat. Zur genaueren Untersuchung der Fehler finden Sie Informationen in Abschnitt 9.7.

In der Spalte STATUS kann Ihnen durchaus statt einer grünen eine gelbe Ampel angezeigt werden. Wenn Sie auf die Ampel klicken, erhalten Sie einen Hinweis, dass eine RFC-Berechtigung fehlt ❸. Diese Meldung können Sie ruhig ignorieren, solange in den Spalten VERB.TEST und LOGONTEST grüne Quadrate sichtbar sind.

Eine regelmäßige Prüfung der ZBV-Landschaft ist sinnvoll, um insbesondere Kommunikationsprobleme zu erkennen. Die Prüfung kann automatisiert erfolgen.

Für eine automatisierte Überwachung der ZBV beachten Sie bitte den SAP-Hinweis 1645544. Er liefert Details dazu, wie Sie das Monitoring der ZBV durch das Computing Center Management System *(CCMS)* aktivieren (siehe Abbildung 9.33).

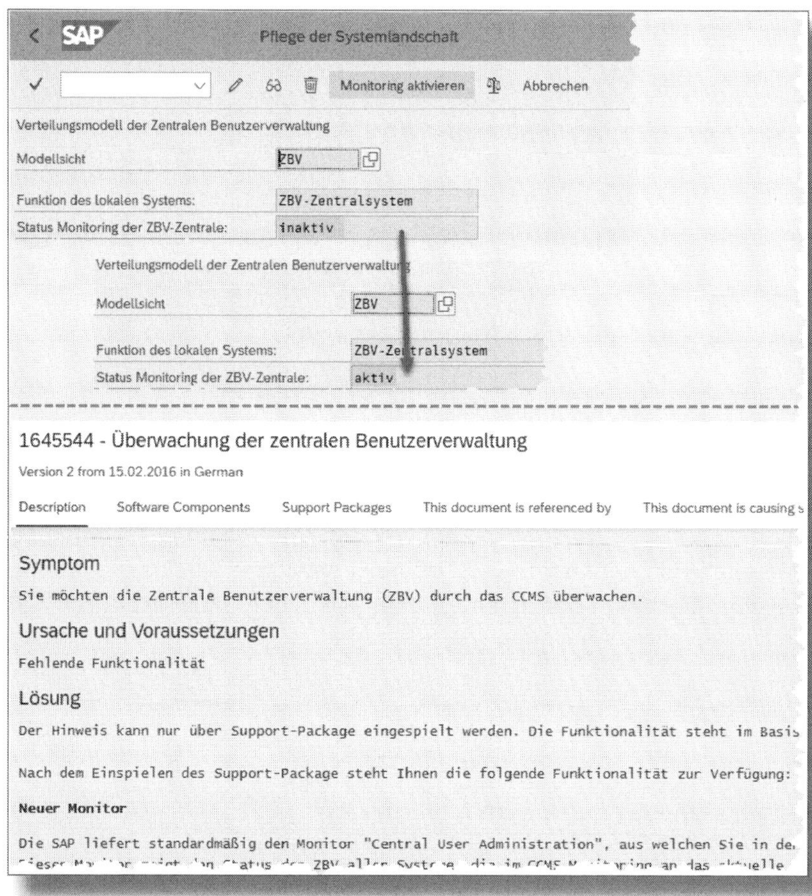

Abbildung 9.33: Monitoring der ZBV aktivieren

10 Berechtigungskonzept für SAP-J2EE-Systeme

Wenn von SAP-Systemen die Rede ist, geht man normalerweise davon aus, dass die jeweiligen Anwendungsprogramme in der Programmiersprache ABAP entwickelt wurden. Aber schon zu Beginn des Jahrtausends hat die SAP auch Systeme angeboten, bei denen als Entwicklungsplattform die Java 2 Enterprise Edition, kurz J2EE, zum Einsatz kam. In diesem Zusammenhang werden häufig Begriffe wie *SAP NetWeaver AS Java, SAP Web Application Server Java* oder *Java-Stack* genannt. Als SAP-Kunde setzen Sie vielleicht für die Aufbereitung von Druckdaten die *Adobe Document Services* ein. Diese Services bietet Ihnen die SAP mit einem System an, das auf der J2EE-Technologie basiert. Auch der *SAP Solution Manager* nutzt zum Teil J2EE-Technik.

Für die J2EE-Systeme setzt die SAP ein Berechtigungskonzept ein, das von dem der ABAP-basierten Systeme abweicht.

In diesem Kapitel werde ich Ihnen einen Einblick in das Berechtigungskonzept für SAP-J2EE-Systeme geben. »Einblick« bedeutet hierbei, dass wir nicht jede Facette des Berechtigungskonzepts untersuchen werden. Vielmehr möchte ich mich auf Informationen beschränken, die Ihnen z. B. bei der Berechtigungsvergabe für den Java-Teil des SAP Solution Manager helfen werden.

10.1 Grundbegriffe

In der Einleitung zu diesem Kapitel habe ich erwähnt, dass der SAP NetWeaver AS Java auf dem J2EE-Standard basiert. Dieser Standard beinhaltet bereits ein eigenes Berechtigungskonzept, mit dessen Hilfe der Zugriff auf ein System gesteuert wird. Konkret kann damit beeinflusst werden, wer sich z. B. am System anmelden und welche Anwendung starten kann. Auch die Nutzung einzelner Aktionen (Funktionen) innerhalb einer Anwendung oder sogar der Zugriff auf einzelne Instanzen (einen bestimmten Mitarbeiter, einen bestimmten Materialstammsatz usw.) ist reglementierbar.

Rufen wir uns noch einmal kurz die wichtigsten Begriffe des Berechtigungskonzepts für die ABAP-basierten SAP-Systeme ins Gedächtnis. Dort dienen *Berechtigungsobjekte* dazu, den Start von Anwendungen oder die Nutzung von Aktionen zu steuern. Für die Berechtigungsobjekte werden *Berechtigungen* definiert und zu *Rollen* zusammengefasst. Die Rollen weist man schließlich Anwendern zu, denen damit Berechtigungen zur Verfügung gestellt werden.

Vergleichbar damit sind im Java-Umfeld die sogenannten *JEE-Sicherheitsrollen* (kein Tippfehler, die »2« fehlt tatsächlich, um eine Unabhängigkeit des Begriffs von der konkret zugrunde liegenden Java-Version zu erreichen). Kennzeichnend für eine JEE-Sicherheitsrolle ist, dass ein Entwickler sie individuell für eine Anwendung erstellt. Die Flexibilität der aus dem ABAP-Umfeld bekannten Rollen ist also nicht gegeben. Aus diesem Grund hat die SAP das JEE-Rollenkonzept erweitert und verwendet für SAP-Anwendungen sogenannte *UME-Rollen*. UME ist hierbei die Abkürzung für **U**ser **M**anagement **E**ngine. Die UME-Rollen sind Bestandteil des *UME-Berechtigungskonzepts*.

Erläutern wir wichtige Begriffe des UME-Berechtigungskonzepts anhand eines Beispiels (siehe Abbildung 10.1). Betrachten wir die (fiktive) Anwendung »Urlaubsantrag« ❶. Sie bietet die Funktionen »Antrag anlegen«, »Antrag anzeigen« und »Antrag genehmigen« an. Die Nutzung der jeweiligen Funktion soll nur möglich sein, wenn der Anwender eine ausreichende Berechtigung besitzt. Dazu definiert der Entwickler z. B. für die Funktion »Antrag anlegen« eine *Berechtigung* (engl. Permission) mit dem Namen »Berechtigung1«, er sorgt dafür, dass sie im Java-Coding überprüft wird ❷.

> **! Berechtigung**
>
> Verwechseln Sie bitte den in diesem Zusammenhang verwendeten Begriff »Berechtigung« nicht mit der »Berechtigung«, die im Berechtigungskonzept eines ABAP-basierten SAP-Systems verwendet wird. Eine »J2EE-Berechtigung« entspricht eher einem Berechtigungsobjekt einfachster Art, das im Coding der Anwendung geprüft wird.

Die in der Anwendung geprüften Berechtigungen bündelt der Entwickler zu *Aktionen*. Im konkreten Beispiel fasst die »Aktion1« die Berechtigungen »Berechtigung1« und »Berechtigung2« zusammen, sie würde also den Aufruf der Funktionen »Antrag anlegen« und »Antrag anzeigen« kombinieren. Die »Aktion3« ❸ bündelt die Berechtigungen »Berechtigung2« und »Berechtigung3«, kombiniert also die Funktionen »Antrag anzeigen« und »Antrag genehmigen«. Die vom Entwickler definierten Berechtigungen sind außerhalb der Anwendung nicht sichtbar, die konkrete Zulassung zu Funktionen der Anwendung erfolgt über die Erlaubnis, Aktionen auszuführen.

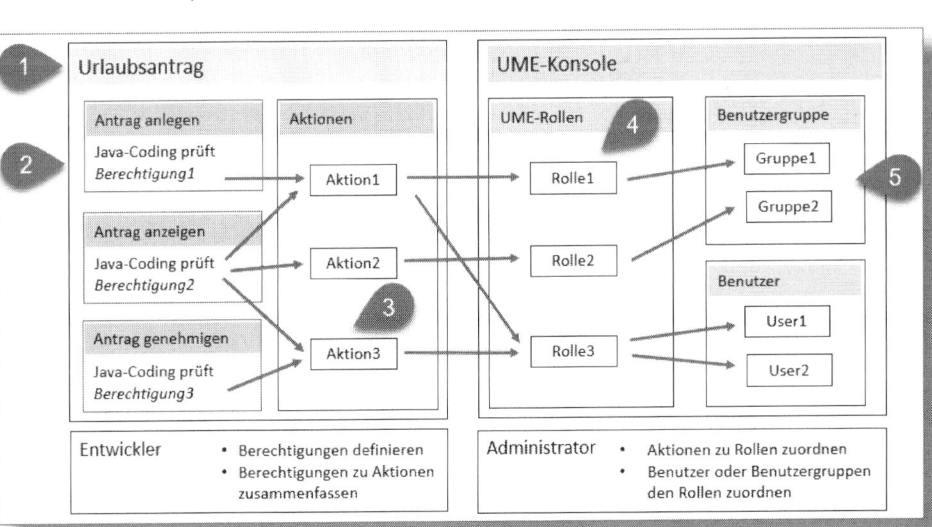

Abbildung 10.1: UME-Berechtigungskonzept

Die Zulassung zu bestimmten Aktionen liegt in der Zuständigkeit eines (Berechtigungs-)Administrators. Dieser nutzt dazu die sogenannte *UME-Konsole*, eine Web-Anwendung, die vergleichbar ist mit einer Kombination der Transaktionen *SU01* und *PFCG*. Mithilfe der UME-Konsole werden *UME-Rollen* definiert ❹, denen der Administrator die Aktionen zuordnet, die berechtigt werden sollen. Den UME-Rollen werden dann Benutzer bzw. Benutzergruppen zugewiesen ❺. Benutzer (bzw. die Mitglieder einer Benutzergruppe) erhalten also mittels Rollen zulässige Aktionen und über diese wiederum die Berechtigung zum Aufruf einer bestimmten Funktion oder zum Start einer Anwendung.

JEE- und UME-Rollen

Die von der SAP selbst entwickelten Anwendungen verwenden das UME-Berechtigungskonzept. Das bedeutet, dass Sie Anwendern UME-Rollen zuweisen müssen, wenn Sie zulassen möchten, dass sie Funktionen einer Anwendung aufrufen. Bei der Implementierung des SAP NetWeaver AS Java nutzt die SAP allerdings auch einige Komponenten des J2EE-Standards. Für diese Komponenten müssen dann Berechtigungen per JEE-Rollen vergeben werden.

10.2 UME-Konsole

Die UME-Konsole, die zentrale Anwendung für die Benutzerverwaltung eines SAP NetWeaver AS Java, wird über den Browser gestartet. Mit ihr können Sie Rollen, Gruppen und Benutzer definieren.

Melden Sie sich zuerst am SAP-J2EE-System an (siehe Abbildung 10.2). Die dazu notwendige URL hat den Aufbau »http://<servername>:5<instanznr>00«. Servername und Instanznummer sind installationsabhängig. Klicken Sie hier auf den Link USER MANAGEMENT ❶: Nach einer erfolgreichen Anmeldung gelangen Sie auf die Übersichtsseite der UME-Konsole. Alternativ verwendet die SAP für die UME-Konsole auch den Begriff *Identity-Management*.

! Identity-Management

Verwechseln Sie das »Identity-Management« nicht mit der SAP-Komponente SAP-IDM, obwohl hier »IDM« ebenfalls die Abkürzung für Identity-Management ist.

Über die Auswahlbox zum Feld SUCHKRITERIEN ❷ steuern Sie, ob Sie Rollen, Gruppen oder Benutzer bearbeiten möchten oder ob Sie Informationen zu Aktionen benötigen. In Abschnitt 10.4 werde ich Ihnen zeigen, dass die UME verschiedene Datenquellen nutzen kann ❸. Im konkreten Beispiel etwa können Benutzerdaten in der UME-Datenbank des SAP NetWeaver AS Java abgelegt sein, aber möglicherweise auch über einen SAP Application Server ABAP zur Verfügung gestellt werden. Dieses Szenario trifft insbesondere auf den SAP Solution Manager zu.

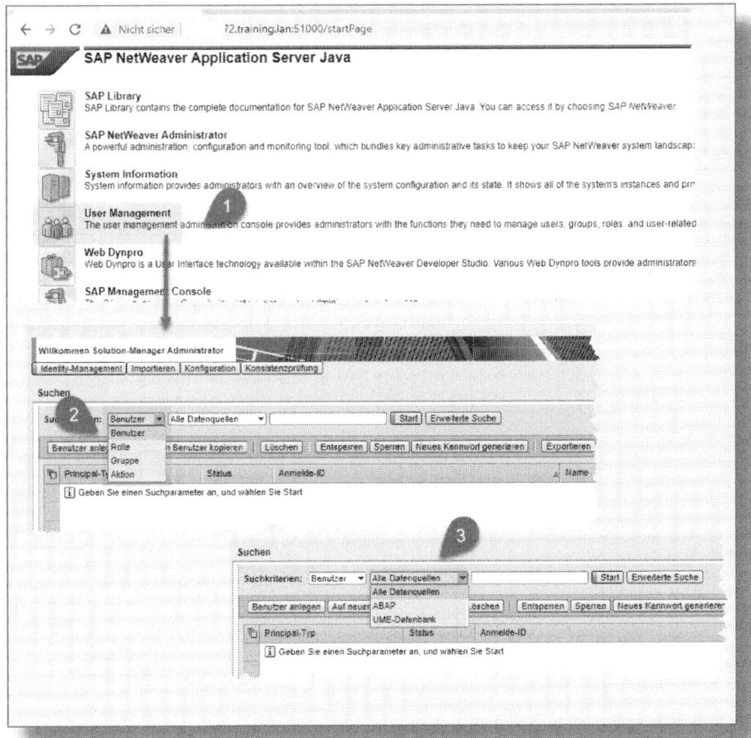

Abbildung 10.2: User Management

Schauen wir uns im Folgenden die Funktionen der UME-Konsole genauer an.

10.2.1 Aktionen

Die UME-Konsole zeigt Ihnen die im System verfügbaren Aktionen an, wenn Sie in der Auswahlbox zu den Suchkriterien *Aktion* ❶ wählen, bei Bedarf noch ein Suchmuster für den Aktionsnamen angeben und dann auf START klicken (siehe Abbildung 10.3). In der Trefferliste erkennen Sie an den Werten in der Spalte TYP ❷, ob es sich um eine mit der Standard-J2EE-Technik angelegte Aktion (Berechtigung) handelt oder um eine UME-Aktion. Die Anwendung, der sie zugeordnet ist, sehen Sie in der Spalte SERVICE/ANWENDUNG ❸, den Namen der Aktion in der Spalte NAME ❹. In einigen Fällen ist in der Spalte BESCHREIBUNG ❺ eine kurze Information zur Verwendung der Aktion angegeben.

Sie erinnern sich vielleicht noch daran, dass Aktionen vom Entwickler speziell für eine einzelne Anwendung definiert werden. Daher sollte es Sie nicht wundern, dass die UME-Konsole keine Funktion anbietet, um zusätzliche Aktionen zu definieren.

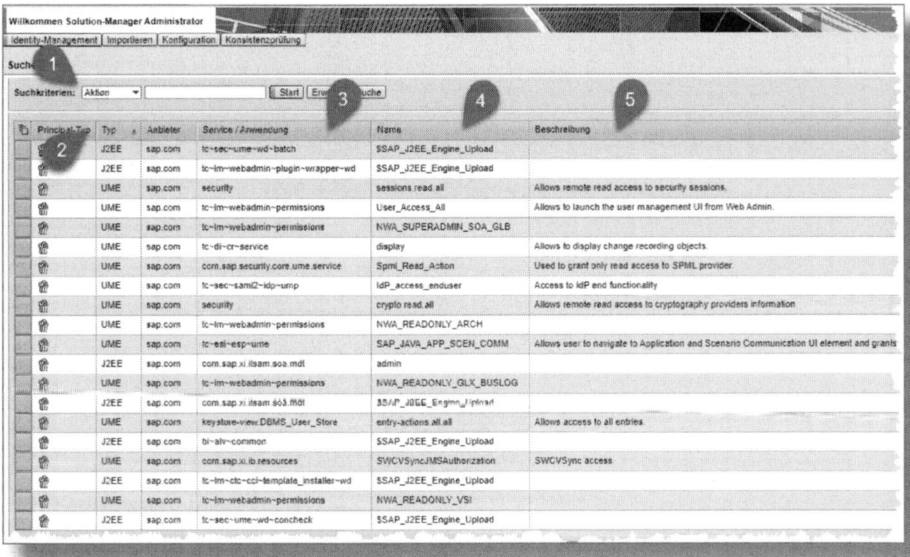

Principal-Typ	Typ	Anbieter	Service / Anwendung	Name	Beschreibung
	J2EE	sap.com	tc~sec~ume~wd~batch	$SAP_J2EE_Engine_Upload	
	J2EE	sap.com	tc~lm~webadmin~plugin~wrapper~wd	$SAP_J2EE_Engine_Upload	
	UME	sap.com	security	sessions.read.all	Allows remote read access to security sessions.
	UME	sap.com	tc~lm~webadmin~permissions	User_Access_All	Allows to launch the user management UI from Web Admin.
	UME	sap.com	tc~lm~webadmin~permissions	NWA_SUPERADMIN_SOA_GLB	
	UME	sap.com	tc~di~cr~service	display	Allows to display change recording objects.
	UME	sap.com	com.sap.security.core.ume.service	Spml_Read_Action	Used to grant only read access to SPML provider.
	UME	sap.com	tc~sec~saml2~idp~ump	IdP_access_enduser	Access to IdP end functionality
	UME	sap.com	security	crypto.read.all	Allows remote read access to cryptography providers information
	UME	sap.com	tc~lm~webadmin~permissions	NWA_READONLY_ARCH	
	UME	sap.com	tc~esi~esp~ume	SAP_JAVA_APP_SCEN_COMM	Allows user to navigate to Application and Scenario Communication UI element and grants
	J2EE	sap.com	com.sap.xi.lsam.soa.mdt	admin	
	UME	sap.com	tc~lm~webadmin~permissions	NWA_READONLY_GLX_BUSLOG	
	J2EE	sap.com	com.sap.xi.lsam.soa.mdt	[illegible]	
	UME	sap.com	keystore-view.DBMS_User_Store	entry-actions.all.all	Allows access to all entries.
	J2EE	sap.com	bi~alv~common	$SAP_J2EE_Engine_Upload	
	UME	sap.com	com.sap.xi.ib.resources	SWCVSyncJMSAuthorization	SWCVSync access
	J2EE	sap.com	tc~lm~ctc~cci~template_installer~wd	$SAP_J2EE_Engine_Upload	
	UME	sap.com	tc~lm~webadmin~permissions	NWA_READONLY_VSI	
	J2EE	sap.com	tc~sec~ume~wd~concheck	$SAP_J2EE_Engine_Upload	

Abbildung 10.3: Aktionen

10.2.2 Rollen

Eine Übersicht über die vorhandenen UME-Rollen erhalten Sie (siehe Abbildung 10.4), wenn Sie in der Auswahlbox zu dem Feld SUCHKRITERIEN den Wert *Rolle* verwenden ❶. Bei Bedarf können Sie noch ein Muster für den Rollennamen vorgeben. Die Trefferliste zeigt Ihnen neben dem NAMEN der Rolle auch eine kurze BESCHREIBUNG. Wenn Sie zu einer ausgewählten Rolle auf dem Tab-Reiter ZUGEORDNETE AKTIONEN ❷ wechseln und die START-Funktion ❸ aufrufen, sehen Sie, welche Aktionen der Rolle zugeordnet sind.

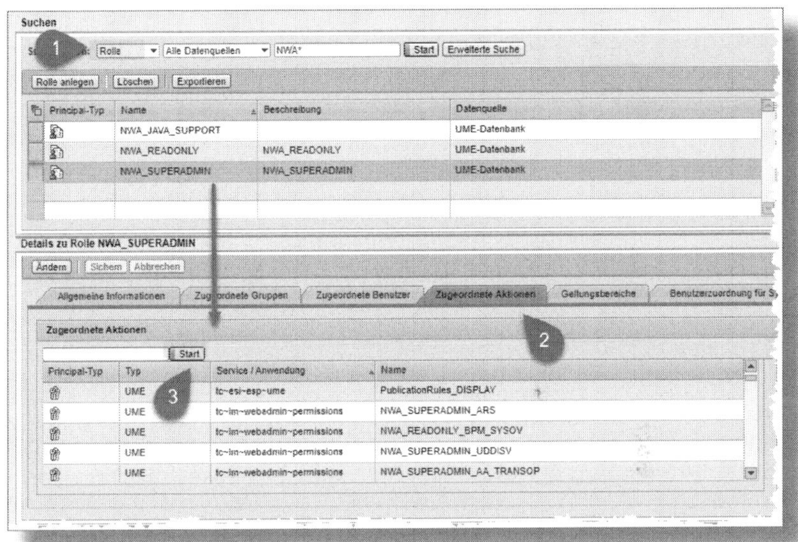

Abbildung 10.4: Rollen

Beachten Sie, dass Sie über die übrigen verfügbaren Tab-Reiter einer Rolle u. a. auch feststellen können, welche Benutzer bzw. Gruppen der Rolle zugewiesen sind.

> **! Start-Button nicht vergessen!**
>
> Wenn Sie bei der Nutzung der UME-Konsole einen Tab-Reiter auswählen, bedeutet das nicht automatisch, dass schon Daten angezeigt werden. Vergessen Sie nicht, auf »Start« zu klicken!

10.2.3 Gruppen

Sie erinnern sich vielleicht an die »Benutzergruppe« für das Berechtigungskonzept ABAP-basierter SAP-Systeme. Mit ihrer Hilfe konnten Sie Benutzer zu Gruppen zusammenfassen. Den Gruppennamen konnten Sie nutzen, um Benutzer für eine gemeinsame Auswertung bzw. Massenänderung zu selektieren. Allerdings ließen sich einer Benutzergruppe keine Rollen und damit auch keine Berechtigungen zuordnen.

Im UME-Berechtigungskonzept bietet eine Gruppe viel mehr Möglichkeiten. Wählen Sie in der Auswahlbox zum Feld SUCHKRITERIEN jetzt die Option *Gruppe* (❶ in Abbildung 10.5). Beachten Sie in der Trefferliste die Spalte DATENQUELLE ❷. Sie gibt Ihnen an, wo und wie die Gruppe ursprünglich definiert worden ist. Eine Gruppe mit der Datenquelle INTEGRIERTE GRUPPENADAPTER ist, wie der Name schon vermuten lässt, nicht explizit in der UME-Konsole angelegt worden, sondern ein fest definierter Bestandteil des Systems. So werden Sie z. B. zur Gruppe EVERYONE keine explizit zugeordneten Benutzer finden, weil einfach jeder zu dieser Gruppe gehört. Gruppen mit der Datenquelle R3_ROLE_DS sind ursprünglich in einem Mandanten eines ABAP-basierten SAP-Systems angelegt und dann in das hier aktuell betrachtete J2EE-System »repliziert« worden. Mehr dazu in Abschnitt 10.4.

Wenn Sie eine Gruppe aus der Liste auswählen, beispielsweise die Gruppe MONITORING ❸, erkennen Sie, dass ihr direkt Rollen zugeordnet sind bzw. sein können ❹ – und selbstverständlich auch Benutzer. Werfen Sie einen Blick auf die weiteren Tab-Reiter: Einer Gruppe können andere Gruppen unter- und/oder übergeordnet werden. Es ist also möglich, Gruppenhierarchien zu definieren. Sie sehen, dass eine für die UME definierte Gruppe viel mehr Möglichkeiten bietet als eine Benutzergruppe in der Welt der ABAP-basierten SAP-Systeme.

10.2.4 Benutzer

Mithilfe der UME-Konsole können Sie auch Benutzerstammdaten pflegen (siehe Abbildung 10.6). Wählen Sie dazu *Benutzer* in der Auswahlbox SUCHKRITERIEN ❶ aus. In der Trefferliste werden die vorhandenen

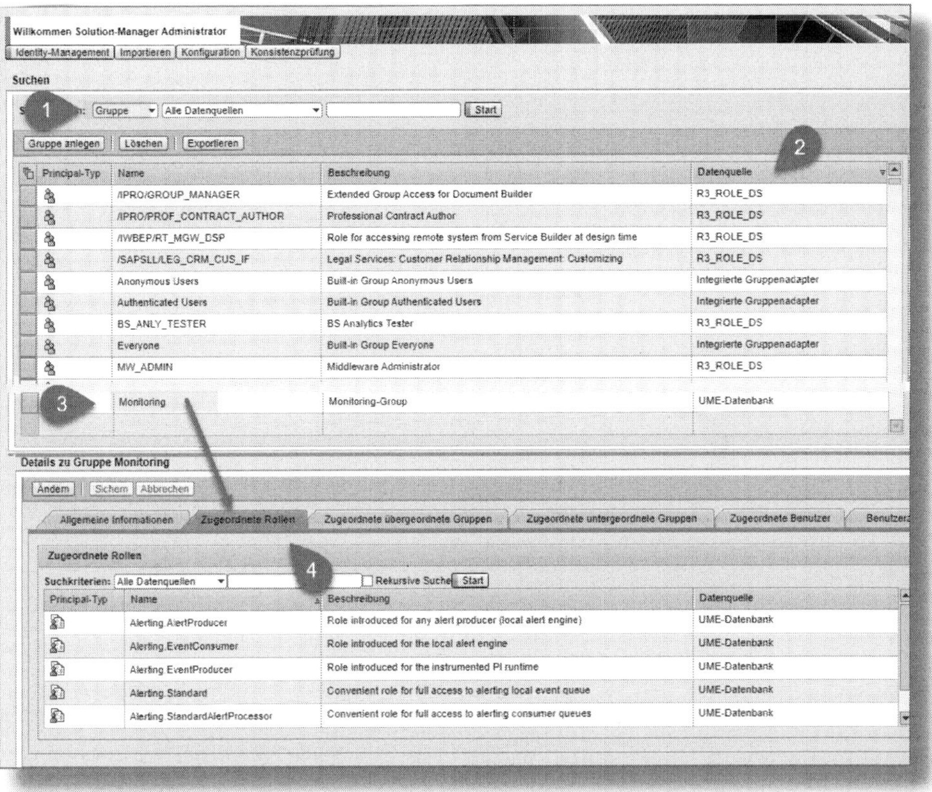

Abbildung 10.5: Gruppen

Benutzer mit ANMELDE-ID und NAMEN angezeigt. Die Spalte DATENQUELLE ❷ gibt an, ob der Benutzerstammsatz tatsächlich in der UME-Datenbank gespeichert ist oder ob es sich z. B. um einen Benutzer eines ABAP-Systems handelt, der die Berechtigung hat, sich am J2EE-System anzumelden. Sie werden in Abschnitt 10.4 dazu noch mehr erfahren. Wählen Sie in der Liste einen Benutzer aus, sehen Sie auf dem Tab-Reiter ZUGEORDNETE ROLLEN ❸ die Rollen des Benutzers und auf dem Tab-Reiter ZUGEORDNETE GRUPPEN ❹ die Gruppen, denen der Benutzer angehört. Beachten Sie, dass einem Benutzer sowohl über die Rollen- als auch über die Gruppenzuordnungen Berechtigungen für die Ausführung von Aktionen zugewiesen werden können.

Abbildung 10.6: Benutzer

10.3 UME-Rolle anlegen

Die SAP liefert z. B. für den SAP Solution Manager eine Vielzahl von UME-Rollen aus, die im Normalfall schon ausreichend sind, Benutzer aufgabenbezogen mit passenden Berechtigungen auszustatten. Selbst die Definition der für den Betrieb des Solution Manager notwendigen Benutzer erfolgt mit der obligatorischen Grundkonfiguration weitestgehend automatisch. Es besteht daher nur selten die Notwendigkeit, neue UME-Rollen anzulegen. Erfahrungsgemäß sind dafür meist SAP-Hinweise der Auslöser. Abbildung 10.7 zeigt genau einen solchen Hinweis mit der Nummer 1647157. Er beschreibt, dass es beim Aufruf eines bestimmten Service (SPML-Service) zu Berechtigungsproblemen kommen kann ❶. Laut Hinweis soll eine neue Rolle angelegt werden ❷ und diese die freizuschaltenden Aktionen ❸ zugewiesen bekommen.

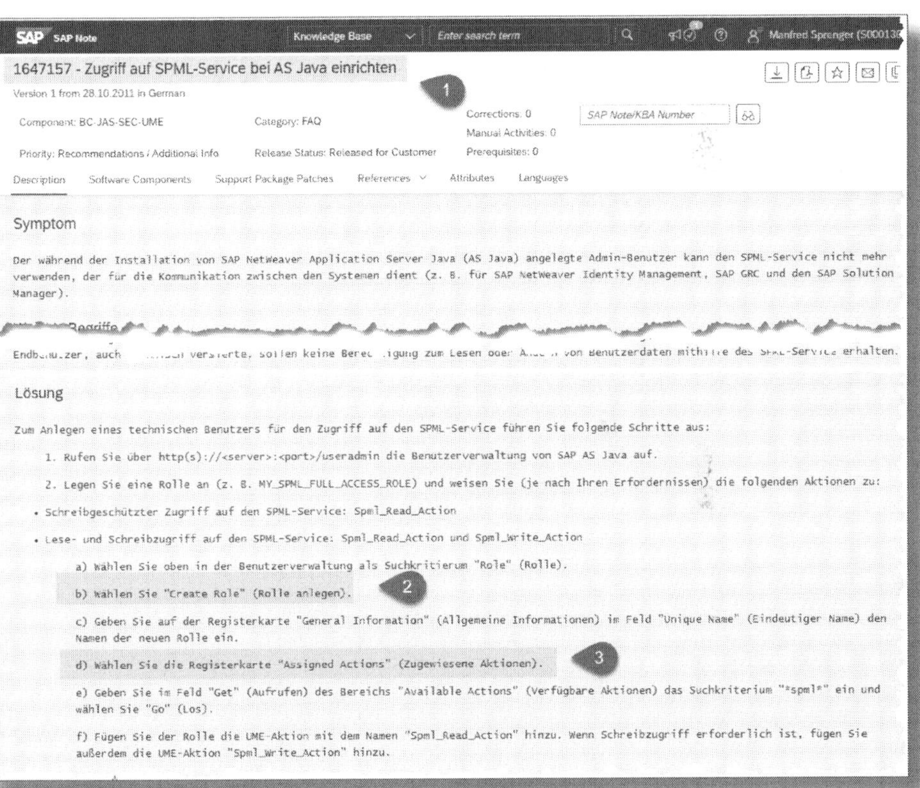

Abbildung 10.7: SAP-Hinweis zur Rollendefinition

Abbildung 10.8 zeigt, wie Sie die fehlende Rolle definieren. Wählen Sie zunächst in der Auswahlbox der Suchkriterien *Rolle* aus, und klicken

Sie dann auf ROLLE ANLEGEN ❶. Laut Hinweis ist der Name der Rolle ❷ frei wählbar, er sollte aber nicht gerade das Präfix »SAP« führen, um Kollisionen mit SAP-Standardrollen zu vermeiden. Wechseln Sie auf den Tab-Reiter ZUGEORDNETE AKTIONEN ❸.

Gemäß Hinweis müssen Sie Aktionen zuordnen, die im Namen den Text »spml« enthalten. Tragen Sie daher unter der Rubrik VERFÜGBARE AKTIONEN das Muster **spml** in das Suchfeld ein und klicken auf START ❹. Markieren Sie in der Trefferliste die im Hinweis genannten Aktionen, und nutzen Sie die Funktion HINZUFÜGEN ❺, um der Rolle die Aktionen zuzuweisen. Diese Rollen werden dann in der Rubrik ZUGEORDNETE AKTIONEN angezeigt ❻.

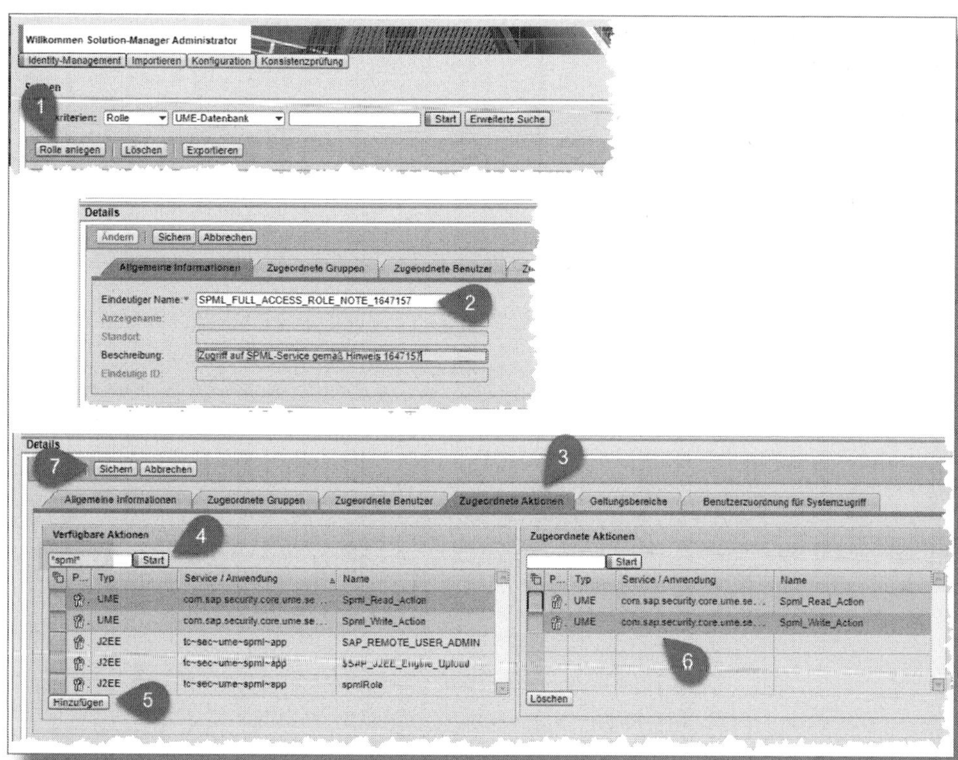

Abbildung 10.8: Rolle anlegen und Aktionen zuordnen

Die Rolle muss abschließend noch den betreffenden Benutzern zugewiesen werden (siehe Abbildung 10.9). Im konkreten Beispiel benötigt der Systemadministrator des SAP Solution Manager die Rolle. In unserem Falle ist dies der Benutzer »ADMIN«. Wechseln Sie auf den Tab-Reiter ZUGEORDNETE BENUTZER ❶, und geben Sie zur Einschränkung der Benutzersuche z. B. ein »A*« in das Feld SUCHKRITERIUM ein. Mit START ❷ erhalten Sie eine Liste aller Benutzer, deren Name mit »A« beginnt. Mit HINZUFÜGEN ❸ werden die markierten Benutzer in die Liste ZUGEORDNETE BENUTZER ❹ aufgenommen. Die Pflege der Rolle muss jetzt nur noch mit SICHERN ❺ abgeschlossen werden.

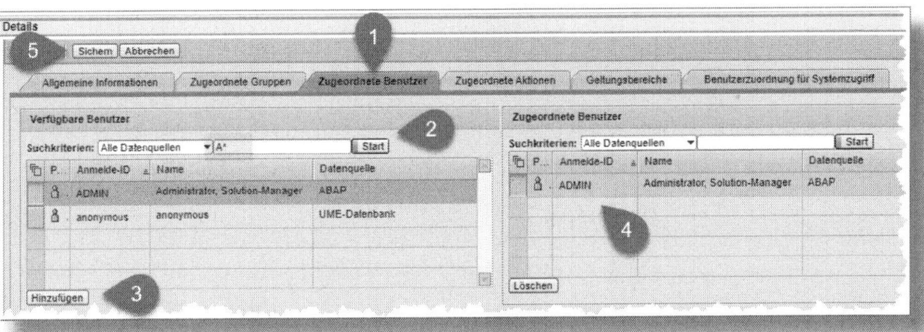

Abbildung 10.9: Rolle einem Benutzer zuordnen

10.4 ABAP-System als Datenquelle

Ich hatte im Laufe dieses Kapitels bereits mehrfach angesprochen, dass die UME verschiedene Datenquellen nutzen kann. Abbildung 10.10 illustriert diese Fähigkeit der UME, genau genommen des *Persistenzmanagers* der UME. Dieser ist u. a. für das Lesen und Schreiben der Benutzerstammdaten, der Gruppen und Rollen zuständig. Wie Sie auf der Abbildung erkennen, wird als Datenquelle die eigene Datenbank des auf dem J2EE-Standard basierenden SAP-Systems unterstützt. Alternativ kann aber auch ein Verzeichnisdienst (LDAP) verwendet werden oder ein Mandant eines auf der ABAP-Technik basierten SAP-Systems.

Welche Ablage genau wofür eingesetzt werden soll, wird zum einen bei der Installation des SAP-Systems festgelegt und lässt sich zum anderen teilweise auch noch im späteren Betrieb anpassen. Die parallele Nutzung mehrerer Datenquellen ist möglich. So kann man durchaus konfigurieren, dass bestimmte Benutzer (z. B. die für externe Berater angelegten Kennungen) eines SAP-Mandanten sich automatisch auch im Application Server Java anmelden können. Andere Benutzer (z. B. die Mitarbeiter des Unternehmens) könnten vielleicht zunächst im LDAP-Server angelegt werden und über diesen Weg Zugang zum System bekommen.

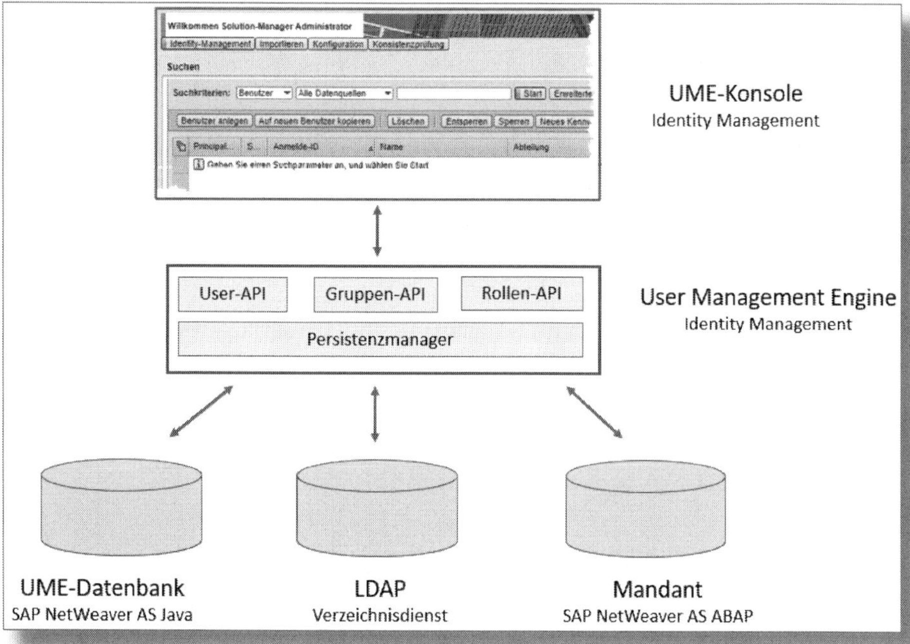

Abbildung 10.10: Datenquellen für die UME

Untersuchen wir das Ganze einmal genauer für einen *SAP Solution Manager*. Der Solution Manager besteht tatsächlich aus zwei SAP-Systemen: Das erste basiert auf der ABAP-Technik, das zweite auf der Java-Technik.

Nehmen wir an, das erste SAP-System hat die System-ID A72, das zweite die System-ID J72. A72 wird zuerst installiert und mit ihm zusammen ein Datenbanksystem. Innerhalb dieses Datenbanksystems gibt es einen Bereich (ein sogenanntes *Datenbankschema*) für die Ablage der Daten von A72. Der Name des Datenbankschemas könnte z. B. SAPSR3 lauten. Anschließend wird das System J72 angelegt, es nutzt in dem bereits vorhandenen Datenbanksystem ein eigenes Datenbankschema, z. B. SAPSR3DB. Wenn man bei der Installation des Systems J72 nach dem Standardverfahren vorgeht, würde dieses System alle Daten ausschließlich im Schema SAPSR3DB ablegen, auf das A72 keinen Zugriff hat – ebenso wenig wie J72 auf das Schema SAPSR3. Die Konsequenz: Benutzer, die sowohl Funktionen von A72 als auch von J72 aufrufen sollen, müssen in beiden Systemen einen Benutzerstammsatz erhalten. Auch die Rollenzuordnung müsste jeweils in beiden Systemen erfolgen: Die Rollen für A72 müssen in A72 zugeordnet werden, die Rollen mit Berechtigungen für Anwendungen, die in J72 implementiert sind, entsprechend im System J72. Das ist wohl doch nicht optimal.

Im Falle des SAP Solution Manager entscheidet man sich daher bei der Installation meist dafür, als Datenquelle für Benutzerstammdaten und Rollenzuordnungen zusätzlich einen Mandanten des ABAP-Teils zu verwenden.

Die aktuell für Ihr System gültige Konfiguration können Sie sich in der UME-Konsole anzeigen lassen (siehe Abbildung 10.11). Klicken Sie dazu auf KONFIGURATION ❶, und wechseln Sie zum Tab-Reiter DATENQUELLEN ❷. Ist im Feld DATENQUELLE der Wert ABAP-SYSTEM ❸ eingetragen, bedeutet dies, dass die Verwaltung der Benutzerstammsätze im Wesentlichen in einem Mandanten eines ABAP-basierten Systems erfolgt. Dieser Mandant ist über eine *UME-RFC-Destination* mit dem Java-basierten System verbunden. Eine UME-RFC-Destination funktioniert genauso wie eine RFC-Destination, die Sie vielleicht schon in Ihrem SAP-System in der Transaktion *SM59* gesehen haben. Sie wird mit SM59 allerdings nicht im ABAP-System (z. B. A72) gepflegt, sondern im Java-System (z. B. J72). Schließlich will ja J72 die Verbindung zur A72 aufbauen.

Auf dem Tab-Reiter ABAP-SYSTEM ❹ sehen Sie die verwendete Destination ❺. Wenn Sie auf den Link UME-RFC-DESTINATION ❻ klicken, öffnet sich ein Fenster mit einer Liste der vorhandenen RFC-Destinationen ❼. Wenn Sie die zuvor angezeigte UME-RFC-Destination auswählen, wird deren Definition ausgegeben. Auf dem Tab-Reiter VERBINDUNG UND TRANSPORT ❽ finden Sie Angaben zum Ziel der RFC-Destination, also dem ABAP Application Server, auf dem Tab-Reiter ANMELDEDATEN ❾ sieht man, welcher Mandant angebunden ist und mit welcher Benutzerkennung die Anmeldung erfolgt.

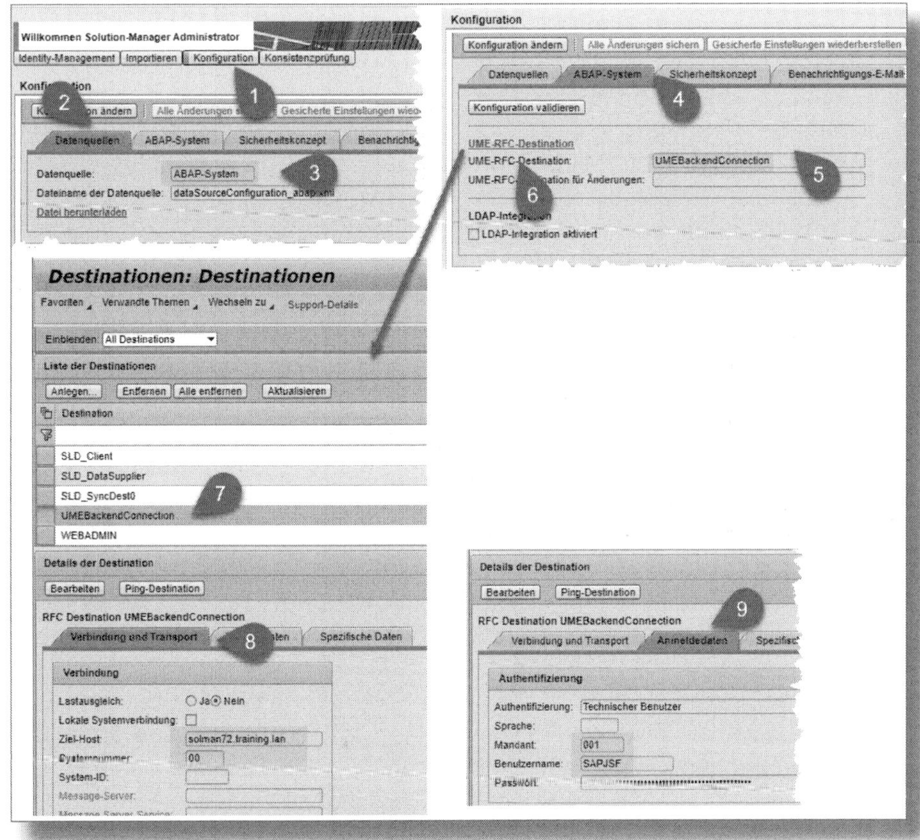

Abbildung 10.11: Konfiguration der Datenquelle

Schauen wir uns den Benutzer *SAPJSF* einmal genauer an. Wenn Sie den Java-Teil des Solution Manager (in unserem Beispiel das System

J72) installieren und dabei das »ABAP-System« als Datenablage wählen, müssen Sie einen Mandanten des ABAP-Systems angeben, z. B. den Mandanten 001 im System A72. Die UME-RFC-Destination für die Kopplung der Systeme wird dann automatisch in J72 angelegt, ebenso der Benutzer SAPJSF im Zielmandanten im System A72. Die Transaktion *SU01* (siehe Abbildung 10.12) zeigt, dass SAPJSF ein Benutzer vom Typ SYSTEM ❶ ist. Eine explizite Anmeldung über ein SAP GUI ist also nicht möglich, der Benutzer wird tatsächlich nur für die Kommunikation der beiden Systeme verwendet. Dem Benutzer ist in unserem Beispiel die Rolle SAP_BC_JSF_COMMUNICATION ❷ zugewiesen. Wundern Sie sich nicht, wenn in Ihrem Solution Manager hier vielleicht die Rolle SAP_BC_JSF_COMMUNICATION_RO zu sehen ist. Die erstgenannte Rolle macht es möglich, dass man auch mittels UME-Konsole Benutzerstammdaten pflegen kann. Diese Stammdaten sind allerdings nicht im Java-System, sondern im zugeordneten ABAP-System gespeichert. Die Rolle mit dem Suffix »_RO« erlaubt keine Pflege, d. h., die Benutzerstammsätze können dann ausschließlich im ABAP-System gepflegt werden.

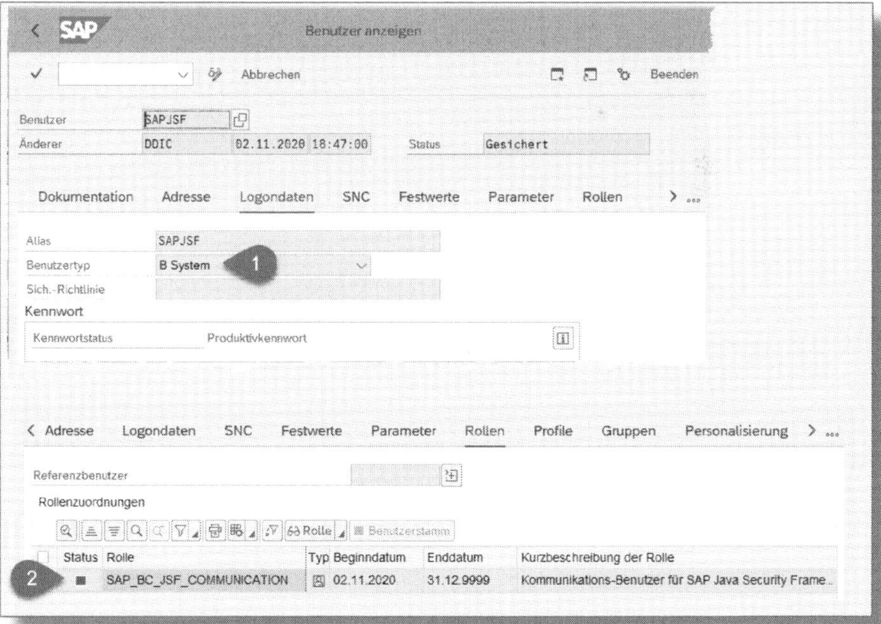

Abbildung 10.12: Benutzer SAPJSF

Beide Rollen sind Standardrollen von SAP und im ABAP-Mandanten vorhanden. Die Rollen können Sie sich natürlich mit der Transaktion *PFCG* anschauen. Die Rolle SAP_BC_JSF_COMMUNICATION besitzt im Übrigen kein Menü, wohl aber Berechtigungen für die Pflege von Benutzerstammdaten (per RFC-Verbindung). Rechte zur Pflege von Rollen sind nicht enthalten.

Neben dem Benutzer SAPJSF werden bei der Installation des Application Server Java im ABAP-Mandanten automatisch zwei weitere Benutzer angelegt. Die Namen ebendieser sind nicht eindeutig festgelegt, sondern können bei der Installation vorgegeben werden. Standardmäßig werden zumeist die Benutzernamen *J2EE_ADMIN* und *J2EE_GUEST* verwendet, Sie werden auch manchmal Namen wie *J2EE_ADM_J72* und *J2EE_GST_J72* vorfinden, etwa wenn das Java-basierte System die System-ID J72 hat.

Auch hier lohnt es sich, einen Blick auf die Benutzerstammdaten zu werfen (siehe Abbildung 10.13).

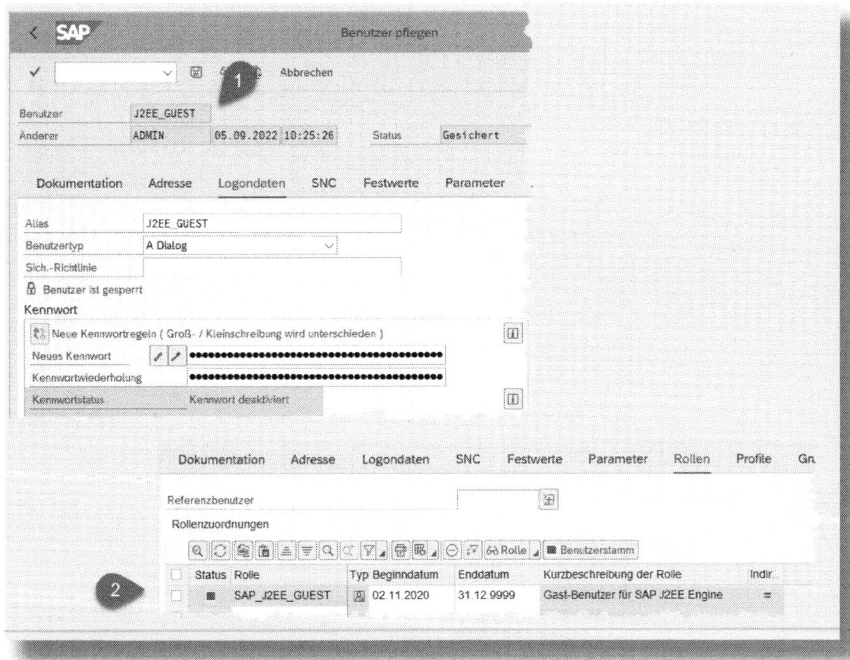

Abbildung 10.13: Standardbenutzer J2EE_GUEST

Der Benutzer J2EE_GUEST ❶ ist ein Dialogbenutzer, das Kennwort ist aber deaktiviert. Damit ist auch für diesen Benutzer keine Anmeldung per SAP GUI möglich. Dem Benutzer ist die Rolle SAP_J2EE_GUEST zugewiesen ❷, Details zur Rolle folgen etwas später.

Der Benutzer J2EE_ADMIN ❶ (siehe Abbildung 10.14) ist ebenfalls ein Dialogbenutzer, er besitzt aber ein Kennwort, das bei der Installation festgelegt wurde. Diesem Benutzer ist die Rolle SAP_J2EE_ADMIN ❷ zugeordnet. Schon einmal so viel vorweg: Ein Benutzer mit der Rolle SAP_J2EE_ADMIN erhält Administratorrechte für den SAP Application Server Java, in unserem Falle also für das System J72.

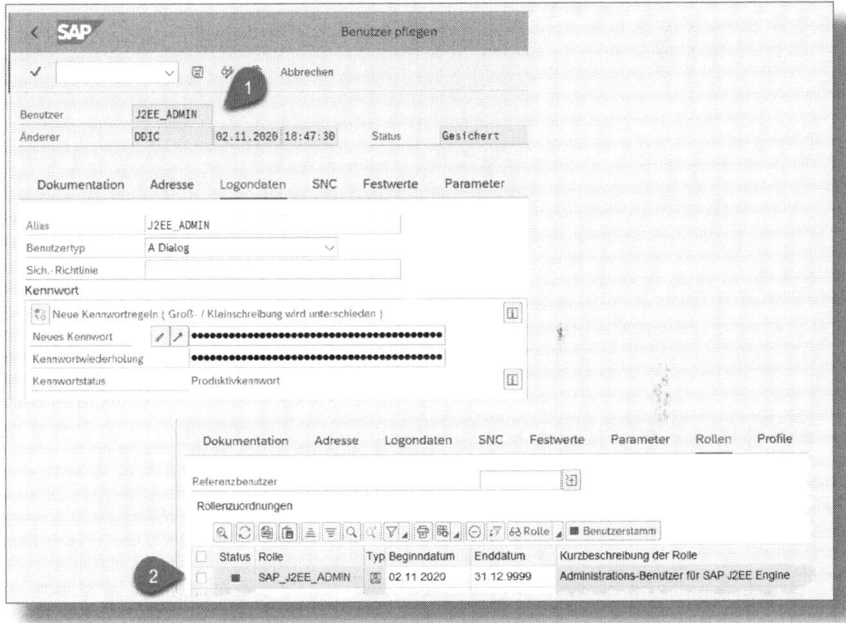

Abbildung 10.14: Standardbenutzer J2EE_ADMIN

Schauen wir uns auch hier die Rollen genauer an (siehe Abbildung 10.15): Auffällig ist, dass die Rolle SAP_J2EE_GUEST ❶ weder ein MENÜ noch irgendwelche BERECHTIGUNGEN ❷ besitzt. Das Gleiche gilt für die Rolle SAP_J2EE_ADMIN ❸. Auch hier gibt es weder ein MENÜ noch BERECHTIGUNGEN ❹.

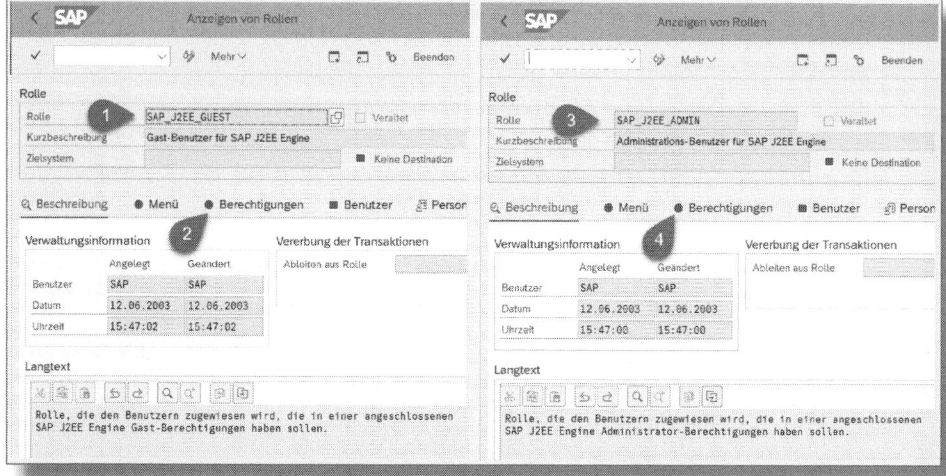

Abbildung 10.15: PFCG-Rollen für das Mapping auf J2EE-Gruppen

Sie werden sich bestimmt fragen, wozu die Rollen überhaupt dienen und warum sie Benutzerstammsätzen zugewiesen sind.

Hier greift ein Mapping-Mechanismus, der dann zum Tragen kommt, wenn als Datenablage ein »ABAP-System« gewählt wurde: Für **jede** im ABAP-Mandanten per *PFCG* angelegte **Rolle** wird automatisch bei deren erstmaligem Sichern im korrespondierenden Java-System eine namensgleiche **Gruppe** erzeugt.

☛ Mapping PFCG-Rolle auf UME-Gruppe

Das Mapping ist schon recht ungewöhnlich. Eine PFCG-Rolle wird jedoch auf eine UME-Gruppe gemappt – und nicht auf eine UME-Rolle.

Was können wir damit jetzt anfangen? Antwort: Haben wir eine PFCG-Rolle angelegt, können wir der korrespondierenden UME-Gruppe Berechtigungen über UME-Rollen zuweisen, die dann für das Java-System gültig sind. Das bedeutet also, dass es möglich ist, Rollen zu definieren, die sowohl für das ABAP-System (etwa A72) Berechtigungen besitzen wie auch für das Java-System (z. B. J72). Praktisch! Zusätzlich gilt:

Legen wir eine PFCG-Rolle ohne Menü und Berechtigungen an, können wir dieser Rolle mithilfe der UME-Konsole UME-Rollen zuordnen. Weisen wir dann per *SU01* oder *PFCG* die PFCG-Rolle einem Anwender im ABAP-Mandanten zu, erhält dieser automatisch die Berechtigungen der UME-Rollen für den Java-Teil. Damit haben wir prinzipiell die Möglichkeit, die Benutzerverwaltung (Benutzer anlegen, Rollen zuweisen) komplett im ABAP-Teil durchzuführen.

Schauen wir uns unter diesen Gesichtspunkten die Rolle SAP_J2EE_ADMIN ❶ noch einmal an (siehe Abbildung 10.16). Diese »leere« PFCG-Rolle ist auf die UME-Gruppe gleichen Namens ❷ gemappt. Die UME-Konsole zeigt uns, dass dieser Gruppe die Rolle ADMINISTRATOR ❸ zugeordnet ist. Diese Rolle wiederum ist großzügig mit AKTIONEN ❹ ausgestattet, die die Administration des Java-Systems nahezu vollständig ermöglichen.

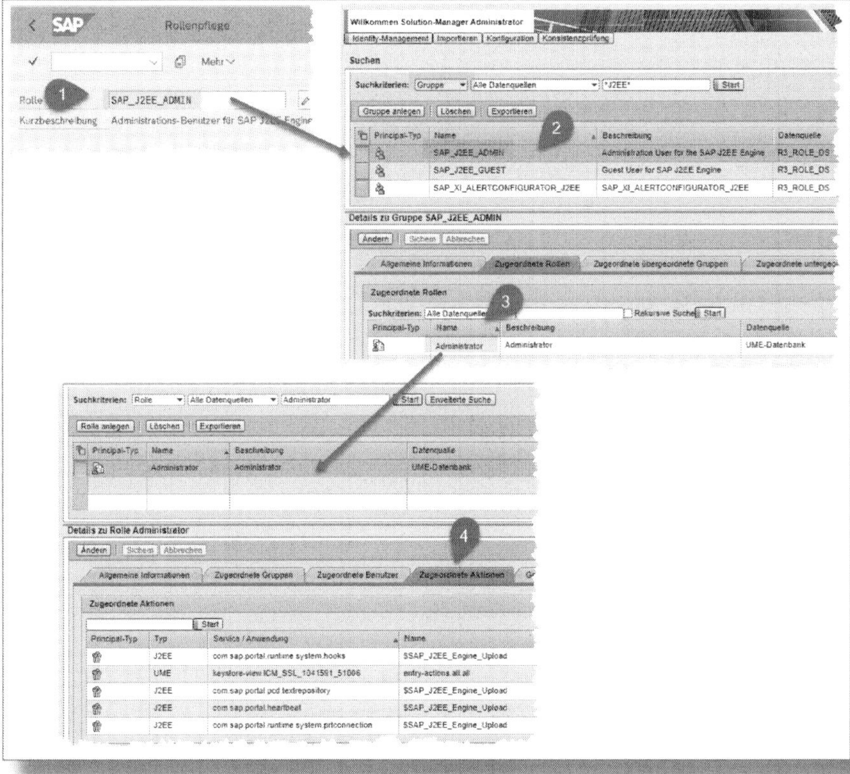

Abbildung 10.16: Details zum Mapping

Wenn Sie das alles verstanden haben, kommen Sie jetzt wahrscheinlich auf die entscheidende Idee: Sie können für den Solution Manager mit der *SU01* einen Benutzer anlegen, diesen großzügig mit Rechten für den ABAP-Teil ausstatten und ihm dann noch die Rolle SAP_J2EE_ADMIN zuordnen. Damit lassen sich sowohl das ABAP-System als auch das Java-System des Solution Manager administrieren.

Rolle SAP_J2EE_GUEST

Die nicht mit Berechtigungen ausgestattete PFCG-Rolle SAP_J2EE_GUEST ist auf die UME-Gruppe SAP_J2EE_GUEST gemappt. Dieser Gruppe ist die UME-Rolle mit dem Namen »Guest« zugeordnet, die keinerlei Berechtigungen für Aktionen vergibt.

Sie werden sich jetzt vielleicht fragen, wozu der Benutzer J2EE_GUEST überhaupt dient. Sein Kennwort ist deaktiviert, Berechtigungen besitzt er auch keine. Kommen Sie trotzdem bitte nicht auf die Idee, den Benutzerstammsatz von J2EE_GUEST in irgendeiner Weise zu ändern (siehe auch SAP-Hinweis 3035275). Der Benutzer wird für sogenannte anonyme Zugriffe auf den SAP Application Server Java benötigt, also für Anfragen, die ohne explizites Log-in erfolgen. Treten dabei möglicherweise Fehler auf, werden diese protokolliert und der Benutzer J2EE_GUEST als Verursacher ausgewiesen.

10.5 Log-in-Vorgang bei Datenquelle »ABAP-System«

Wird bei der Installation des SAP Application Server Java die Datenquelle »ABAP-System« verwendet, ist ein Log-in nicht möglich, wenn das zugeordnete ABAP-System nicht verfügbar ist. Schauen wir uns genauer an, wie der Log-in-Vorgang abläuft (siehe Abbildung 10.17). Gehen wir z. B. davon aus, dass der Benutzer ADMIN im System J72 die UME-Konsole starten möchte. Dazu muss er im Browser die passende URL zum Start der Konsole eingeben. Ist ein Log-in für die Nutzung der Anwendung notwendig, wird ein Anmeldebild gesendet, in das der Anwender seinen Namen und sein Kennwort eingibt ❶. Klickt er auf ANMELDEN, ruft der Benutzer SAPJSF ❷ über die UME-RFC-

Destination in dem zugeordneten Mandanten des ABAP-Systems (in unserem Beispiel Mandant 001 in A72) einen Funktionsbaustein auf, um die Existenz des Benutzers ADMIN zu prüfen ❸. Ist der Benutzer nicht vorhanden, wird im Anmeldebild eine entsprechende Fehlermeldung ausgegeben. Durch einen weiteren Baustein prüft SAPJSF, ob der Benutzer gesperrt ist ❹, ermittelt Detailinformationen zu diesem ❺ sowie zu seiner Rollenzuordnung, die mithilfe der Transaktion *PFCG* im System A72 vorgenommen wurde. Verläuft bis dahin alles fehlerfrei, werden im System J72 die Rollenzuordnungen ausgewertet ❻. Relevant sind dabei nur diejenigen Rollen, die tatsächlich Aktionen für Anwendungen in J72 berechtigen. Zusätzlich wird bestimmt, welchen UME-Gruppen der Benutzer ADMIN in J72 zugeordnet ist, denn auch über diese Zuordnungen können Berechtigungen vergeben worden sein. Jetzt kann ADMIN mit der Arbeit in J72 beginnen ❼.

Sie sehen also: Ohne A72 ist kein Log-in in J72 möglich, und der Benutzer SAPJSF darf nicht gesperrt sein oder unzureichende Berechtigungen für die Nutzung der Funktionsbausteine haben.

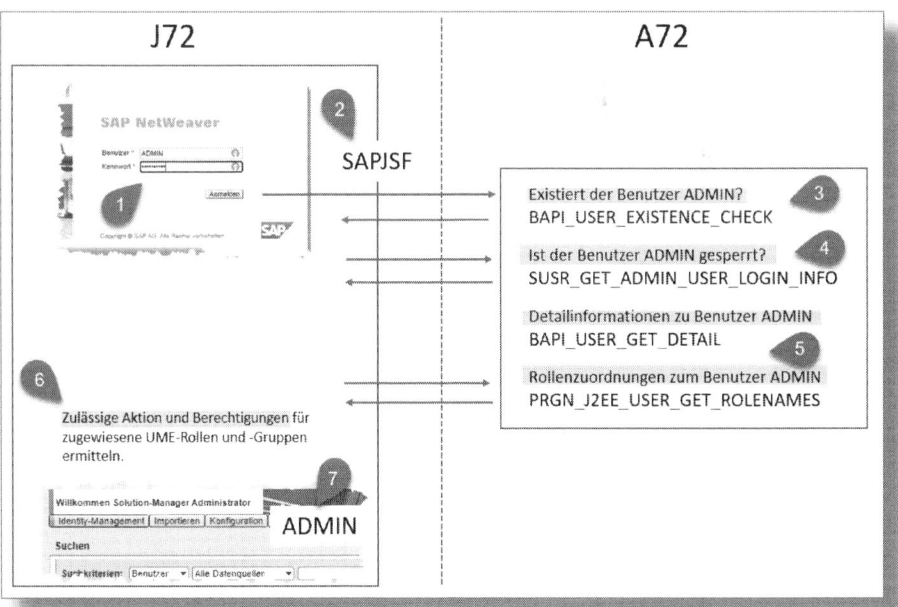

Abbildung 10.17: Log-in bei Datenablage im ABAP-System

10.6 Analyse von Berechtigungsfehlern

Sie werden jetzt davon ausgehen, dass es auch beim Aufruf von Anwendungen eines SAP-J2EE-Systems zu Berechtigungsfehlern kommen kann. Und dies tun Sie zu Recht!

Abbildung 10.18 zeigt uns ein Beispiel: Ein Anwender ruft die Startseite des Systems auf (das geht noch ohne Log-in!) und versucht dann, die Anwendung SYSTEM INFORMATION ❶ zu starten. Dafür ist eine Anmeldung erforderlich. Im Anmeldebild meldet sich unser Anwender mit seiner Benutzerkennung an ❷, erhält aber eine Fehlermeldung, dass seine Berechtigungen zum Start der Anwendung nicht ausreichten ❸.

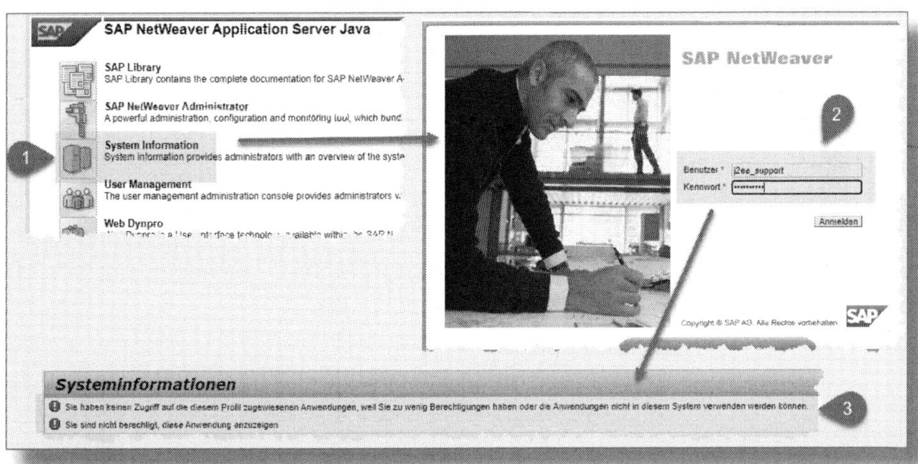

Abbildung 10.18: Beispiel für eine Fehlermeldung

Ich muss an dieser Stelle gleich Ihre Erwartung enttäuschen, dass Sie bei einem Berechtigungsfehler immer eine Fehlermeldung angezeigt bekommen, mit der man wirklich etwas anfangen kann. Die Meldungstexte sind leider sehr oft ziemlich nichtssagend.

Aus Ihrer bisherigen Erfahrung mit dem Thema »Berechtigungen« kennen Sie vielleicht von den ABAP-basierten Systemen die Transaktionen *SU53* und *SU56*, mit denen Sie genauer untersuchen können, welche Berechtigungen ein Anwender besitzt und welche Berechtigungsprüfungen konkret fehlgeschlagen sind. In der Java-Umgebung ist das leider nicht ganz so einfach. Berechtigungsfehler werden für gewöhnlich im sogenannten *Security Log* protokolliert.

Schauen wir uns das einmal genauer an (siehe Abbildung 10.19). Rufen Sie dazu die Startseite des Application Server Java auf und starten den SAP NETWEAVER ADMINISTRATOR ❶. Den jetzt notwendigen Anmeldevorgang haben wir in der Abbildung weggelassen. Klicken Sie nun auf den Tab-Reiter FEHLERANALYSE ❷ und dann auf den Reiter PROTOKOLLE UND TRACES ❸. Hier finden Sie den LOG VIEWER ❹.

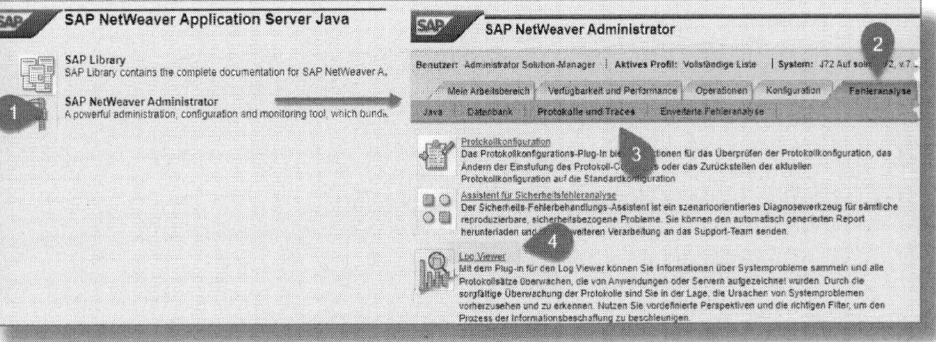

Abbildung 10.19: Log Viewer

Der *Log Viewer* ist ein universelles Werkzeug für die Auswertung aller vom System geführten Protokolle. Sie müssen für unsere Problemstellung daher erst einmal festlegen, dass das Security Log ausgewertet werden soll (siehe Abbildung 10.20). Rufen Sie hierzu die Funktion OPEN VIEW • SECURITY LOG ❺ auf. Das Log, das Sie jetzt angezeigt bekommen, ist meist extrem umfangreich. Nutzen Sie die Möglichkeit, die Meldungsliste nach dem relevanten BENUTZER einzuschränken ❻. Zusätzlich könnten Sie auch z. B. nach dem Zeitraum und der Fehlergewichtung (Info, Warnung, Fehler usw.) filtern. Klicken Sie auf das Icon ⊕ ❼, um eine ausführliche Beschreibung des Fehlers zu erhalten ❽.

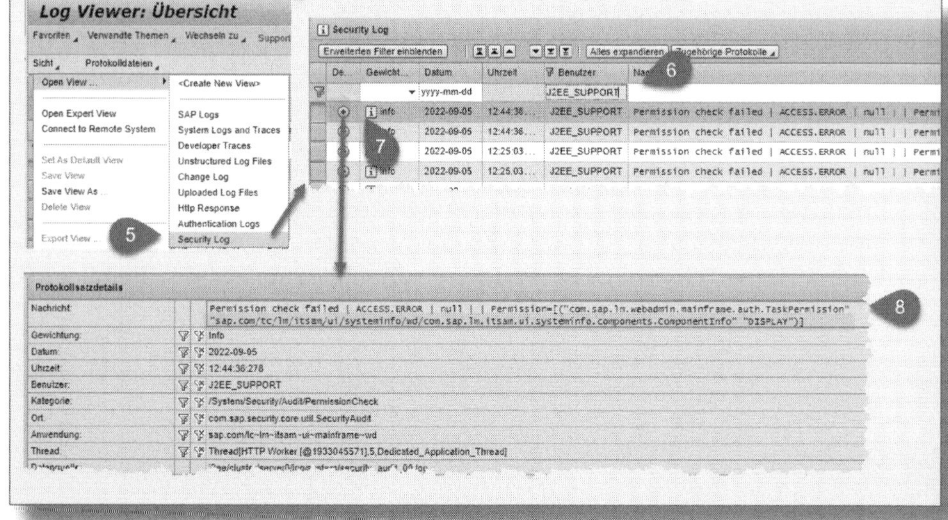

Abbildung 10.20: Auswertung des Security Log

Die angezeigte Nachricht ist nicht immer hilfreich und scheint eher für den Entwickler der Anwendung bestimmt zu sein. Im konkreten Fall ist davon die Rede, dass eine bestimmte »Permission« nicht gegeben ist. Wenn Sie sich noch an die Ausführungen in Abschnitt 10.1 erinnern, wissen Sie, dass »Permissions« (dt. Berechtigungen) vom Entwickler definiert werden und eigentlich nur innerhalb der Anwendung bekannt sind. Die »Permission« hat der Entwickler normalerweise einer »Aktion« zugeordnet – und genau die ist für unseren Anwender offensichtlich nicht gestattet.

Machen wir uns auf die Suche nach der Aktion (siehe Abbildung 10.21). In der Detailinformation zum Fehler finden Sie den Namen derjenigen Anwendung ❶, die vom Berechtigungsfehler betroffen ist. In der UME-Konsole verwenden Sie jetzt die ERWEITERTE SUCHE ❷ für Aktionen und geben in die Suchmaske den Namen der Anwendung ein ❸. Wenn Sie die Suche jetzt starten, wird der NAME der Aktion ❹ angezeigt, die es zu berechtigen gilt.

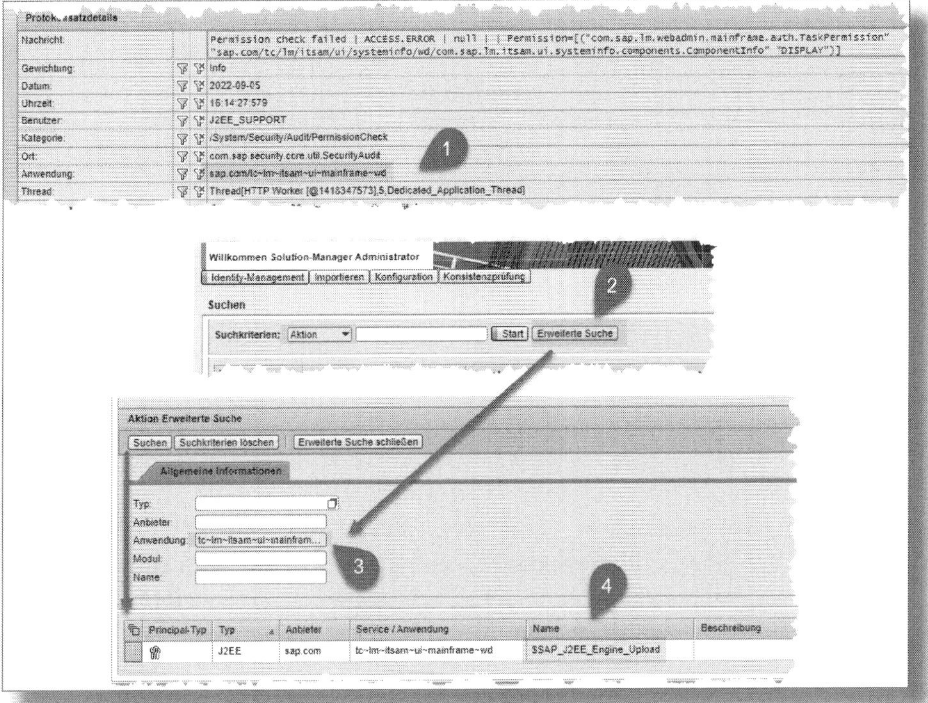

Abbildung 10.21: Aktion finden

Leider fängt das Problem jetzt erst an. Es gibt in der UME-Konsole aktuell keinen Verwendungsnachweis für Aktionen. Wir können also nicht auf einfache Weise bestimmen, welche Rolle die Aktion berechtigen würde. Es existiert immerhin ein Workaround (siehe Abbildung 10.22), der ist aber eher etwas für »Bastler«.

In der Detailinformation zur Fehlermeldung finden Sie auch einen Hinweis, welcher Teil der Anwendung genau die Meldung erzeugt hat ❶. Da unser Anwender versucht hat, die »System Information« anzuzeigen, ist doch »/tc/lm/itsadm/ui/systeninfo/wd/« schon recht vielversprechend. Erzeugen Sie in der UME-Konsole eine Liste aller Rollen, und markieren Sie alle Zeilen ❷ der Trefferliste. Die markierten Rollen können exportiert werden. Klicken Sie dazu auf EXPORTIEREN ❸ und dann auf den Link EXPORTIERTE PRINCIPALS HERUNTERLADEN ❹.

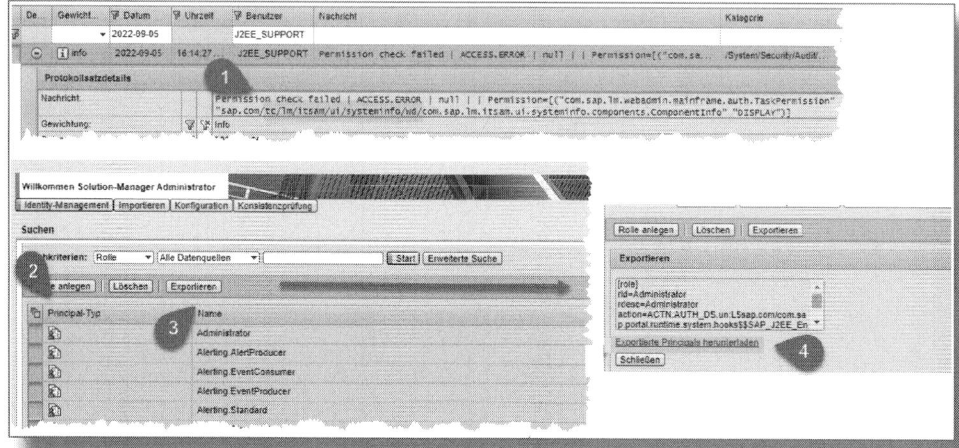

Abbildung 10.22: Rolle zu einer Aktion finden

Es wird nun eine Textdatei erzeugt (siehe Abbildung 10.23), die die Definition der Rollen beinhaltet. Öffnen Sie die heruntergeladene Datei mit einem Texteditor und rufen die Suche auf. Der optimale Suchbegriff ist jetzt ausgesprochen kryptisch. Nehmen Sie den oben gefundenen Namen der Teilkomponente, ersetzen Sie alle »/« durch »~«, hängen Sie dahinter ein Dollarzeichen und den Namen der Aktion, die wir zuvor ermittelt hatten. Dies sieht dann so aus ❶:

tc~lm~itsam~ui~systeminfo~wd$$SAP_J2EE_Engine_Upload

Damit sollten Sie fündig werden. Es gibt u. U. mehrere Treffer. Suchen Sie sich davon am besten erst einmal die Rolle heraus, die möglichst wenig weitere Aktionen berechtigt. In unserem konkreten Fall ist wohl diejenige mit dem Namen SYSTEMINFO ❷ ein geeigneter Kandidat.

Abbildung 10.23: Exportierte Principals

11 Relevante System-Profilparameter/ Customizing-Schalter

Durch System-Profilparameter werden u. a. die Regeln für die Kennwortlänge und Gültigkeitsdauer festgelegt sowie das Verhalten beeinflusst, so etwa, wann und wie lange ein Benutzer aufgrund von Falschanmeldungen gesperrt wird. Auch können Sie das Verhalten des Benutzermenüs SAP Easy Access und der Transaktion *PFCG* durch Schalter steuern, die sich durch Customizing verändern lassen.

11.1 System-Profilparameter

In diesem Abschnitt möchte ich einige Profilparameter erläutern, die das Anmelden an einem SAP-System beeinflussen (siehe Abbildung 11.1). Verschaffen wir uns zunächst einen Überblick über die relevanten Parameter. Starten Sie dazu den Report *RSPFPAR* ❶, und schränken Sie die Anzeige auf solche Parameter ein, deren Name mit »login« ❷ beginnt. Die Trefferliste zeigt die Parameter in der Spalte PARAMETERNAME ❸ an. In der Spalte BENUTZERDEFINIERTER WERT ❹ sehen Sie diejenigen Werte der Parameter, die nicht mehr den in der Spalte SYSTEM-DEFAULTWERT ❺ angegebenen Wert haben. Das trifft genau dann zu, wenn individuelle Werte entweder im *DEFAULT-Profil* des SAP-Systems oder im *Instanz-Profil* der SAP-Instanz festgelegt wurden. Eine Erläuterung zu den Parametern finden Sie in der Spalte KOMMENTAR ❻.

DEFAULT-Profil und Instanz-Profil

Ein kleiner Hinweis für Nichtsystemadministratoren: Mit dem DEFAULT-Profil bzw. dem/den Instanz-Profil/en kann das Laufzeitverhalten eines SAP-Systems konfiguriert werden. Die Profile werden mithilfe der Transaktion *RZ10* gepflegt. Die Werte, die im

DEFAULT-Profil hinterlegt sind, gelten dabei systemweit, können aber für jede Instanz (Applikationsserver) eines SAP-Systems im jeweiligen Instanz-Profil übersteuert werden. Die Transaktion *RZ11* liefert weitere Informationen zu den Parametern und lässt für einige Parameter auch Wertänderungen im laufenden Betrieb zu.

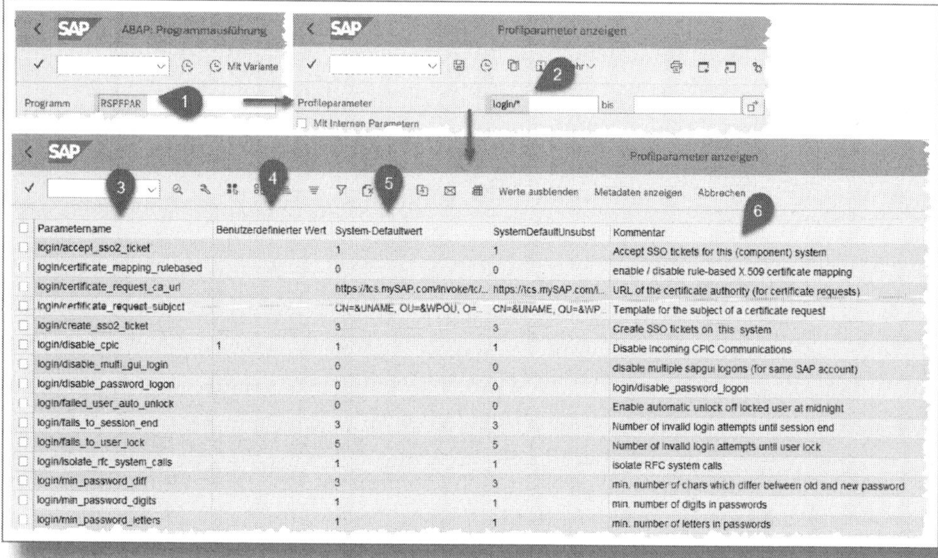

Parametername	Benutzerdefinierter Wert	System-Defaultwert	SystemDefaultUnsubst	Kommentar
login/accept_sso2_ticket		1	1	Accept SSO tickets for this (component) system
login/certificate_mapping_rulebased		0	0	enable / disable rule-based X.509 certificate mapping
login/certificate_request_ca_url		https://tcs.mySAP.com/invoke/tc/...	https://tcs.mySAP.com/I...	URL of the certificate authority (for certificate requests)
login/certificate_request_subject		CN=&UNAME, OU=&WPOU, O=...	CN=&UNAME, OU=&WP...	Template for the subject of a certificate request
login/create_sso2_ticket		3	3	Create SSO tickets on this system
login/disable_cpic	1	1	1	Disable incoming CPIC Communications
login/disable_multi_gui_login		0	0	disable multiple sapgui logons (for same SAP account)
login/disable_password_logon		0	0	login/disable_password_logon
login/failed_user_auto_unlock		0	0	Enable automatic unlock off locked user at midnight
login/fails_to_session_end		3	3	Number of invalid login attempts until session end
login/fails_to_user_lock		5	5	Number of invalid login attempts until user lock
login/isolate_rfc_system_calls		1	1	isolate RFC system calls
login/min_password_diff		3	3	min. number of chars which differ between old and new password
login/min_password_digits		1	1	min. number of digits in passwords
login/min_password_letters		1	1	min. number of letters in passwords

Abbildung 11.1: Anzeige der relevanten Parameter

Zu jedem Parameter können Sie Detailinformationen abrufen (siehe Abbildung 11.2). Markieren Sie hierfür den gewünschten Parameter ❶, und klicken Sie auf [Symbol] ❷. Im Folgebild finden Sie u. a. die Information, ob es sich um einen DYNAMISCHEN PARAMETER handelt, d. h., ob eine Änderung im laufenden Betrieb möglich ist ❸. Wenn Sie auf [Symbol] ❹ klicken, wird eine ausführliche Dokumentation zum Parameter angezeigt.

Prüfen Sie hier insbesondere, ob der Parameter überhaupt geändert werden darf ❺ und ob es weitere Parameter gibt, die vom gewählten Parameter abhängig sind ❻.

In der Rubrik AUFLÖSUNGSSTUFE ❼ kann man erkennen, welche Werte für einen Parameter im DEFAULT- oder Instanz-Profil gesetzt sind und welches der System-Defaultwert ist. Beachten Sie dabei bitte noch einmal, dass der System-Defaultwert gültig ist, solange im DEFAULT- oder Instanz-Profil kein anderer Wert vereinbart wurde, und dass Werte im Instanz-Profil eine höhere Priorität haben als solche im DEFAULT-Profil.

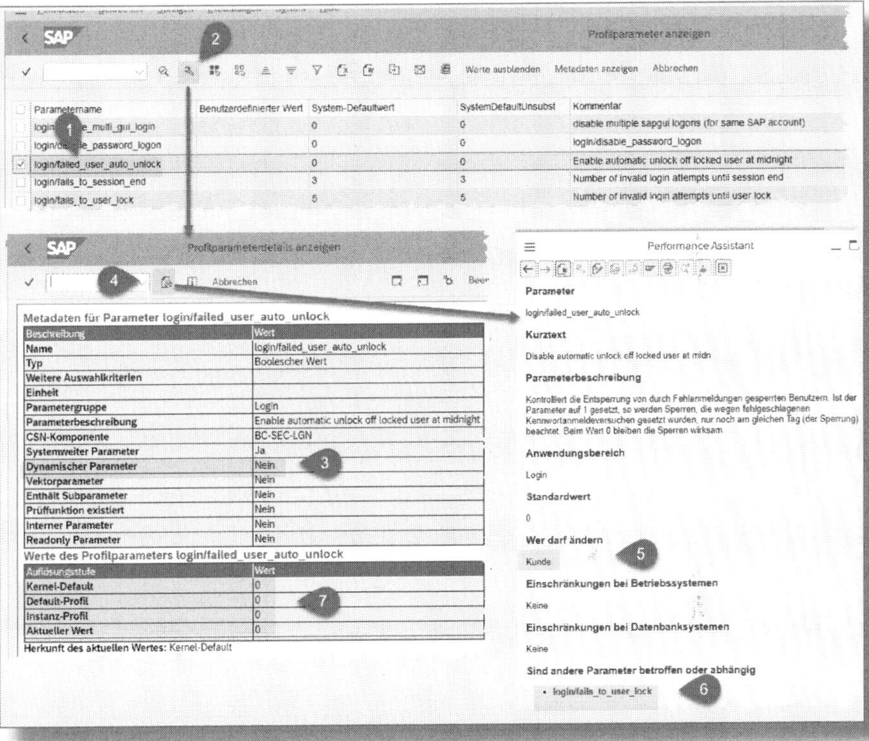

Abbildung 11.2: Detailinformationen zum Parameter

☛ Dokumentation zu den Profilparametern

Eine ausführliche Dokumentation zu den Parametern (Defaultwert, zulässige Werte, Abhängigkeiten) liefert z. B. die Transaktion *RZ11*. Weitere Informationen finden Sie im SAP Help Portal (*help.sap.com*) unter dem Stichwort »Login-Parameter«.

☛ Benutzer(gruppen)spezifische Parameterwerte

Die eingestellten Parameterwerte gelten per Default für alle Benutzer eines SAP-Systems in gleicher Weise. In Kapitel 12 erfahren Sie, welche Möglichkeiten es gibt, Werte mithilfe von *Sicherheitsrichtlinien* individueller festzulegen.

Tabelle 11.1 listet einige der für die Anmeldung und die Kennwortvergabe relevanten Profilparameter auf.

Parameter	Beschreibung
login/disable_multi_gui_login	Deaktivierung der mehrfachen Dialoganmeldung
login/multi_login_users	Liste der Benutzer, die sich mehrfach am System anmelden dürfen
login/fails_to_session_end	Anzahl der erfolglosen Anmeldeversuche, bevor das System keine neuen Versuche mehr zulässt
login/no_automatic_user_sapstar	Aktivierung des Notfallbenutzers SAP*
login/server_logon_restriction	Anmeldesperre für Benutzer setzen (diese Konfiguration kann während Systemwartungen hilfreich sein)
login/system_client	Standardmandant, den das System automatisch im Anmeldebildschirm einträgt
rdisp/gui_auto_logout	Maximale Leerlaufzeit für einen Benutzer in Sekunden (gilt nur für SAP-GUI-Verbindungen)
login/min_password_lng	Mindestlänge des Kennworts
login/min_password_digits	Mindestanzahl von Ziffern (0–9) in Kennwörtern
login/min_password_letters	Mindestanzahl von Buchstaben (A–Z) in Kennwörtern

Parameter	Beschreibung
login/min_password_lowercase	Mindestanzahl von Kleinbuchstaben in Kennwörtern
login/min_password_uppercase	Mindestanzahl von Großbuchstaben in Kennwörtern
login/min_password_specials	Mindestanzahl von Sonderzeichen in Kennwörtern
login/password_max_idle_initial	Maximale Frist, in der ein ungenutztes Initialkennwort (vom Benutzeradministrator gewähltes Kennwort) gültig bleibt
login/min_password_diff	Mindestanzahl an Zeichen, die im neuen Kennwort im Vergleich zum alten anders sein müssen
login/password_expiration_time	Gültigkeitsdauer von Kennwörtern in Tagen
login/password_change_waittime	Anzahl der (vom Benutzer, nicht vom Administrator gewählten) Kennwörter, die das System ablegt und die der Benutzer nicht wieder verwenden darf
login/password_history_size	Anzahl der Tage, die ein Benutzer bis zur nächsten Kennwortänderung warten muss
login/fails_to_user_lock	Anzahl der erfolglosen Anmeldeversuche, bevor das System den Benutzer sperrt
login/failed_user_auto_unlock	Legt fest, ob das System Benutzersperren aufgrund erfolgloser Anmeldeversuche um Mitternacht automatisch wieder aufhebt

Tabelle 11.1: Profilparameter zu Anmeldung und Kennwort

Nach dem Upgrade eines SAP-Systems kommt es u. U. vor, dass das System sich z. B. bei einer Änderung des Benutzerkennworts anders verhält als vor dem Upgrade. Das liegt daran, dass die SAP gelegentlich Defaultwerte für Systemparameter abändert. Sind für einen betroffenen Parameter keine Werte im DEFAULT- oder im Instanz-Profil hinterlegt, gilt der neue System-Defaultwert. Aktuelle Informationen finden Sie in der SAP-Hilfe (siehe Abbildung 11.3). Suchen Sie hierfür in der Hilfe (*help.sap.com*) zunächst einmal nach »Profilparameteränderungen« (Suchsprache: Deutsch). In der Hilfe zur Administration des »Application Server ABAP« ist der Unterordner »ABAP Platform 2xxx: ...« ❶ markiert. Wählen Sie den für Sie relevanten Releasestand ❷. Wenn Sie sich nur für die Parameteränderungen interessieren, die das Thema »Security« betreffen, sollten Sie im Suchfeld unter der Spaltenüberschrift AKH-Komponente ❸ die mit BC-SEC beginnenden Komponenten markieren. Die Trefferliste zeigt Ihnen die von SAP geänderten System-Defaultwerte an. Im konkreten Beispiel ❹ hat SAP die Anzahl der Zeichen, um die sich ein altes Kennwort von einem neuen Kennwort unterscheiden muss, von eins auf drei erhöht. Wenn Sie den alten Wert beibehalten möchten, müssten Sie den neuen Defaultwert durch einen eigenen (in diesem Fall den alten Default-Wert) im DEFAULT- oder im Instanz-Profil übersteuern.

Abbildung 11.3: Änderungen an Profilparametern

11.2 Ausnahmeliste für Kennworte

Aus Tabelle 11.1 ergibt sich, dass Sie die Möglichkeit haben, die Anforderungen an ein Kennwort recht hoch anzusetzen, etwa über die Kennwortlänge oder die Anzahl der erforderlichen Sonderzeichen bzw. Klein-/Großbuchstaben.

Wenn das immer noch nicht ausreicht, können Sie zusätzlich festlegen, welche Kennworte bzw. Kennwortmuster nicht möglich sind (siehe Abbildung 11.4). Die »Tabelle für verbotene Kennworte« bearbeiten Sie mit der Transaktion *SM30*. Geben Sie dazu im Feld Tabelle/Sicht den Tabellennamen *USR40* ein ❶. Mit Neue Einträge füllen Sie die im Standard leere Tabelle. Dabei können Sie einzelne verbotene Kennworte angeben, aber auch generische Angaben durch Verwendung von »*« sind möglich ❷. Über die Spalte case-sens. ist zusätzlich steuerbar, ob bei dem Abgleich eines Kennworts mit dem verbotenen Kennwort eine Groß-/Kleinschreibung relevant ist. Legt man in der Transaktion *SU01* für einen Benutzer ein Kennwort fest, das gemäß der Ausnahmetabelle verboten ist, wird eine **Warnmeldung** ❸ angezeigt, das Kennwort wird jedoch akzeptiert. Versucht ein Anwender sein eigenes Kennwort über den Log-in-Bildschirm zu ändern, wird bei einem nicht zulässigen Kennwort eine **Fehlermeldung** ❹ ausgegeben – und das eingegebene Kennwort wird abgelehnt.

Tabelle USR40

Die Tabelle USR40 ist mandantenübergreifend. Das hat zur Folge, dass die Liste der verbotenen Kennworte für alle Mandanten gültig ist.

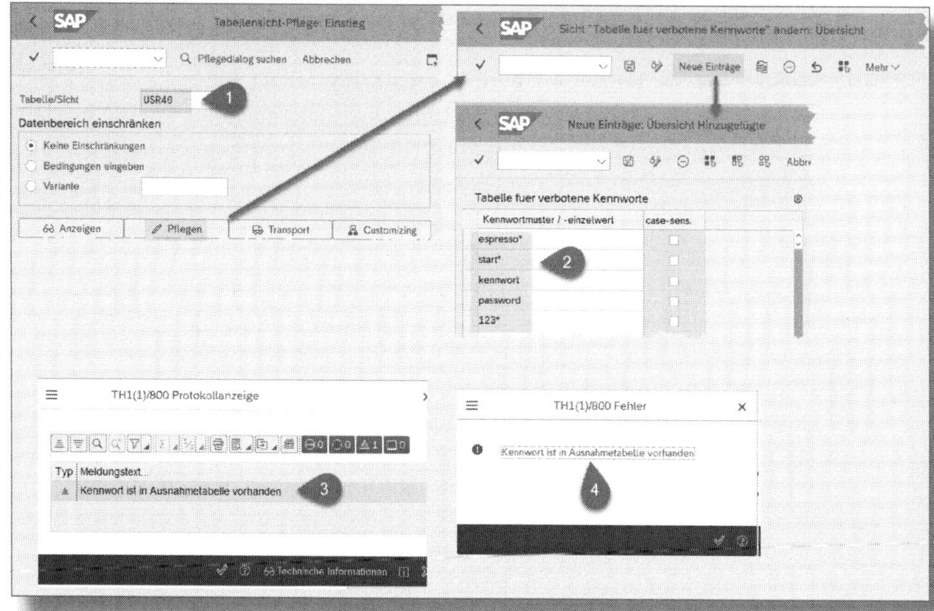

Abbildung 11.4: Ausnahmetabelle für Kennworte

11.3 Customizing Benutzermenü SAP Easy Access/ Rollenpflege

Das Verhalten der Transaktion *PFCG* und das Benutzermenü SAP Easy Access können Sie per Customizing beeinflussen (siehe Abbildung 11.5). Sie finden die entsprechende Customizing-Transaktion im Einführungsleitfaden (IMG, Transaktion *SPRO*) unter dem Pfad SAP NETWEAVER • APPLICATION SERVER • SYSTEMADMINISTRATION • BENUTZER UND BERECHTIGUNGEN.

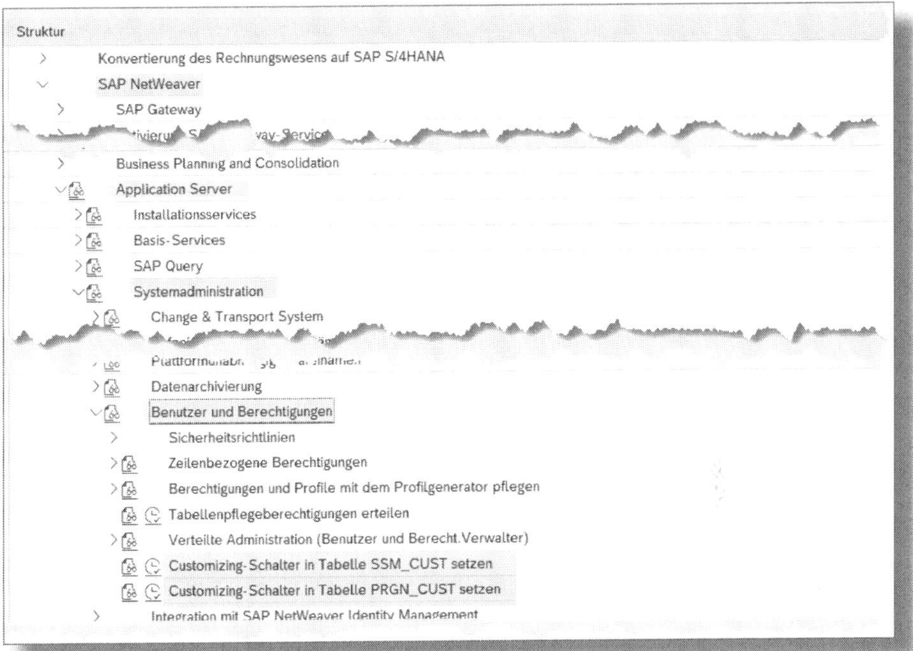

Abbildung 11.5: Customizing-Schalter

Beginnen wir mit der Pflege der Tabelle *SSM_CUST*, deren Einstellungen Auswirkungen auf das Benutzermenü SAP Easy Access haben (siehe Abbildung 11.6). In die Tabelle einzutragen, sind nur diejenigen Schalter, die einen anderen Wert als den Defaultwert haben sollen. Wenn z. B. im Benutzermenü SAP Easy Access das SAP-Standardmenü nicht angezeigt werden soll, sondern nur das durch die zugewiesenen Rollen festgelegte Menü, müssen Sie den Schalter SAP_MENU_OFF auf den Wert *YES* setzen.

Eine Übersicht über alle möglichen Schalter liefert die Suchhilfe für das Feld BEZEICHNUNG. Zu den Schaltern wird jeweils ein erklärender Text eingeblendet, der meist auch einen Verweis auf einen SAP-Hinweis enthält. In diesem Zusammenhang besonders interessant ist der Hinweis 380029 (FAQ Customizing des Benutzermenüs SAP Easy Access).

> **! Tabelle SSM_CUST**
>
> Beachten Sie, dass die Einstellungen der Tabelle SSM_CUST mandantenübergreifend wirksam sind.

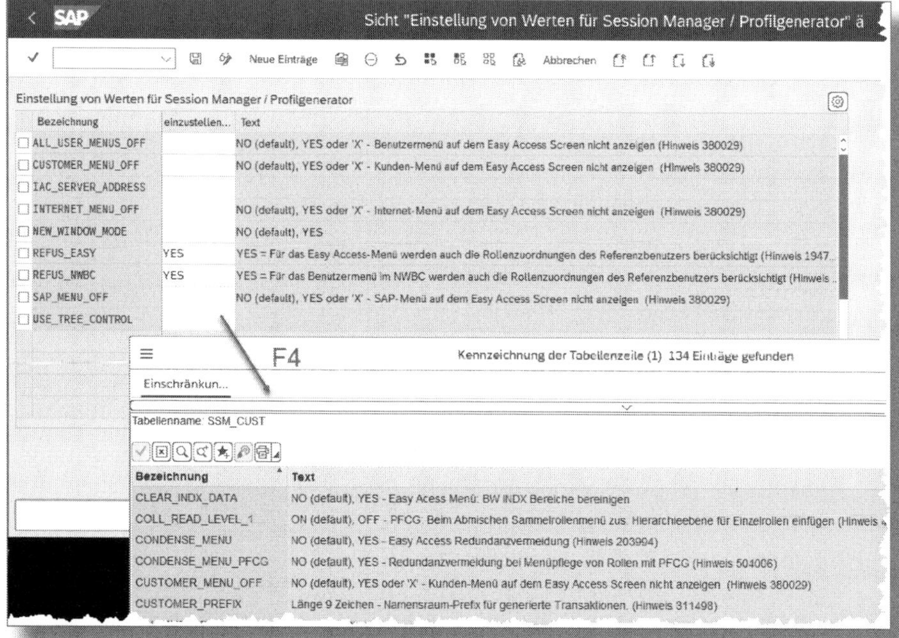

Abbildung 11.6: Tabelle SSM_CUST

Die Tabelle *PRGN_CUST* beeinflusst u. a. das Verhalten der Transaktion *PFCG* (siehe Abbildung 11.7). Auch hier gilt: In der Tabelle müssen nur die Schalter eingetragen werden, deren Werte vom Default abweichen sollen. Hier liefert die Wertehilfe zum Feld BEZEICHNUNG eine vollständige Auflistung aller möglichen Schalter. Abbildung 11.7 zeigt beispielhaft drei Schalter. Es fällt Ihnen vielleicht auf, dass auch Schalter eingetragen sind, deren Wert dem Defaultwert entspricht. Auf den ersten Blick wäre der Schalter in der Tabelle damit überflüssig, er sorgt jedoch dafür, dass der eingetragene Wert selbst dann noch gültig ist, wenn SAP den Defaultwert ändert.

Einige Schalterwerte setzen nur Vorschlagswerte für die Transaktion *PFCG*. So steuert z. B. der Schalter PROFILE_TRANSPORT, ob beim Transport einer Rolle auch die generierten Profile mittransportiert werden. Steht der Schalter wie im Beispiel auf *YES*, werden die Profile automatisch berücksichtigt. Der Anwender, der den Transport der Rolle veranlasst, kann den Schalter optional bei der Aufnahme einer Rolle in einem Transportauftrag auch auf NO setzen. Beachten Sie auch hier bitte wieder die Verweise auf SAP-Hinweise.

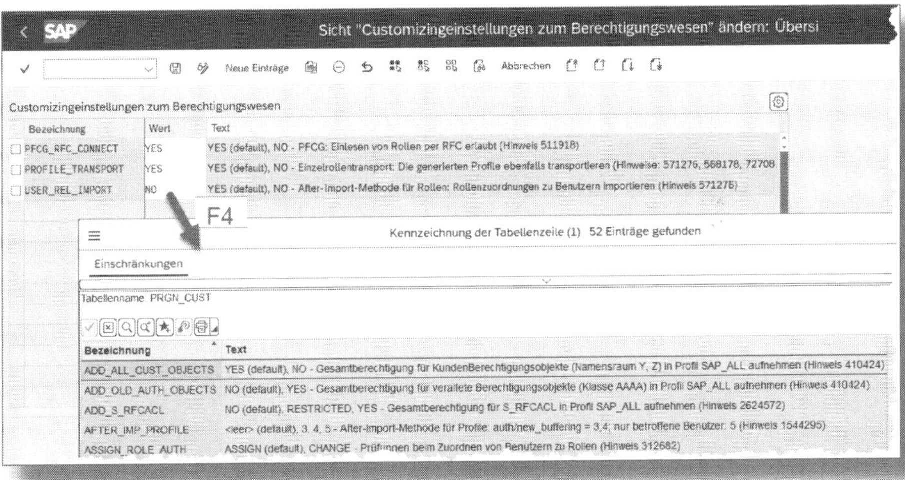

Abbildung 11.7: Tabelle PRGN_CUST

11.4 Konfiguration des Fiori Launchpad

In den Kapiteln 3 und 4 hatte ich Ihnen das Fiori Launchpad (FLP) vorgestellt und gezeigt, wie Sie mithilfe von Rollen steuern, welche Apps sowie Such- und Personalisierungsfunktionen einem Anwender dort zur Verfügung stehen. Grundsätzlich können Sie das Verhalten des Launchpad auch benutzerübergreifend durch Customizing-Einstellungen beeinflussen (siehe Abbildung 11.8). In Verbindung mit dem Thema »Berechtigungsvergabe« sind einige der Schalter relevant. Beachten Sie, dass zunächst einmal nur die Schalter angezeigt werden, für die nicht der Defaultwert gilt, sondern explizit ein Wert eingetragen werden soll. Nutzen Sie die F4-Taste, um alle verfügbaren Schalter zu sehen, und fügen Sie bei Bedarf den für Sie relevanten in die Liste ein. Wenn Sie z. B. den Schalter *SEARCH_SCOPE_WITHOUT_ALL* auf YES setzen, wird für die im Abschnitt 4.3 beschriebene Enterprise Search die Suchkategorie »Alle« grundsätzlich nicht mehr zur Auswahl angeboten. Die Pflege der für das Fiori Launchpad relevanten Schalter erfolgt mithilfe der Transaktion */UI2/FLP_CUS_CONF*.

FLP-Konfiguration

Mit der Transaktion */UI2/FLP_SYS_CONF* können Sie die Einstellungen zunächst mandantenübergreifend definieren und dann mit der Transaktion */UI2/FLP_CUS_CONF* für den aktuellen Anmeldemandanten verändern.

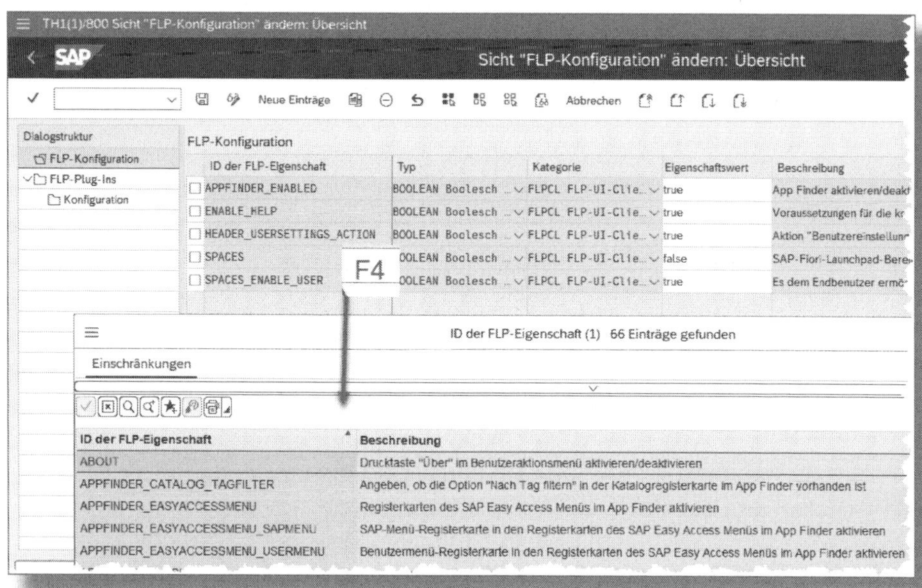

Abbildung 11.8: FLP-Konfiguration

12 Definition von Sicherheitsrichtlinien

Sicherheitsrichtlinien (engl. Security Policies) erlauben es Ihnen, für ausgewählte Log-in-Parameter (siehe Abschnitt 11.1) Werte abweichend von den systemweiten Einstellungen zu definieren und diese dann Benutzern zuzuordnen.

12.1 Grundbegriffe Sicherheitsrichtlinien

In einer *Sicherheitsrichtlinie* fassen Sie diejenigen Log-in-Profilparameter zusammen, für die Sie von der grundsätzlichen Vorgabe abweichende Werte festlegen möchten. SAP legt fest, für welche Parameter dies möglich ist. Für jede Sonderbehandlung eines Parameters legen Sie ein *Attribut* an, das den Namen des Parameters und seinen Wert enthält. Einem SAP-Anwender kann mithilfe der Transaktion *SU01* maximal eine der Sicherheitsrichtlinien zugeordnet werden. Damit gelten für diesen Benutzer die in der Richtlinie aufgeführten Attributwerte.

! Zuordnung von Sicherheitsrichtlinien

Eine Sicherheitsrichtlinie muss aktuell jedem relevanten Benutzer explizit zugewiesen werden. Eine »Vererbung« der Sicherheitsrichtlinie über einen Referenzbenutzer oder eine Benutzergruppe ist derzeit nicht vorgesehen.

12.2 Sicherheitsrichtlinie anlegen

Sicherheitsrichtlinien pflegen Sie mit der Transaktion *SECPOL* (siehe Abbildung 12.1). Klicken Sie im Änderungsmodus auf NEUE EINTRÄGE ❶, um eine neue Sicherheitsrichtlinie anzulegen. Geben Sie einen Namen und eine Kurzbeschreibung an ❷ und sichern den neuen Eintrag. Anschließend können Sie durch einen Doppelklick die ATTRIBUTE

❸ der Sicherheitsrichtlinie bearbeiten. Neue Attribute erfassen Sie mit NEUE EINTRÄGE ❹. Die Namen der Attribute wählen Sie am besten über die Wertehilfe zum Feld RICHTLINIENATTRIBUTNAME aus und legen dann den Wert des Attributes fest ❺. Möglicherweise bekommen Sie beim Sichern der Richtlinie ein Fenster angezeigt, das zu **allen** im System hinterlegten Richtlinien jeweils diejenigen Attribute aufführt, die Standardwerte besitzen.

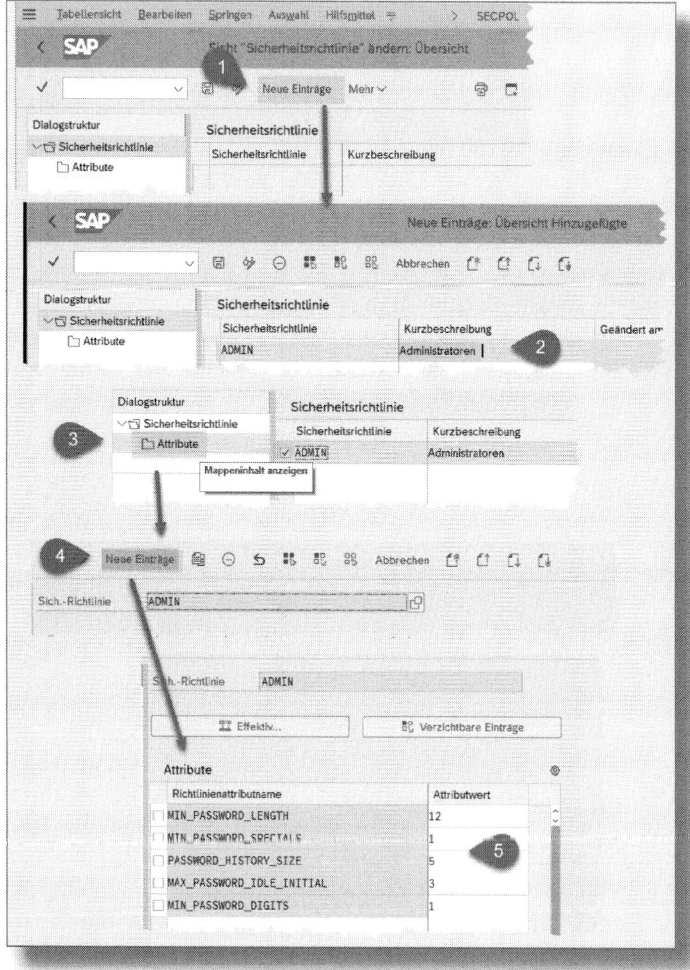

Abbildung 12.1: Sicherheitsrichtlinie anlegen

12.3 Sicherheitsrichtlinie prüfen

In eine Sicherheitsrichtlinie werden im Normalfall nur die Parameter aufgenommen, für die Sie keine Standardwerte festlegen möchten. Sie können prüfen, welche Parameterwerte insgesamt gültig sind, wenn Sie einem Anwender die Richtlinie zuweisen würden (siehe Abbildung 12.2). Starten Sie dazu die Funktion EFFEKTIV ❶. Angezeigt wird eine Auflistung aller per Richtlinie einstellbaren Parameterwerte. Die Spalte QUELLE ❷ gibt an, wie der effektive Attributwert zustande kommt. Ein Ungleichheitszeichen bedeutet, dass der Parameter in der Richtlinie aufgeführt ist und dass er einen vom Standard abweichenden Wert hat. Ein Gleichheitszeichen zeigt an, dass für den Parameter in der Richtlinie zwar ein Attribut definiert ist, der Wert aber mit dem Defaultwert übereinstimmt. Mit der Funktion VERZICHTBARE EINTRÄGE ❸ können Sie schnell diejenigen Parameter in der Attributaufstellung markieren, die Standardwerte haben ❹. Prinzipiell könnten Sie diese Attribute auch löschen. Beachten Sie aber, dass der bisher in der Richtlinie eingetragene Wert nicht mehr gültig ist, wenn der Standardwert des Parameters, z. B. im DEFAULT-Profil oder im Instanz-Profil, geändert wird (siehe Abschnitt 11.1).

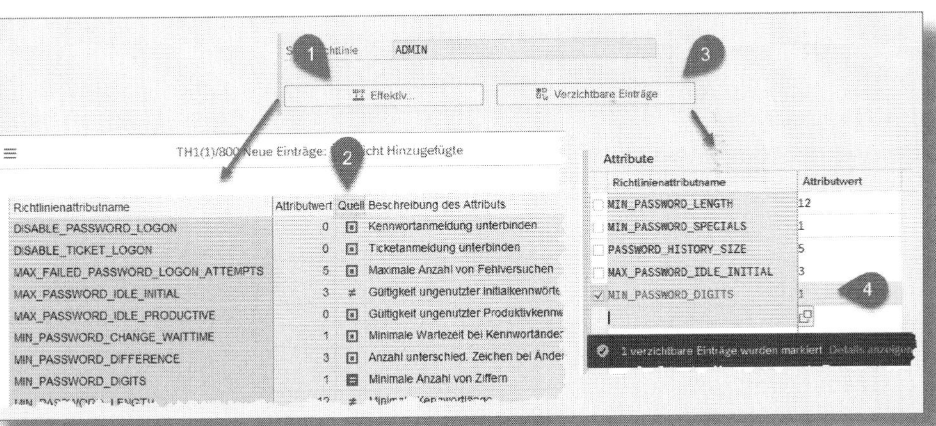

Abbildung 12.2: Effektive und verzichtbare Einträge

12.4 Änderungshistorie für Sicherheitsrichtlinien

Für Sicherheitsrichtlinien wird automatisch eine Änderungshistorie geschrieben (siehe Abbildung 12.3). Starten Sie in der Transaktion *SECPOL* die Funktion ÄNDERUNGSBELEGE ❶. Im Folgebild grenzen Sie die für Sie relevanten Richtlinien ein ❷. Wenn Sie die Auswertung der Belege anstoßen ❸, sehen Sie, welcher Benutzer wann welchen Attributwert verändert hat ❹.

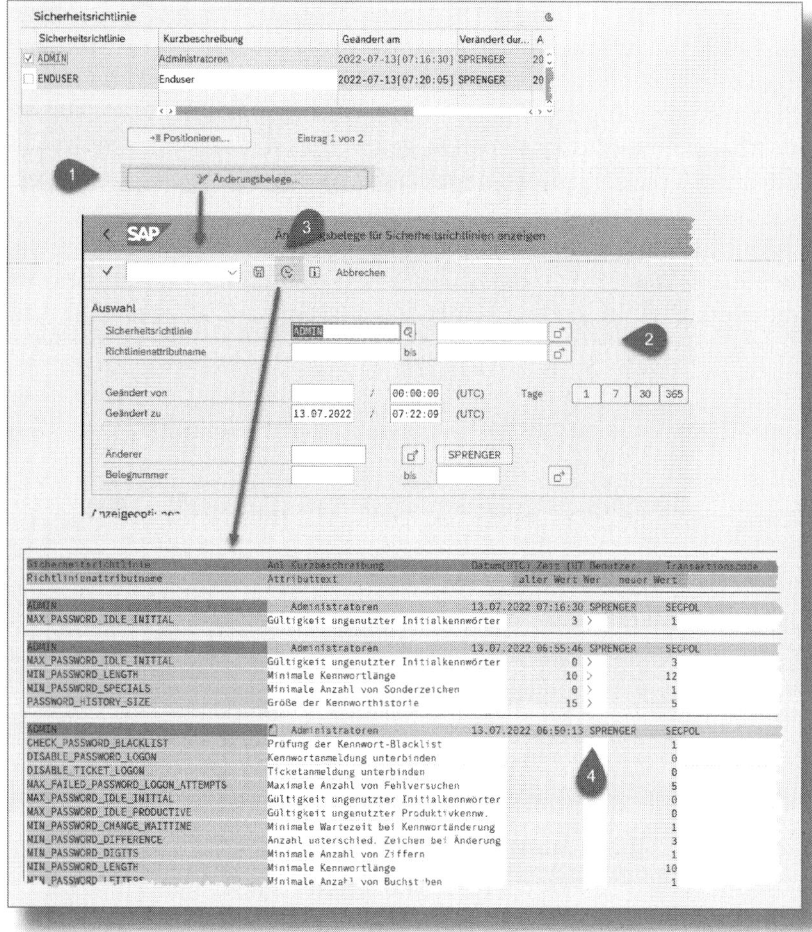

Abbildung 12.3: Änderungsbelege für Sicherheitsrichtlinien

12.5 Sicherheitsrichtlinie zuweisen

Eine Sicherheitsrichtlinie wird einem SAP-Benutzer mithilfe der Transaktion *SU01* zugewiesen. Tragen Sie dazu im Benutzerstammsatz auf dem Tab-Reiter LOGONDATEN (❶ in Abbildung 12.4) die gewünschte Sicherheitsrichtlinie in das Feld SICH.-RICHTLINIE ein ❷.

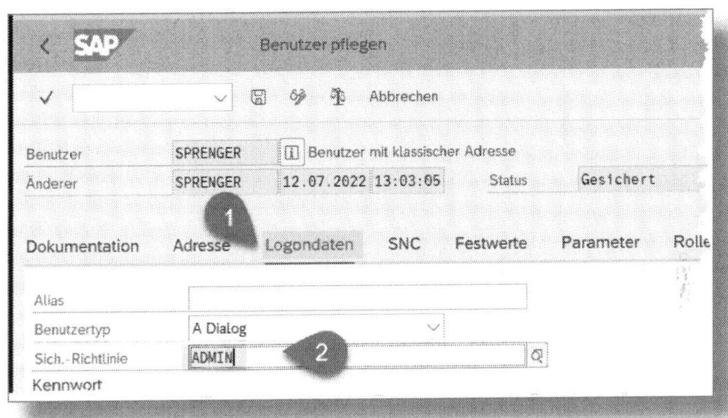

Abbildung 12.4: Sicherheitsrichtlinie einem Benutzer zuordnen

Sicherheitsrichtlinien können aktuell nur direkt Benutzern zugeordnet werden. Eine »Vererbung« über eine Benutzergruppe oder einen Referenzbenutzer ist nicht möglich. Für einen Workaround nutzen Sie die Transaktion *SU10* (Massenänderung Benutzer) (siehe Abbildung 12.5). Selektieren Sie hierzu mit Mitteln der Massenänderung zunächst alle Benutzer, für die Sie die Zuweisung der Sicherheitsrichtlinie anpassen möchten. Tragen Sie dann auf dem Tab-Reiter LOGONDATEN im Feld SICH.-RICHTLINIE ❶ die gewünschte Richtlinie ein und markieren die Option ÄNDERN ❷. Wenn Sie die Werte jetzt sichern, wird die Sicherheitsrichtlinie in die Stammsätze der zuvor selektierten Benutzer übernommen.

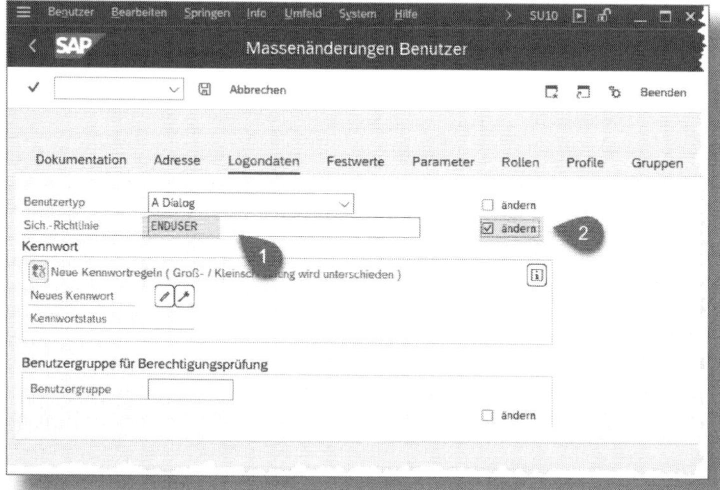

Abbildung 12.5: Massenzuweisung der Sicherheitsrichtlinie

13 Archivierung von berechtigungsrelevanten Daten

Änderungen an Benutzerstammsätzen, Rollen etc. werden vom System umfangreich protokolliert. Die dadurch im System entstehende Datenmenge kann im Laufe der Jahre beträchtlich werden. SAP bietet daher die Möglichkeit an, diese Protokolle zu archivieren. In diesem Kapitel zeige ich Ihnen, wie Sie die Archivierung durchführen. Es geht dabei ausschließlich darum, wie eine Archivierung und ein eventuelles Rückladen der Daten technisch vollzogen wird, Gesetzesauflagen wie Aufbewahrungsfristen der Protokolle u. Ä. werden nicht thematisiert.

13.1 Informationen zur Archivierung

Bei der Archivierung der Änderungsbelege werden die Daten aus den relevanten Tabellen gelesen und zunächst in Dateien exportiert. Anschließend werden sie in den Tabellen gelöscht. Für die Ablage der Änderungsbelege verwendet SAP im Allgemeinen die Tabellen CDHDR und CDPOS. Für die Benutzer- und Berechtigungsverwaltung kommen noch die Tabellen USH02, USH04, USH10 und USH12 dazu. Wenn Sie z. B. die für Benutzerstammdaten relevanten Belege archivieren möchten, sollten auch genau nur die Zeilen der Tabellen gelesen und exportiert werden, in denen Benutzerstammdaten abgelegt sind. Der Export muss außerdem so erfolgen, dass die Daten in speziell dafür vorgesehene Dateien geschrieben werden. Selbstverständlich sollte wählbar sein, für welchen Zeitraum die Archivierung vorzunehmen ist.

SAP hat für eine Archivierung bestimmter Daten sogenannte *Archivierungsobjekte* definiert. Einem Archivierungsobjekt sind die Tabellen zugeordnet, die bei einer Archivierung gelesen werden müssen, ebenso der Ablageort für die archivierten Daten. Zusätzlich ist hinterlegt, welches Programm die Daten liest und welches die nicht mehr benötigten Daten aus den Tabellen löscht. Einige Archivierungsobjekte erlauben es auch, die archivierten Daten zu Auswertungszwecken via Programm wieder in das SAP-System zurückzuladen.

Für unseren Aufgabenbereich sind die in Tabelle 13.1 aufgeführten Archivierungsobjekte relevant.

Objekt	Verwendung	Transaktion
US_PASS	Änderungsbelege: Benutzer (sonst. Daten)	SU81
US_USER	Änderungsbelege: Benutzerstamm	SU80
US_AUTH	Änderungsbelege: Berechtigungen	SU83
US_PROF	Änderungsbelege: Profile	SU82
CHANGEDOCU	Ab NetWeaver-Release 7.50: Ersatz für US_AUTH und US_USER	SARA

Tabelle 13.1: Archivierungsobjekte

FAQ: Änderungsbelege in der Benutzerverwaltung

Aktuelle Informationen zur Archivierung von Änderungsbelegen der Benutzer- und Berechtigungsverwaltung finden Sie im SAP-Hinweis 419933.

Transaktionen für Archivierung

Die Transaktion *SARA* ist die zentrale Anwendung für die Datenarchivierung von Daten eines SAP-Systems. Sie dient auch zur Archivierung von Änderungsbelegen der Benutzer- und Berechtigungsverwaltung. Alternativ können Sie die in Tabelle 13.1 in der Spalte TRANSAKTION außerdem genannten Transaktionen verwenden.

Schauen wir uns als Beispiel das Archivierungsobjekt *US_PROF* an. Starten Sie hierzu die Transaktion *AOBJ* (siehe Abbildung 13.1). Markieren Sie das Archivierungsobjekt US_PROF ❶, und doppelklicken Sie anschließend auf den Baumknoten STRUKTURDEFINITION ❷. Sie bekommen die Tabellen angezeigt, die durch die Archivierung bereinigt werden, im konkreten Fall die Tabelle USH10 ❸. Wenn Sie in der Baumstruktur den Knoten CUSTOMIZING-EINSTELLUNGEN ❹ auswählen, erhalten Sie Informationen zur Ablage der archivierten Daten. Der Pfad und der Dateiname der exportierten Datei werden durch den LOGISCHEN DATEINAMEN ❺ vorgegeben (siehe auch Transaktion *FILE*). Die maximale Größe der Exportdateien kann festgelegt werden ❻. Wird sie bei der Archivierung überschritten, werden automatisch Folgedateien erzeugt. Die Option START AUTOMATISCH ❼ bewirkt, dass nach erfolgreichem Export die Daten sofort aus den relevanten Tabellen (in unserem Beispiel USH10) gelöscht werden. Optional können Sie auch festlegen, dass die durch die Archivierung erzeugten Exportdateien an ein Ablagesystem (CONTENT-REPOSITORY ❽) weitergeleitet werden.

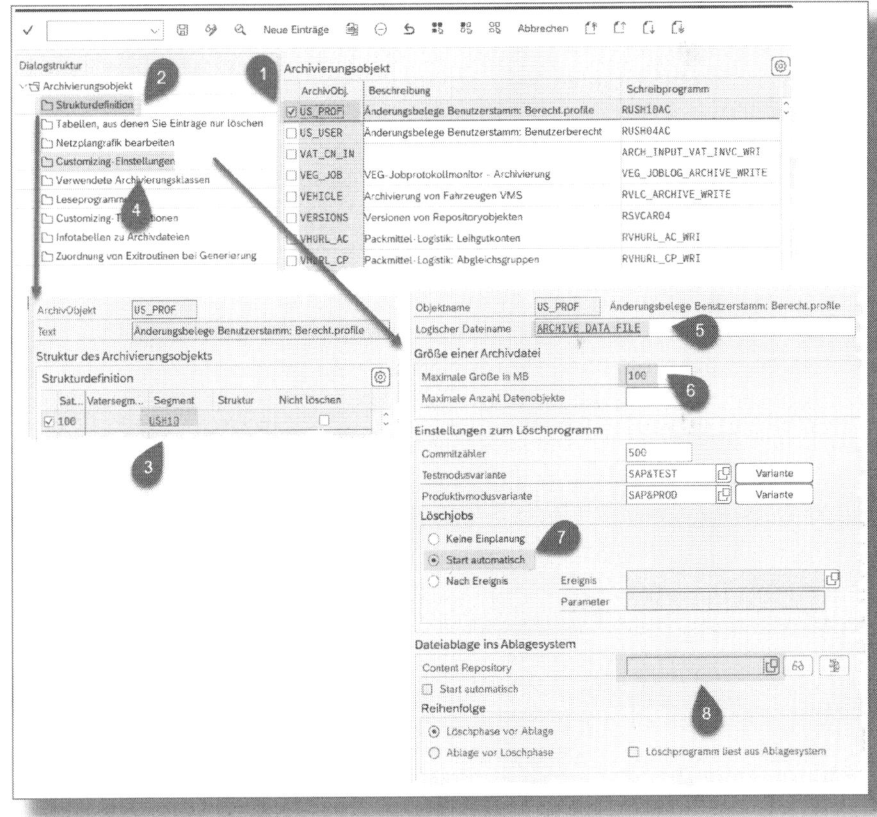

Abbildung 13.1: Archivierungsobjekt US_PROF

13.2 Änderungsbelege für Benutzer (US_PASS)

Beginnen wir mit der Archivierung der Änderungsbelege für Benutzer. Rufen Sie hierzu die Transaktion *SARA* auf (siehe Abbildung 13.2). Geben Sie das Archivierungsobjekt *US_PASS* ❶ ein und starten Sie die Aktion SCHREIBEN ❷. Sie müssen zum einen zunächst festlegen, ob Sie einen Testlauf oder gleich einen Produktivlauf (mit Export und Löschen) durchführen möchten, und zum anderen festlegen, welcher Stichtag für die Auswahl der zu archivierenden Daten relevant sein soll. Diese Angaben werden in einer sogenannten *Variante* hinterlegt. Geben Sie einen Namen für die VARIANTE an ❸, und klicken Sie auf PFLEGEN, wenn Sie eine existierende Variante überarbeiten oder eine neue anlegen möchten. Das auszufüllende Variantenbild ist abhängig vom Archivierungsobjekt. In unserem konkreten Beispiel können wir den Stichtag ❹ angeben, bis zu dem die Daten archiviert werden sollen. Das bedeutet, dass alle in den betroffenen Tabellen vorhandenen Daten archiviert werden, sofern sie bis zum angegebenen Stichtag erzeugt wurden. Aktivieren Sie die Option PRODUKTIVMODUS ❺, wenn die Archivierung ohne Testlauf durchgeführt werden soll. Nachdem Sie den STARTTERMIN ❻ festgelegt haben, können Sie die Archivierung anstoßen ❼.

! Keine Variante mit festem Stichtag eintragen

Wenn Sie in der Variante den Stichtag (z. B. 16.02.2022) fix eintragen, werden auch bei späteren Archivierungsläufen genau nur die Daten bis zu diesem Tag berücksichtigt. Sie sollten sich also nicht wundern, dass bei einem erneuten Lauf im folgenden Jahr keine zu archivierenden Daten gefunden werden. Nutzen Sie also die Möglichkeit, bei einer Variantendefinition für den Stichtag ein variables Datum anzugeben: beispielsweise »heute – 180 Tage«.

Eine Archivierung wird grundsätzlich im Hintergrund ausgeführt. Den Status des aktuellen Archivierungsjobs können Sie durch Klicken auf [icon] (❶ in Abbildung 13.3) auswerten. Für gewöhnlich werden Sie in der Jobübersicht zu dem Archivierungslauf immer mindestens zwei Jobs finden: Der erste mit dem Namen ARV_US_PASS_SUB... wird

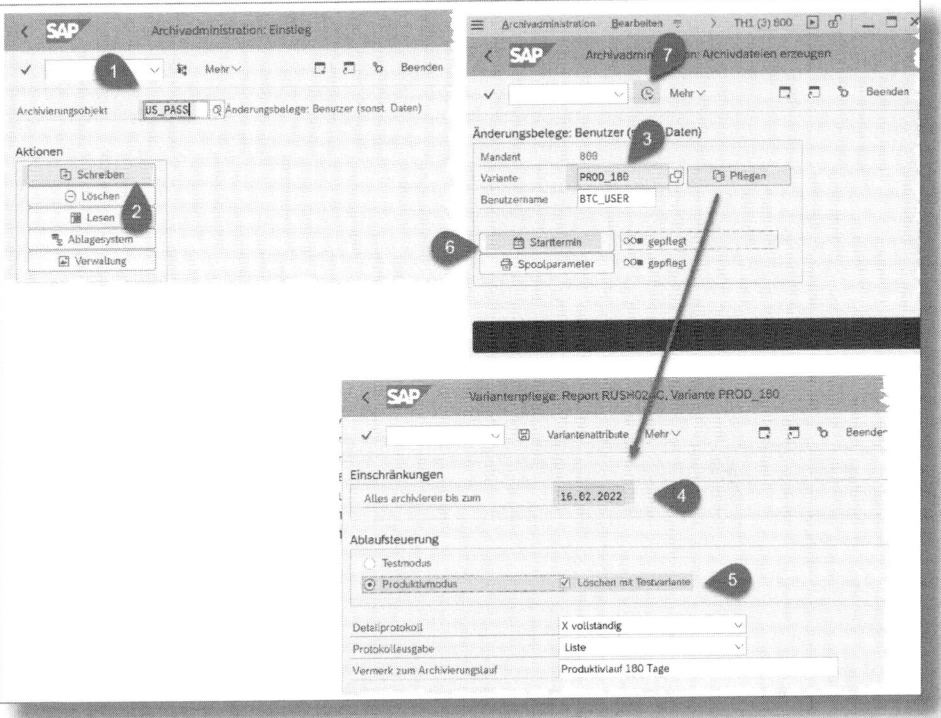

Abbildung 13.2: Variante definieren

mit der Berechtigung des Benutzers gestartet, der die Archivierung über die Transaktion *SARA* initiiert hat. Er steuert die erforderlichen Archivierungsschritte und erzeugt z. B. einen zweiten Job mit dem Namen ARV_US_PASS_WRI..., der die Exportdateien schreibt. Wäre im Customizing zum Archivierungsobjekt das automatische Löschen der archivierten Daten aktiviert, wäre ein dritter Job mit dem Namen ARV_US_PASS_DEL... zu sehen. Die Jobs erzeugen neben einem Ausführungsprotokoll zusätzlich eine Liste mit verschiedenen Informationen. Klicken Sie in der Spalte SPOOL auf ❷ und im Folgebild in der Spalte TY auf das Icon ❸.

In der Liste (siehe Abbildung 13.4) sehen Sie u. a. die Anzahl der archivierten Datensätze und (je nach Archivierungsobjekt) Detailinformationen zu jedem geschriebenen Datensatz.

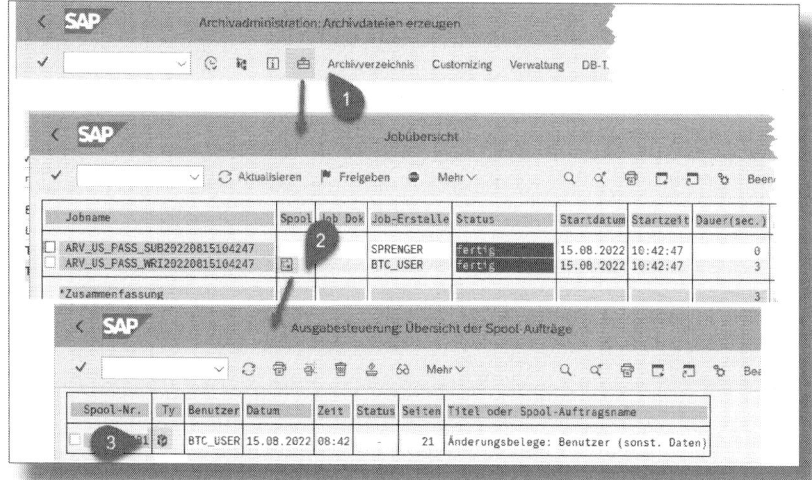

Abbildung 13.3: Archivierungslauf auswerten (1)

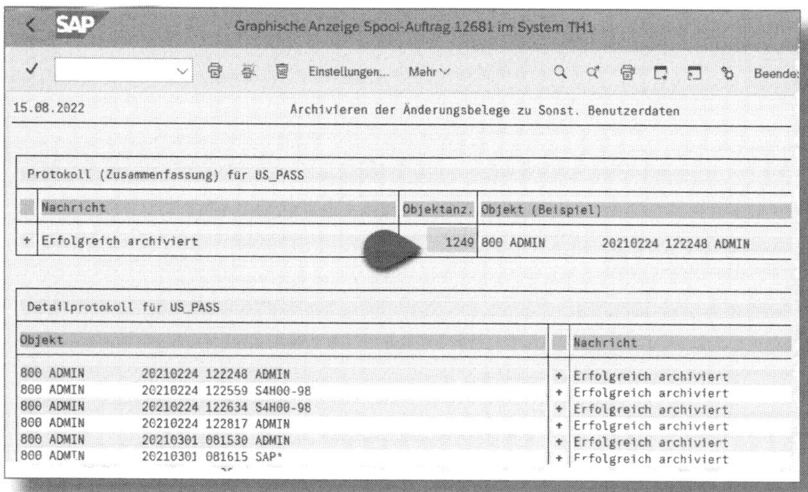

Abbildung 13.4: Archivierungslauf auswerten (2)

Sollte im Customizing zum Archivierungsobjekt das Löschen der archivierten Daten nicht aktiviert sein, müssen Sie diesen Vorgang manuell starten. Wählen Sie dazu in der Transaktion *SARA* (siehe Abbildung 13.5) die Aktion LÖSCHEN ❶. Sie können nur Daten entfernen, die zuvor archiviert wurden. Laden Sie daher zunächst mit der Funktion ARCHIVAUSWAHL ❷ die Übersicht über die durchgeführten Archivierungsläufe herunter und wählen dann die Exportdateien ❸, die beim Löschen berücksichtigt werden sollen.

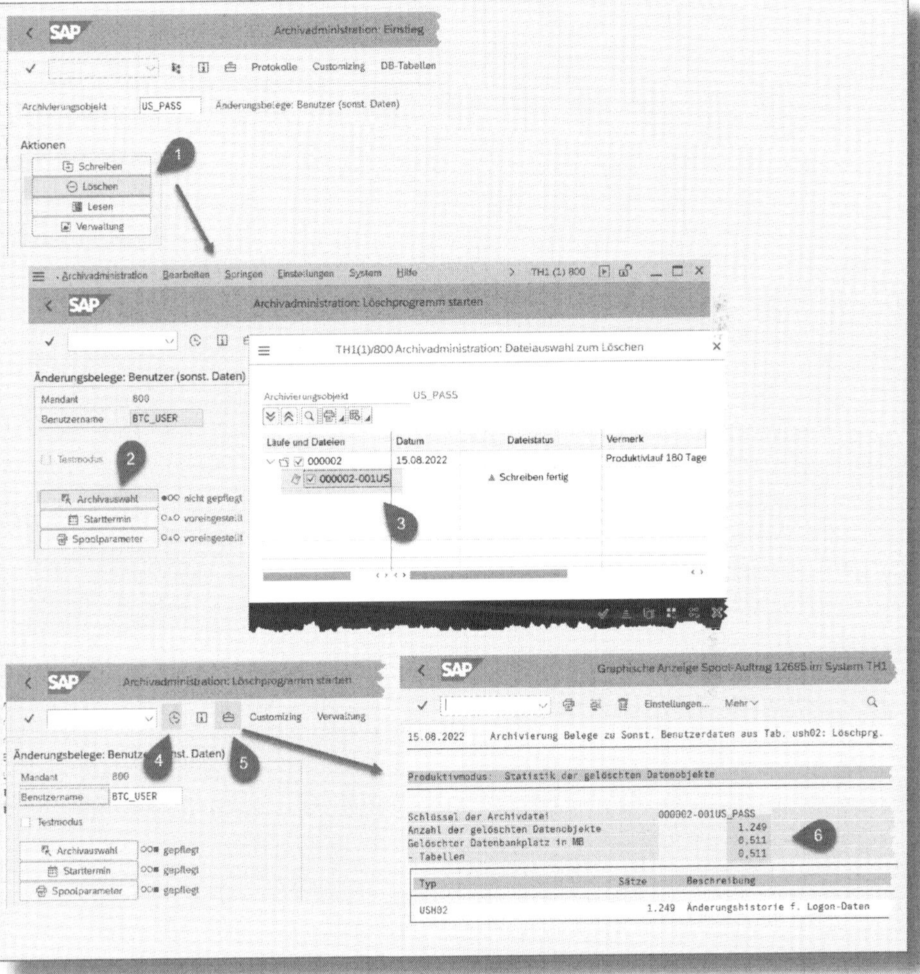

Abbildung 13.5: Archivierte Daten löschen

Technisch läuft das Löschen so ab, dass aus den gewählten exportierten Dateien die Schlüssel der archivierten Daten extrahiert und genau die Daten aus den Tabellen gelöscht werden, die zu den Schlüsseln passen. Der Löschjob wird mittels [icon] ❹ eingeplant und das Job-Protokoll mit [icon] ❺ geöffnet. Das Protokoll enthält u. a. eine Information über die Anzahl der gelöschten Zeilen ❻ und den dadurch auf der Datenbank frei gewordenen Speicherplatz.

13.3 Übrige Änderungsbelege archivieren

Beginnend mit SAP NetWeaver 7.50 wurden die Archivierungsobjekte US_USER und US_AUTH abgelöst durch das CHANGEDOCU. Dieses Objekt ist für die Archivierung von Änderungsbelegen konzipiert, die in die Tabellen CDHDR und CDPOS geschrieben werden. Diese Tabellen werden für eine große Anzahl von Belegen genutzt, etwa zu Materialstammänderungen oder Änderungen an Fakturen. Welche Änderungsbelege konkret archiviert werden, steuern sogenannte *Subobjekte*. Für unseren Aufgabenbereich sind die Subobjekte *SUSR_PROF* und *IDENTITY* relevant.

Starten Sie zunächst die Archivierung der Belege für Profiländerungen (»altes« Archivierungsobjekt US_PROF). In der Transaktion *SARA* (siehe Abbildung 13.6) geben Sie im Feld Archivierungsobjekt das Objekt *CHANGEDOCU* ❶ an und klicken auf Schreiben ❷.

Geben Sie der Variante einen Namen, aus dem hervorgeht, ob Profil- oder Benutzerdaten archiviert werden. Im Beispiel wurde *PROD_SUSR_PROF* verwendet. Öffnen Sie mit Pflegen ❸ den Eingabedialog für die Variante. Geben Sie im Feld Änderungsbelegobjekt das Subobjekt an, also z. B. *SUSR_PROF* ❹ für die Archivierung von Belegen zu Profiländerungen. Achten Sie bei der Festlegung des auszuwertenden Zeitraums darauf, dass Sie zweckmäßigerweise für das Feld bis (Datum/Uhrzeit) ❺ ein durch eine Variable festgelegtes Datum verwenden (z. B. »heute – 180«). Die weiteren Schritte entsprechen genau denen, die ich in Abschnitt 13.2 für die Archivierung mittels Objekt US_PASS genannt habe.

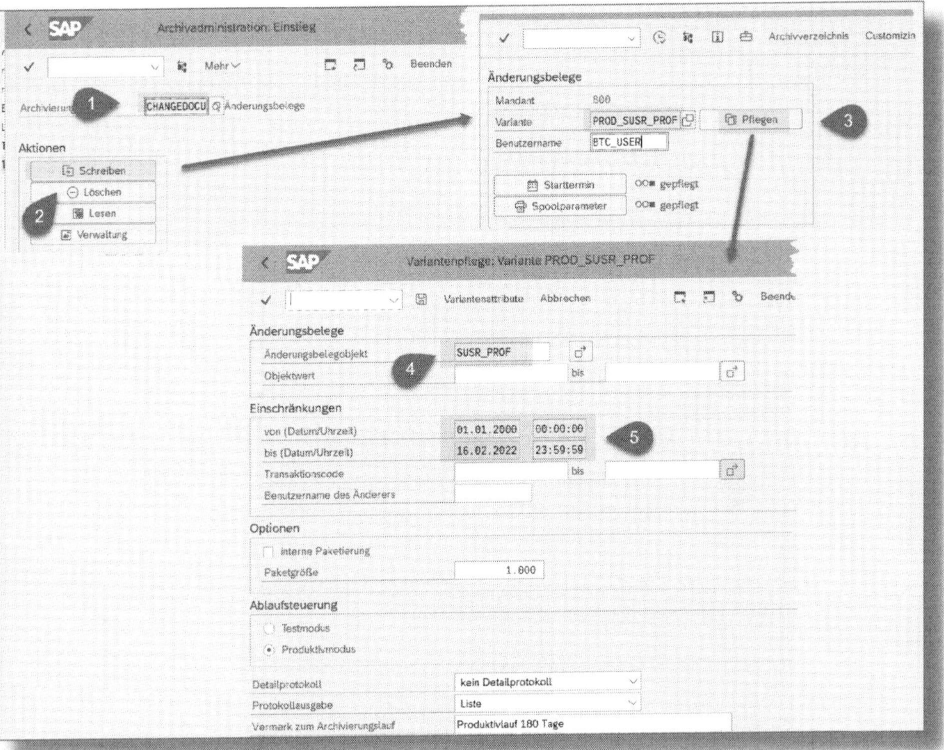

Abbildung 13.6: Variante für Profiländerungen

Der Vorgang muss jetzt für das Subobjekt IDENTITY noch einmal wiederholt werden (siehe Abbildung 13.7). Legen Sie hierfür eine Variante (z. B. *PROD_IDENTITY*) an ❶, und tragen Sie im Feld ÄNDERUNGSBELEGOBJEKT das Subobjekt *IDENTITY* ❷ ein. Geben Sie einen Zeitraum ❸ an. Im Folgenden verfahren Sie analog wie beim Subobjekt SUSR_PROF.

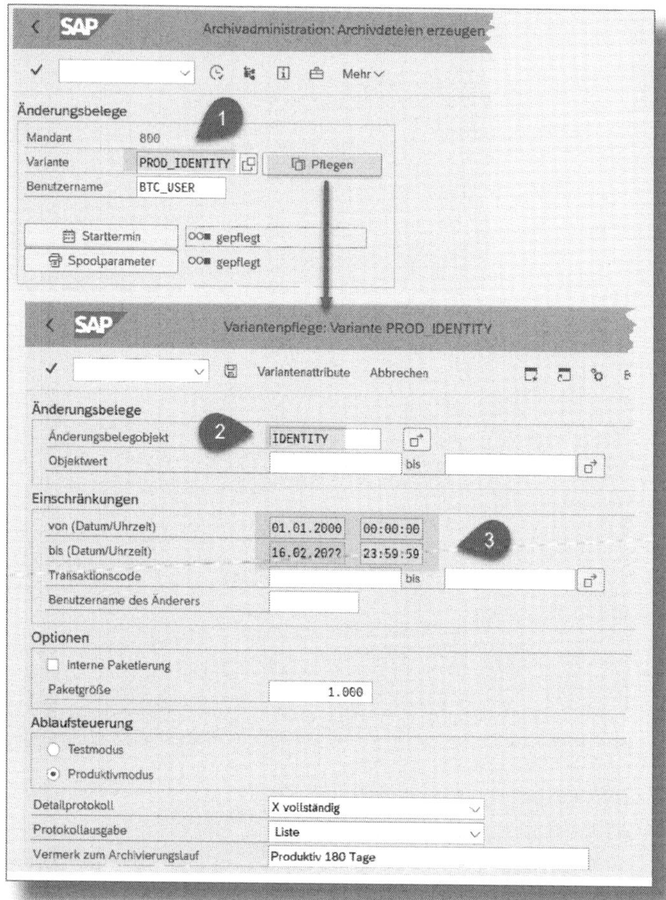

Abbildung 13.7:Variante für Änderungen des Benutzerstammsatzes

13.4 Auswertung der archivierten Belege

Änderungsbelege, die exportiert und anschließend gelöscht wurden, stehen für eine direkte Auswertung nicht mehr zur Verfügung. Wenn Sie in der Transaktion *SUIM* (siehe Abbildung 13.8) die Änderungsbelege FÜR BENUTZER ❶ auswerten, erhalten Sie die Nachfrage, ob eine Archivierung schon einmal durchgeführt wurde. Sollte dies der Fall sein, wird der Stichtag angezeigt ❷, der bei der Archivierung maßgebend war. Möchten Sie bei der Auswertung auch archivierte Belege berücksichtigen, müssen Sie die Option ARCHIVDATEN BERÜCKSICHTIGEN ❸ aktivieren. Das allein reicht aber noch nicht aus. Ein Klick auf das Informationsicon [i] ❹ gibt den Hinweis, dass archivierte Belege erst mithilfe des Reports RSUSR_LOAD_FROM_ARCHIVE zurück in das System geladen werden müssen ❺. Das Rückladen erfolgt allerdings nicht in die ursprünglichen Tabellen, sondern in eigens für die Belegauswertung vorgesehene Schattentabellen.

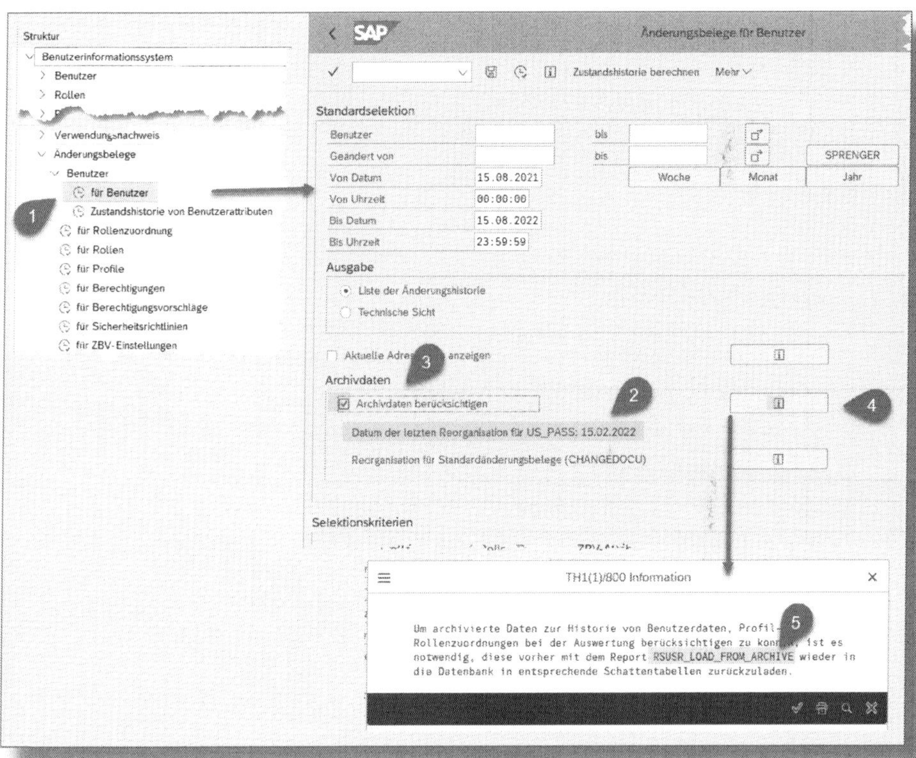

Abbildung 13.8: Archivdaten berücksichtigen

Abbildung 13.9 zeigt, wie das Rückladen von archivierten Daten durchgeführt wird. Starten Sie hierfür den Report *RSUSR_LOAD_FROM_ARCHIVE* und legen Sie unter der Rubrik AUSFÜHRUNGSMODUS ❶ fest, ob bereits zurückgeladene Daten überschrieben werden sollen. In der unter HISTORIE LOGONDATEN angezeigten Liste sind alle verfügbaren Archivdateien aufgeführt, die für ein Rückladen infrage kommen. Bereits zurückgeladene Dateien sind mit einer grünen Ampel gekennzeichnet. Markieren Sie die Dateien, die Sie in das System importieren möchten ❷. Wenn die Option für das Nichtüberschreiben gesetzt ist, können Sie nur die noch nicht geladenen Dateien angeben ❸. Beachten Sie, dass Sie ggf. – je nach gewünschter Auswertung – auch die unter BENUTZERHISTORIE und STANDARDÄNDERUNGSBELEGE ZU BENUTZER- UND ROLLENDATEN aufgeführten Archivdateien zurückladen müssen.

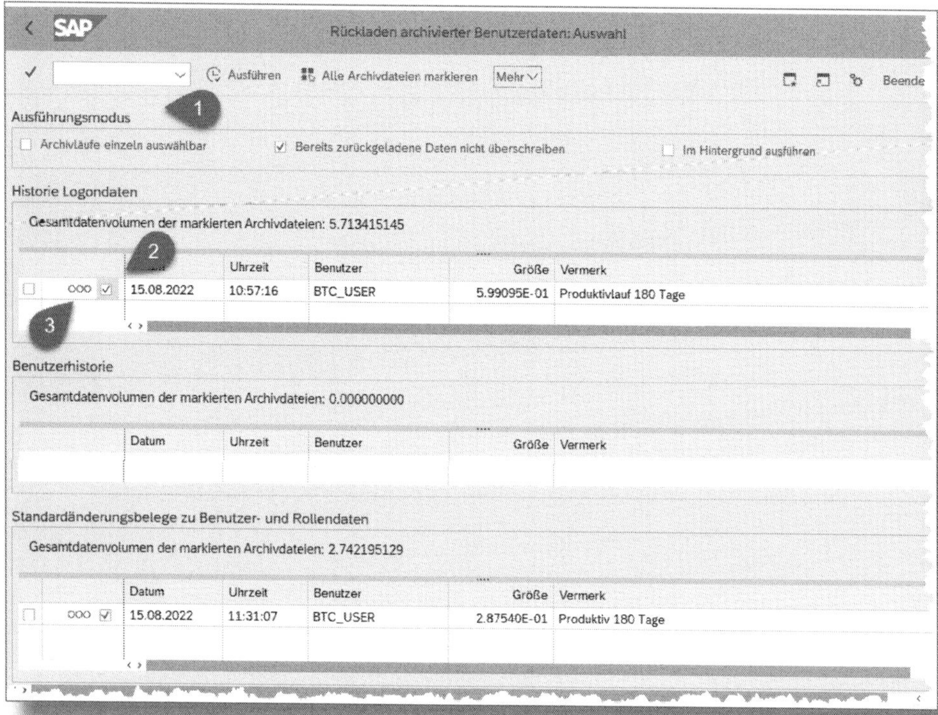

Abbildung 13.9: Rückladen archivierter Daten

14 Security-Audit-Log

Das Security-Audit-Log nutzen Sie, um sicherheitskritische Ereignisse zu protokollieren, die z. B. durch bestimmte Benutzeraktionen ausgelöst werden. Dabei geht es nicht darum, festzuhalten, welcher Anwender in welcher Maske welche Daten erfasst hat oder wie viel Zeit er für die Bearbeitung einer Aufgabe benötigt hat. Vielmehr ist das Ziel, mitzuschreiben, ob z. B. Notfallbenutzer verwendet oder sicherheitskritische Anwendungen gestartet wurden. Auf diese Weise wird es möglich, einen Datenmissbrauch oder ein auffälliges Systemverhalten zu untersuchen.

14.1 Grundlagen des Security-Audit-Log

Das *Security-Audit-Log* soll sicherheitskritische Ereignisse protokollieren. Die SAP liefert im Standard eine Vielzahl solcher Ereignisse vordefiniert aus. Die Transaktion *SE92* (siehe Abbildung 14.1) zeigt Ihnen eine Auflistung der Audit-Ereignisse. Markieren Sie dazu im Selektionsbild die Option SECURITY AUDIT LOG. Die Ereignisse werden nach GEBIET gruppiert und mit einer WICHTUNG versehen.

Kundenspezifische Ereignisse

Es ist möglich, mithilfe der Transaktion *SE92* auch kundenspezifische Ereignisse zu definieren. Ihnen stehen diesbezüglich die Gebiete DUX, DUY und DUZ zur Verfügung. Die diesen Gebieten zugewiesenen Ereignisse können Sie mithilfe des Funktionsbausteins RSAU_WRITE_CUSTOMER_EVTS in das Security-Audit-Log übertragen. Weitere Informationen finden Sie in SAP-Hinweis 1941526.

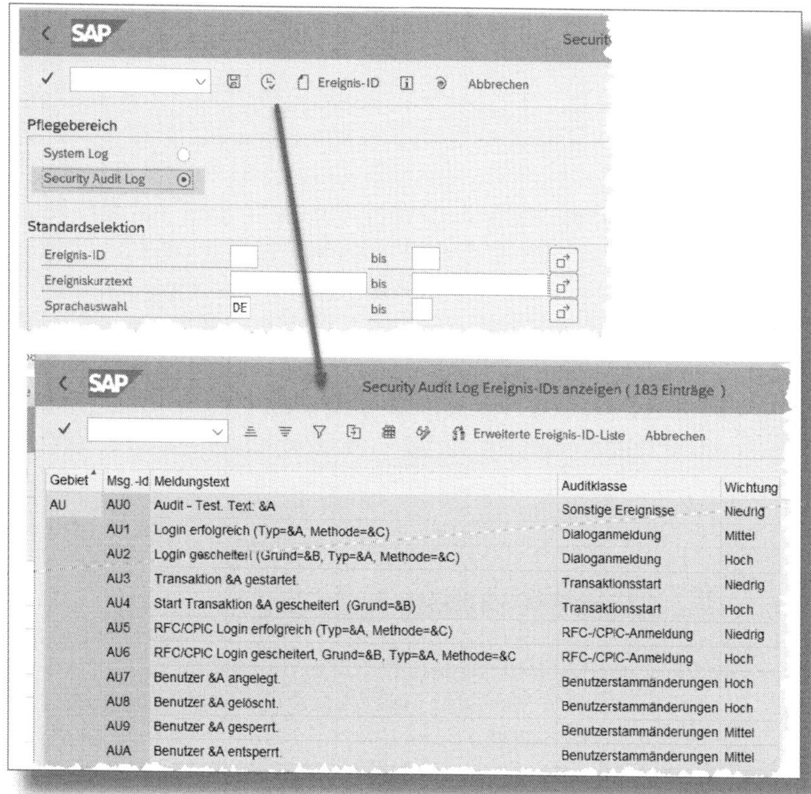

Abbildung 14.1: Sicherheitskritische Ereignisse

Nicht jedes Audit-Ereignis, das vom System registriert wird, führt zwangsläufig zu einem Eintrag im Security-Audit-Log. Das passiert nur dann, wenn das Ereignis (alternativer Begriff: *Alert*) einem *Filter* zugeordnet ist. Über den Eintrag im Security-Audit-Log hinaus kann es optional an den Alert-Monitor des Computing Center Management System (CCMS) gesendet werden.

Die SAP liefert für das Security-Audit-Log bereits eine Grundkonfiguration aus. Diese sorgt dafür, dass etwa die Nutzung kritischer Funktionen des Debuggings (Wertänderung, Sprung zu Anweisungen) oder auch Manipulationen der Mandantenkonfiguration oder Systemänderbarkeit geloggt werden. Es besteht grundsätzlich die Möglichkeit, selbst einzustellen, welche Ereignisse protokolliert werden. Dazu werden *Filter* einem *Audit-Profil* (kurz: Profil) zugeordnet. Ein Filter enthält die zu protokollierenden Ereignisse und eine Angabe, für welche Benutzer oder Benutzergruppen die Protokollierung aktiv sein soll. Die Profile gehören zur sogenannten *statischen Konfiguration* des Security-Audit-Log. Statische Konfiguration bedeutet, dass die im Profil eingestellte Konfiguration in der Datenbank abgelegt wird und dass sie über ein Durchstarten des Systems hinaus erhalten bleibt. Genau **eines** dieser Profile kann für ein SAP-System aktiviert werden. Für einen Wechsel des aktiven Profils ist ein Durchstarten des Systems vonnöten.

Profilbegriff

Der im Zusammenhang mit dem Security-Audit-Log verwendete Begriff »Profil« hat nichts zu tun mit einem Profil, das für eine Rolle generiert wurde und das Berechtigungen bündelt.

Neben der statischen gibt es auch eine *dynamische Konfiguration*: Diese erlaubt es, im laufenden Betrieb zusätzliche Filter zu definieren, die **nicht** einem Profil zugeordnet sind. Bei einem Durchstarten des Systems werden die dynamischen Filter, die auch in dem aktuell aktiven Profil vorkommen, durch die entsprechenden statischen Filter überschrieben.

Weitere Informationsquellen

Zusätzliche Informationen zum Security-Audit-Log finden Sie z. B. in folgendem Blog: *https://blogs.sap.com/2014/12/11/analysis-and-recommended-settings-of-the-security-audit-log-sm19-sm20/*

14.2 Relevante Transaktionen

Die für das *Security-Audit-Log* relevanten Transaktionen finden Sie im Benutzermenü SAP Easy Access unter dem Pfad WERKZEUGE • ADMINISTRATION • MONITOR • SECURITY-AUDIT-LOG (siehe Abbildung 14.2).

Mit der Transaktion *RSAU_CONFIG* können Sie Audit-Profile und Filter definieren. Für die Auswertung des Audit-Log steht Ihnen die Transaktion *RSAU_READ_LOG* zur Verfügung.

Je nach Anzahl der definierten Filter kann das Audit-Log zu einer erheblichen Datenmenge führen. Sie sollten daher eine Archivierung bzw. Reorganisation des Audit-Log in Betracht ziehen. Nutzen Sie dazu die Transaktion *RSAU_ADMIN*.

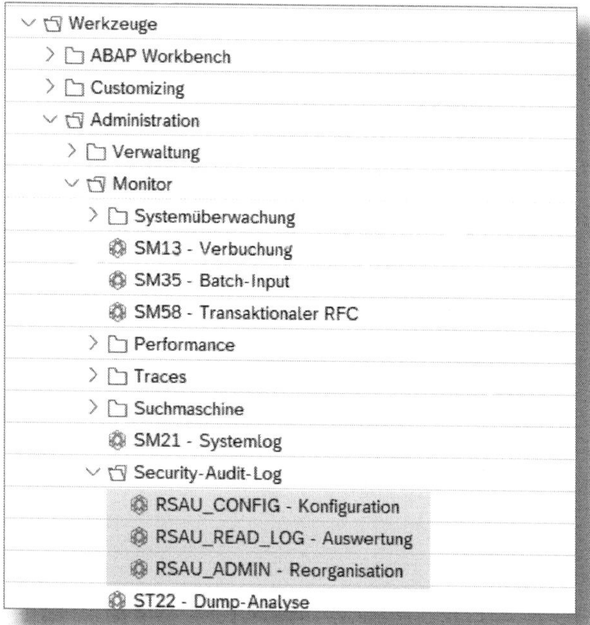

Abbildung 14.2: Transaktionen des Security-Audit-Log

14.3 Konfiguration des Audit-Log

Wie zuvor erwähnt, liefert die SAP bereits eine Grundkonfiguration für das Security-Audit-Log aus. Diese ist allerdings sehr stark abhängig vom Release-Stand des SAP-Systems. Während SAP ERP nur sehr wenige Ereignisse auswertet, sind bei S/4HANA durchaus praxistaugliche Einstellungen vorhanden. Dieser Tatsache zum Trotz sollten Sie natürlich das Security-Audit-Log an die Sicherheitsbedürfnisse Ihres Unternehmens anpassen.

14.3.1 Globale Parameter

Durch *globale Parameter* legen Sie u. a. fest, wo das Security-Audit-Log gespeichert werden soll. Die Konfigurationsmöglichkeiten sind allerdings stark vom jeweiligen Release abhängig. Abbildung 14.3 zeigt beispielhaft die Konfiguration für S/4HANA 2020. Starten Sie zur Einstellung der globalen Parameter die Transaktion *RSAU_CONFIG*, und wählen Sie im Konfigurationsbaum den Knoten PARAMETER ❶ aus. Zunächst können Sie im Feld AUFZEICHNUNGSZIEL ❷ festlegen, wo die Daten des Audit-Log abgelegt werden sollen. Sie haben die Wahl zwischen Datenbank und/oder Filesystem.

Die Speicherung in der Datenbank hat den Vorteil, dass mit einer Datensicherung auch gleich das Audit-Log selbst gesichert wird. Die Auswertung des Log ist performanter, Manipulationsversuche von außerhalb des SAP-Systems sind schwieriger. Dennoch sollten Sie bedenken, dass eine exzessive Definition von Audit-Filtern natürlich zu einer Vergrößerung der Datenbank führt. Entscheiden Sie sich für eine Ablage des Audit-Log im Filesystem, können Sie u. a. festlegen ❸, ob es pro Tag nur eine oder mehrere Auditdateien geben soll und wie groß diese maximal werden dürfen.

! Überschreitung der maximalen Größe

Beachten Sie, dass eine Überschreitung der maximalen Größe der Datei (pro Tag) oder der maximalen Gesamtgröße (mehrere Dateien pro Tag) dazu führt, dass die weitere Protokollierung für diesen Tag ausgesetzt wird.

Per Default stehen Ihnen für die dynamische und die statische Konfiguration jeweils maximal zehn Filter zur Verfügung. Bei Bedarf können Sie die Anzahl verändern ❹. Sinnvoll ist es, die Option GENERISCHE

BENUTZERSELEKTION zu aktivieren. Sie haben damit die Möglichkeit, bei der Definition von Filtern die Benutzer, für die eine Ereignisaufzeichnung erfolgen soll, auch generisch anzugeben. Wenn Sie in der Benutzerkennung für unternehmensfremde Personen z. B. das Präfix »EXT_« verwenden, können Sie bequem einen Filter definieren, der die Aktivitäten all dieser User protokolliert. So sind Sie nicht gezwungen, jeweils einzelne Filter anzulegen.

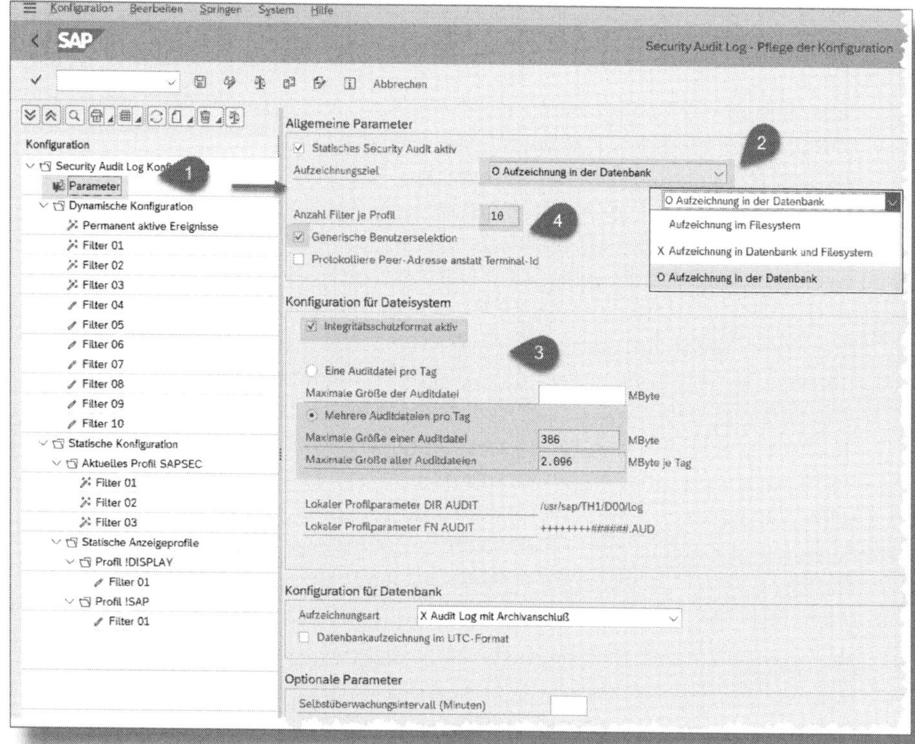

Abbildung 14.3: Parameter für das Audit-Log

> **! Wirksamkeit von Parameteranpassungen**
>
> Beachten Sie, dass Änderungen an den Parametern erst nach einem Neustart des SAP-Systems wirksam werden!

14.3.2 Permanent aktive Ereignisse

In der Konfiguration des Security-Audit-Log finden Sie unter der dynamischen Konfiguration den Knoten PERMANENT AKTIVE EREIGNISSE (❶ in Abbildung 14.4). Hier sind alle Ereignisse zusammengefasst, die mit der SAP-internen Eventpriorität »Besonders kritisch« gekennzeichnet sind. Diese Ereignisse werden unabhängig von den sonstigen Filtereinstellungen immer in das Security-Audit-Log geschrieben. Die Konfiguration der »Permanent aktiven Ereignisse« können Sie nicht ändern. Weitere Informationen dazu finden Sie in SAP-Hinweis 539404.

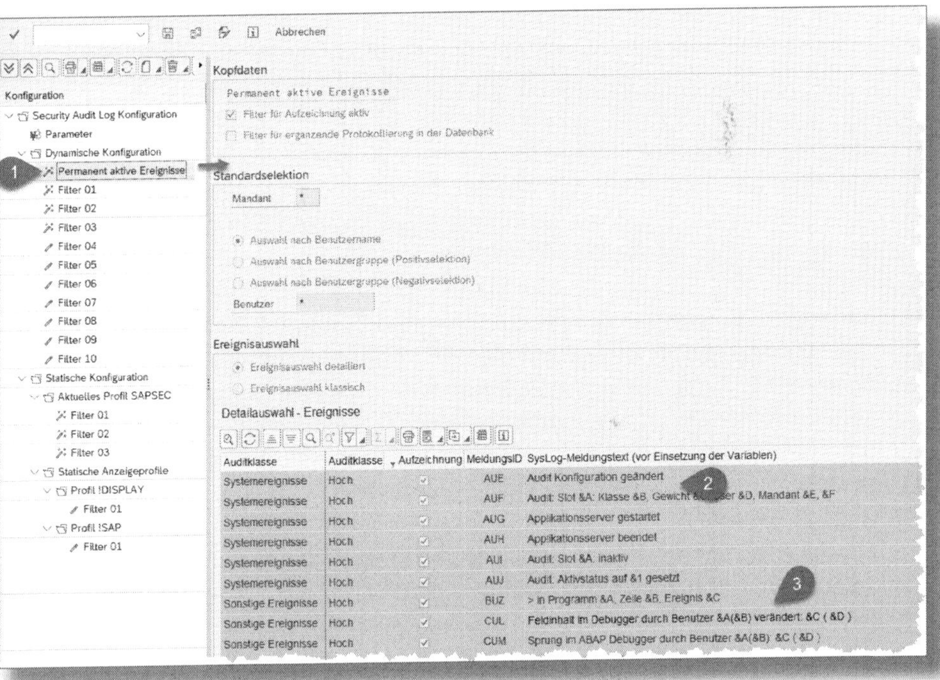

Abbildung 14.4: Permanent aktive Ereignisse

14.3.3 Dynamische Konfiguration

Mithilfe der dynamischen Konfiguration definieren Sie Filter, die im laufenden Betrieb wirksam werden (siehe Abbildung 14.5).

! Dynamische Filter: Durchstarten des Systems

Wird der Name eines dynamischen Filters auch in einem aktiven Profil der statischen Konfiguration verwendet, gehen die am dynamischen Filter vorgenommenen Änderungen beim Durchstarten des Systems verloren. Der dynamische Filter ist dann wieder identisch zum namensgleichen statischen Filter konfiguriert.

Schauen wir uns einige Filter genauer an. Wählen Sie einen der zur Verfügung stehenden Filter aus ❶. Die Checkbox FILTER FÜR AUFZEICHNUNG AKTIV ❷ zeigt an, ob der Filter aktiv ist. Wählen Sie den Mandanten, für den die Protokollierung erfolgen soll ❸. Die Eingabe * bewirkt, dass eine Aufzeichnung für alle Mandanten erfolgt. Die SAP-Benutzer, die bei der Protokollierung berücksichtigt werden sollen, legen Sie über den Benutzernamen oder auch eine Benutzergruppe fest ❹. Der Benutzername kann, wenn die Parameter für das Audit-Log dies zulassen, auch generisch angegeben werden. Für die Benutzergruppe ist dies nicht möglich. Das Maskierungszeichen # setzen Sie bei Benutzernamen ein, die selbst das Zeichen * enthalten (z. B. Benutzer SAP*).

Für die Auswahl der zu protokollierenden Ereignisse stehen Ihnen zwei Alternativen zur Verfügung: Bei der EREIGNISAUSWAHL KLASSISCH ❺ legen Sie die Ereignisse über die AUSWAHL NACH PRIORITÄT und die AUDITKLASSE ❻ fest. In diesem Falle sind alle Ereignisse relevant, die den gewählten Auditklassen zugewiesen sind und die angegebene Priorität haben.

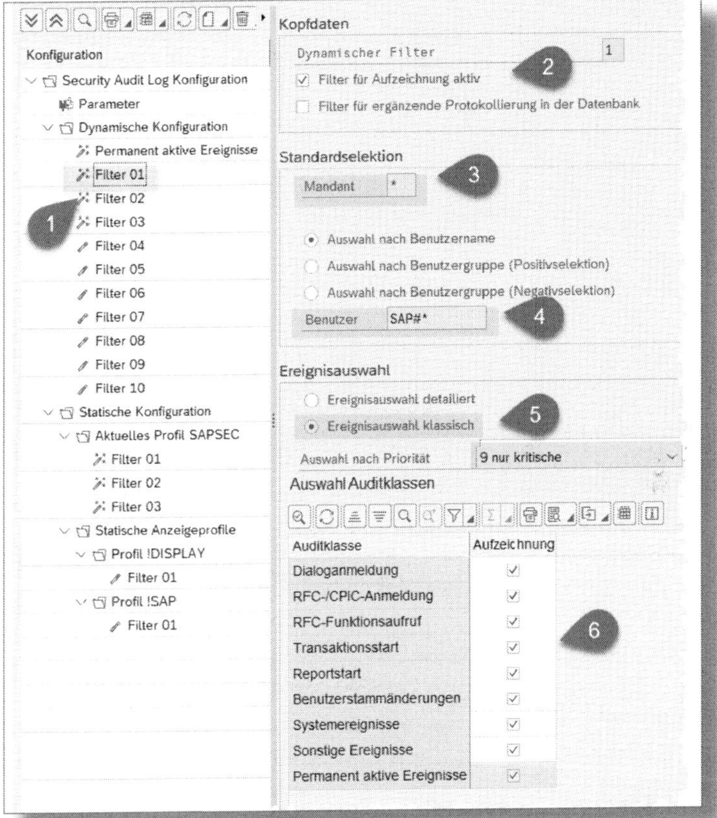

Abbildung 14.5: Dynamische Filter

Eine nuanciertere Auswahl der Ereignisse ist mithilfe der Option EREIGNISAUSWAHL DETAILLIERT möglich ❶ (siehe Abbildung 14.6). In diesem Fall können Sie die Ereignisse einzeln für eine Aufzeichnung auswählen ❷. Die in Abschnitt 14.3.2 genannten permanent aktiven Ereignisse sind immer fest selektiert.

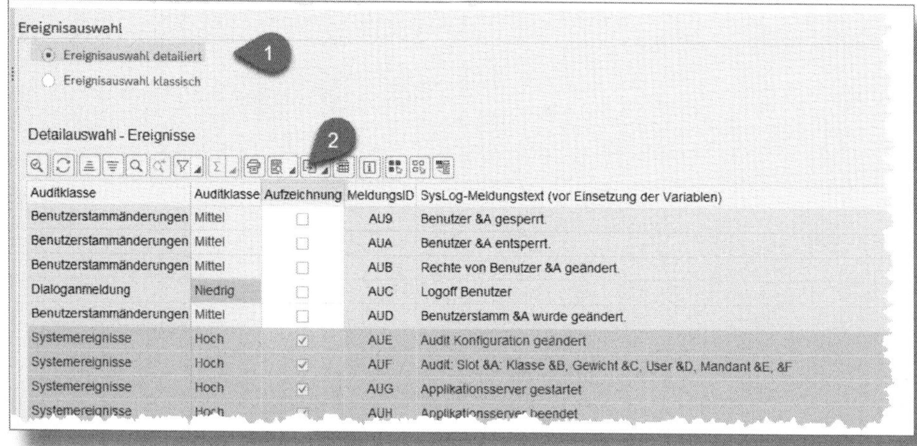

Abbildung 14.6: Dynamische Filter (Detailauswahl)

Der in Abbildung 14.5 dargestellte Filter würde für den Benutzer »SAP*« alle mit der Priorität »kritisch« klassifizierten Ereignisse protokollieren.

Abbildung 14.7 zeigt zwei weitere dynamische Filter, die üblicherweise verwendet werden: Mit FILTER 02 ❶ werden für den sogenannten Early-Watch-Mandanten 066 ❷ alle Ereignisse zu allen Benutzern protokolliert. Hintergrund dazu: Über den Mandanten 066 melden sich SAP-Mitarbeiter auf Anforderung des Kunden an, wenn im System Störungen untersucht werden sollen.

FILTER 03 ❸ bewirkt, dass für alle Benutzer in allen Mandanten ❹ zusätzlich zu den permanent aktiven Ereignissen auch alle kritischen Systemereignisse protokolliert werden.

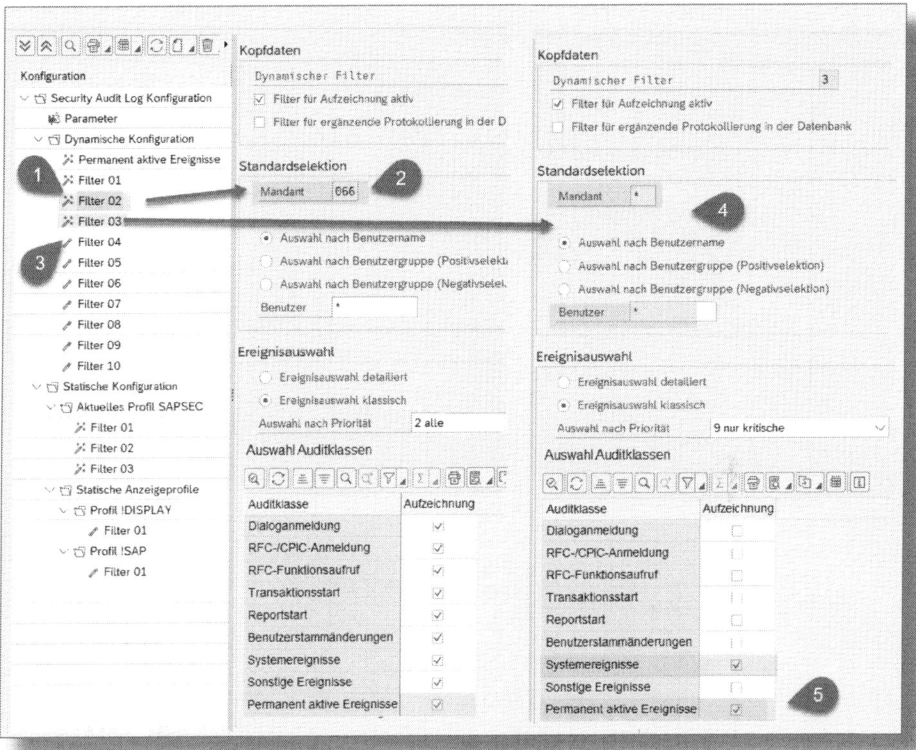

Abbildung 14.7: Beispiel für dynamische Filter

Abbildung 14.8 zeigt einen FILTER 04 ❶ zur Protokollierung externer SAP-Benutzer. Für den MANDANTEN *800* ❷ wurde die Benutzergruppe *EXTERN* ❸ ausgewählt. Protokolliert werden sollen z. B. alle Dialoganmeldungen und Transaktionsstarts von Benutzern dieser Gruppe ❹.

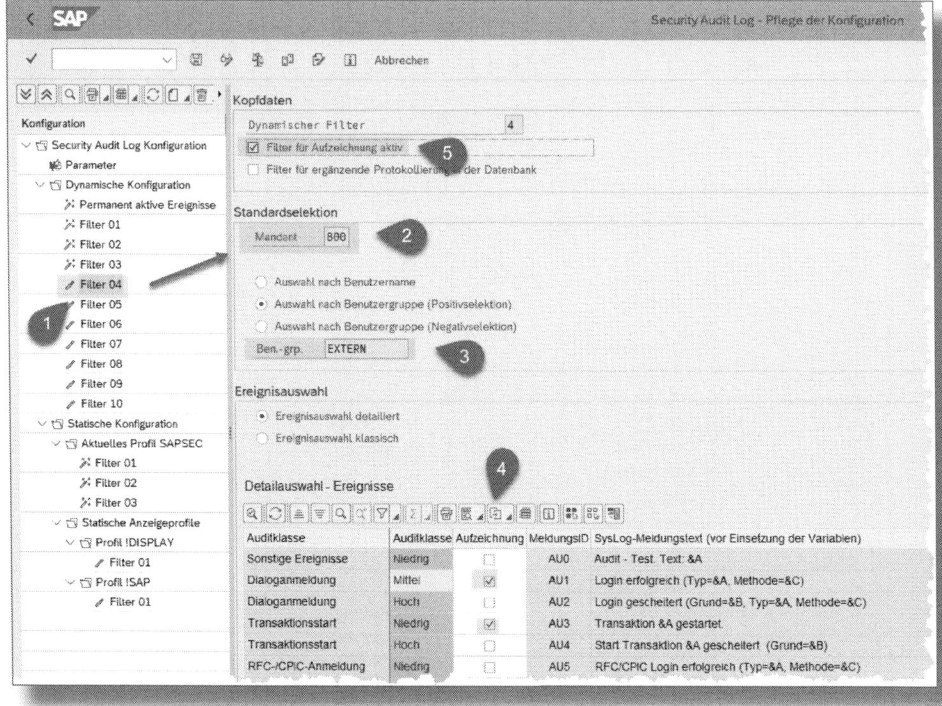

Abbildung 14.8: Definition eines zusätzlichen Filters

14.3.4 Statische Konfiguration

Statische Filter (siehe Abbildung 14.9) sind einem Profil (Audit-Profil) zugeordnet und bleiben auch nach einem Durchstarten des Systems erhalten. In der Konfigurationsstruktur sind unter dem Knoten STATISCHE KONFIGURATION ❶ die im System vorhandenen Profile ❷ aufgeführt sowie die jedem Profil zugeordneten Filter ❸. Zur Laufzeit aktiv ist jeweils nur genau ein Profil. Sie erkennen dies daran, dass der betreffende Knoten mit dem Text AKTUELLES PROFIL gekennzeichnet ist. Das in Abbildung 14.9 gezeigte Profil *SAPSEC* ist das von SAP ausgelieferte Standardprofil. Es umfasst aktuell die drei Filter, die wir im Abschnitt 14.3.3 schon genauer untersucht haben.

☛ SAP-Profil SAPSEC

Das Profil SAPSEC wird von der SAP gelegentlich überarbeitet. Die aktuelle Fassung finden Sie als Anhang zum SAP-Hinweis 2676384. Die betreffende Datei laden Sie mithilfe des Reports *RSAU_TRANSFER* in Ihr System.

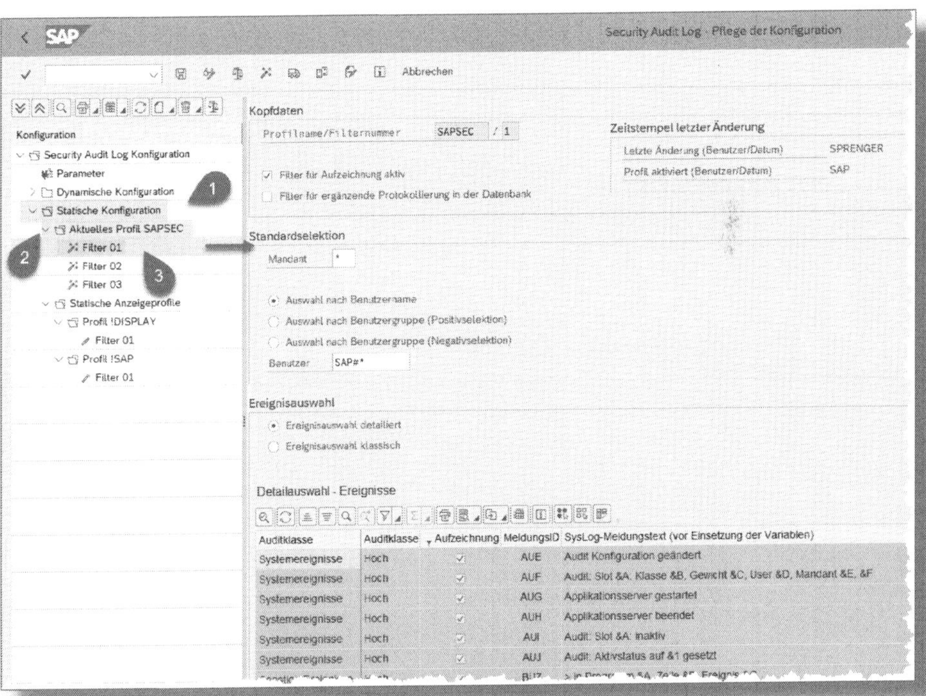

Abbildung 14.9: Beispiel für einen statischen Filter

Prinzipiell könnten Sie das Profil SAPSEC überarbeiten. Allerdings ist das nur sehr bedingt sinnvoll, weil Ihre Änderungen nach einem Systemupgrade u. U. wieder verloren gehen würden.

Legen Sie bei Bedarf stattdessen lieber ein eigenes Profil an (siehe Abbildung 14.10). Wählen Sie dazu zum Strukturknoten STATISCHE KONFIGURATION im Kontextmenü die Aktion PROFIL ANLEGEN ❶. Geben Sie im entsprechenden Feld den PROFILNAMEN an ❷. Sie können dann sofort mit der Definition des ersten Filters beginnen und unter der Rubrik STANDARDSELEKTION ❸ den Personenkreis eingrenzen, für den die Protokollierung erfolgen soll. Die relevanten Ereignisse legen Sie unter der Rubrik EREIGNISAUSWAHL fest ❹. Natürlich müssen Sie auch noch entscheiden, ob der FILTER FÜR AUFZEICHNUNG AKTIV sein soll oder nicht ❺.

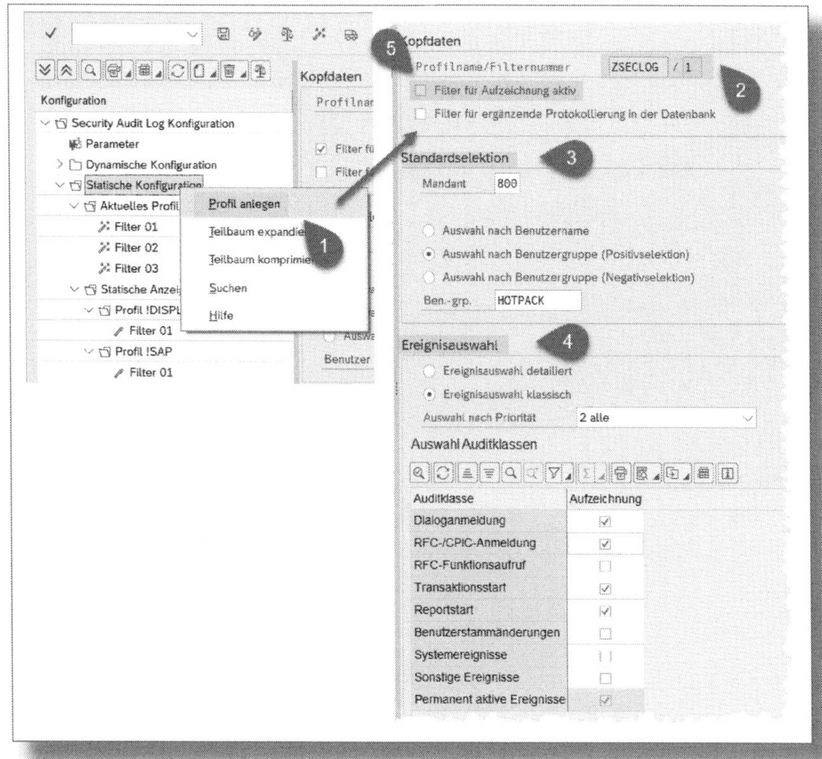

Abbildung 14.10: Eigenes Profil anlegen

Sobald Sie das Profil gesichert haben, können Sie über das Kontextmenü ❶ zum Profilknoten zusätzliche Aktionen durchführen (siehe Abbildung 14.11). So haben Sie z. B. die Möglichkeit, dem Profil weitere Filter hinzuzufügen, die Profildefinitionen herunterzuladen oder in einem Transportauftrag zuzuordnen. Wirksam wird das neue Profil aber erst, wenn Sie es aktivieren. Wählen Sie dazu im Kontextmenü die Aktion AKTIVIEREN aus, oder klicken Sie auf das Icon ❷. Wenn Sie die Aktivierung mit JA ❸ bestätigen, erhalten Sie den Hinweis, dass das Profil erst nach einem Neustart wirksam wird ❹. Lassen Sie sich bitte nicht davon täuschen, dass in der Konfigurationsstruktur das Profil sofort mit dem Text »Aktuelles Profil« versehen ist.

Sie haben aber die Möglichkeit, die dynamische Konfiguration sofort durch die Filter des neu aktivierten Profils zu überschreiben. Wählen Sie dazu im Kontextmenü die Aktion IN DYN. KONFIGURATION ÜBERNEHMEN ❺.

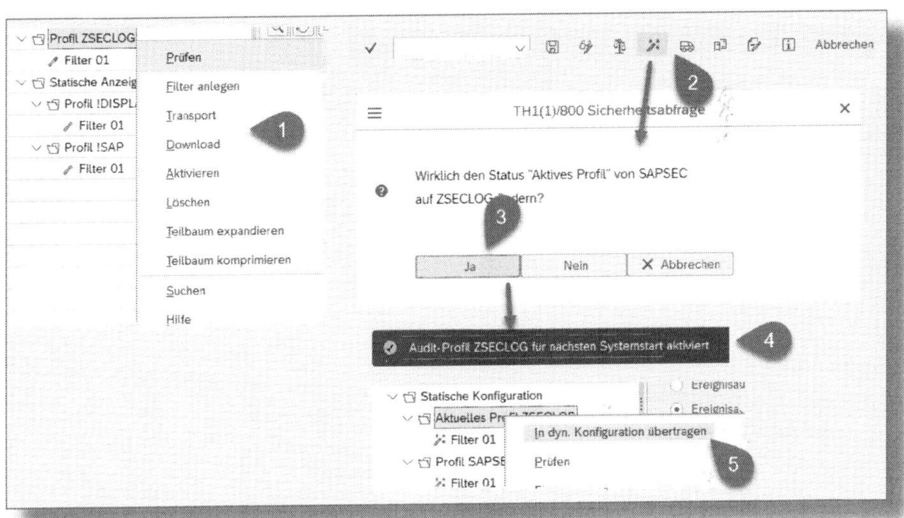

Abbildung 14.11: Profil aktivieren

14.3.5 Anzeigeprofile

Durch *Anzeigeprofile* wird festgelegt, welche Informationen bei der Anzeige des Audit-Log ausgegeben werden (siehe Abbildung 14.12). Unterhalb des Knotens STATISCHE ANZEIGEPROFILE ❶ finden Sie die von SAP im Standard ausgelieferten Profile !DISPLAY und !SAP ❷. Eigene Anzeigeprofile können Sie derzeit nicht definieren, Sie dürfen aber die Profile der SAP an Ihre Anforderungen anpassen. Im Änderungsmodus geben Sie die auszuwertenden BENUTZER und MANDANTEN ❸ an und markieren in der Spalte AUFZEICHNUNG ❹ die Ereignisse, die bei einer Auswertung des Audit-Log angezeigt werden sollen.

> **Anzeigeprofile !DISPLAY und !SAP**
>
> Die Anzeigeprofile unterscheiden sich durch den Umfang der auszuwertenden Ereignisse. Während das Profil !DISPLAY lediglich 19 Ereignisse berücksichtigt, sind es im Profil !SAP (fast) alle im System definierten Ereignisse.

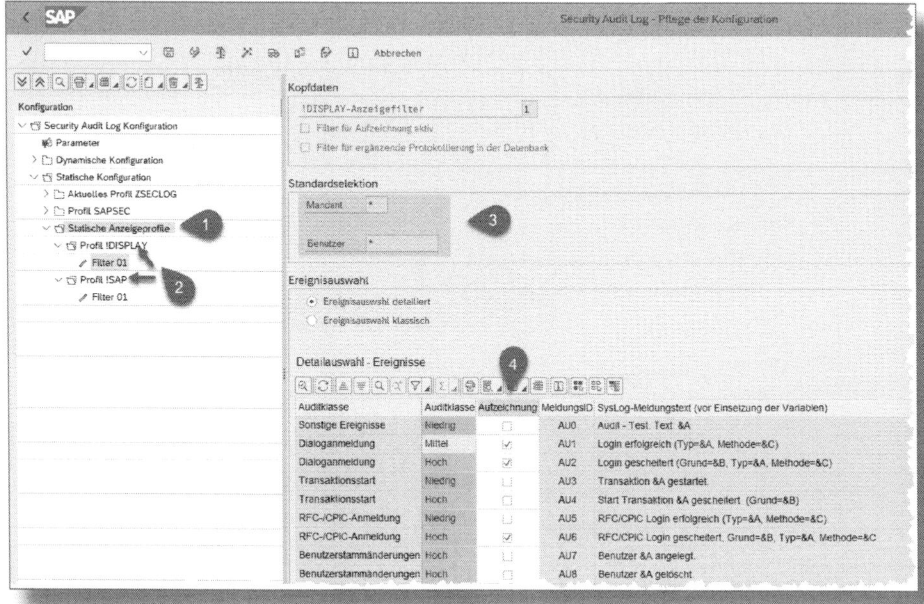

Abbildung 14.12: Anzeigeprofile

14.4 Security-Audit-Log auswerten

Das Security-Audit-Log werten Sie mithilfe der Transaktion *RSAU_READ_LOG* aus (siehe Abbildung 14.13). Im Startbild der Transaktion müssen Sie zunächst eine zeitliche Eingrenzung angeben ❶. Der aktuelle Tag wird als Vorschlagswert angeboten. Über die Auswahlbox zum Feld SELEKTIONSART ❷ legen Sie fest, ob Sie die weiteren Selektionskriterien manuell eingeben oder eine Abgrenzung durch einen der Filter vornehmen wollen, den Sie in der Konfiguration des Audit-Log angelegt haben (Option *3*). In diesem Falle wird eine weitere Auswahlbox mit dem Namen »3 Abgrenzung laut Profil/Filter« sichtbar. Sie bietet Ihnen einerseits die Filter an, die Sie für eines der Profile definiert haben, und andererseits die Filter der statischen Anzeigeprofile ❸.

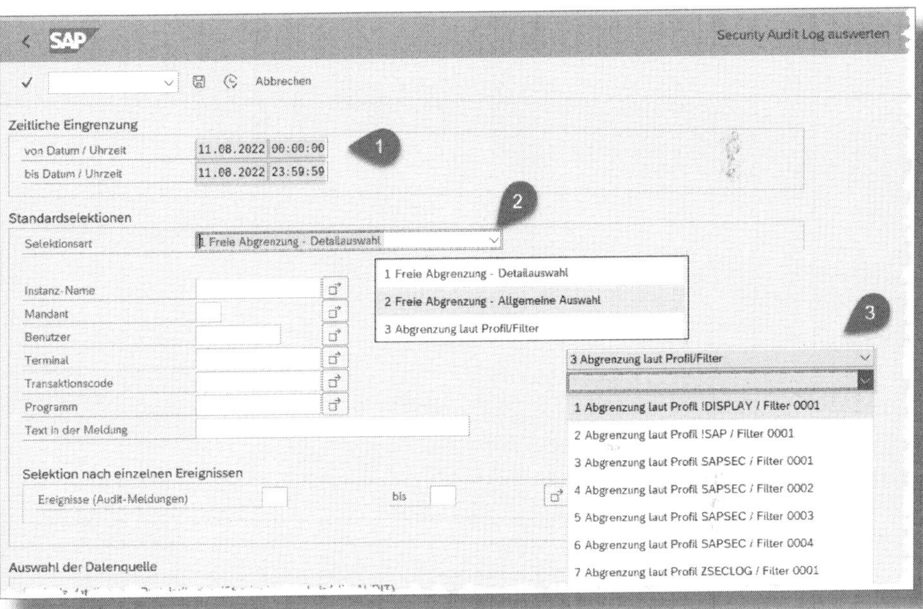

Abbildung 14.13: Auswahl der anzuzeigenden Ereignisse

Die Auswertung des Security-Audit-Log (siehe Abbildung 14.14) zeigt Ihnen im Kopfbereich die gewählten Selektionskriterien an sowie die Zahl der gefundenen Einträge, klassifiziert nach Gewichtung der Meldungen ❶. Zusätzlich sind der Zeitpunkt der Logeintragung ❷, der Benutzer ❸, der das zu protokollierende Ereignis ausgelöst hat, und ggf. der Transaktionscode ❹ der Anwendung sichtbar. Der Meldungstext ❺ selbst wird als Link dargestellt. Wenn Sie auf den Link klicken, erhalten Sie Detailinformationen zum Protokolleintrag ❻. Bei Bedarf können Sie mit der Funktion STATISTIK ❼ eine Auflistung erzeugen, die Ihnen z. B. die Anzahl der Protokolleinträge pro Benutzer, pro Ereignis oder pro Programm bzw. Transaktion anzeigt.

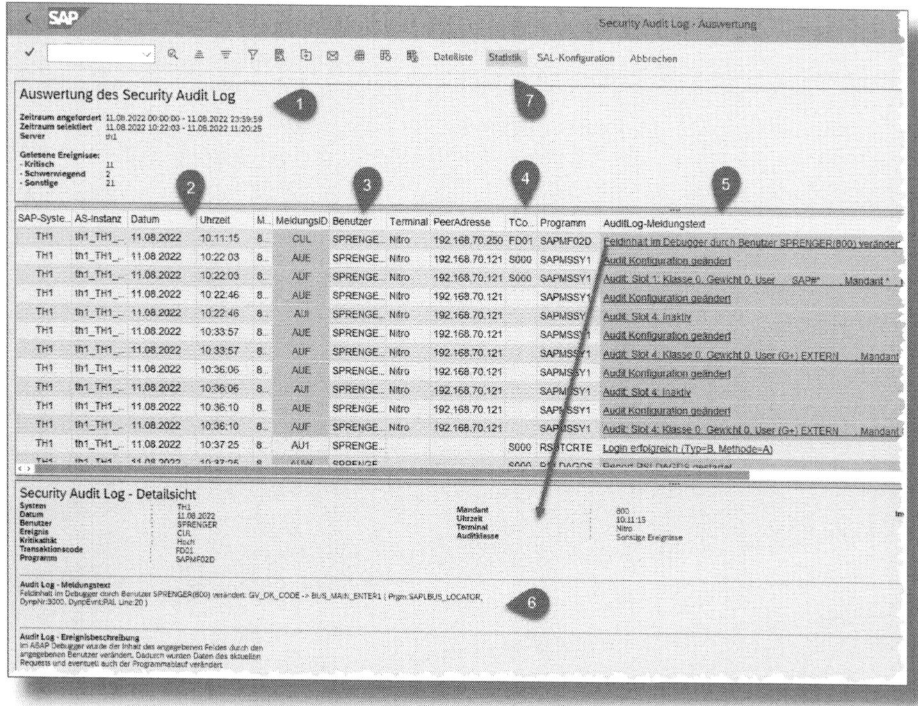

Abbildung 14.14: Anzeige des Log

14.5 Logdateien und Logtabelle reorganisieren

Ich hatte bereits erwähnt, dass das Security-Audit-Log, gerade wenn Sie die Protokollfilter großzügig auslegen, eine erhebliche Menge an Daten erzeugen kann. Es ist daher ratsam, das Log von Zeit zu Zeit durch eine Reorganisation zu verkleinern. Das Reorganisationsverfahren hängt davon ab, welches Aufzeichnungsziel Sie in den allgemeinen Parametern des Log (siehe Abschnitt 14.3.1) gewählt haben.

Abbildung 14.15 zeigt, wie eine Reorganisation abläuft, wenn Sie das Security-Audit-Log in eine Datei schreiben. In diesem Falle wählen Sie die Option LOGDATEIEN REORGANISIEREN ❶ und geben unter MINDESTALTER ❷ an, wie alt (in Tagen) eine Logdatei mindestens sein muss, damit sie gelöscht werden darf. Wenn Sie durch Klicken auf [Symbol] ❸ die Reorganisation starten, werden die Dateien gelöscht, die das Mindestalter erreicht haben. Je nach gewählter Option wird vor dem eigentlichen Löschvorgang noch eine Übersicht ❹ mit den zur Löschung anstehenden Dateien angezeigt.

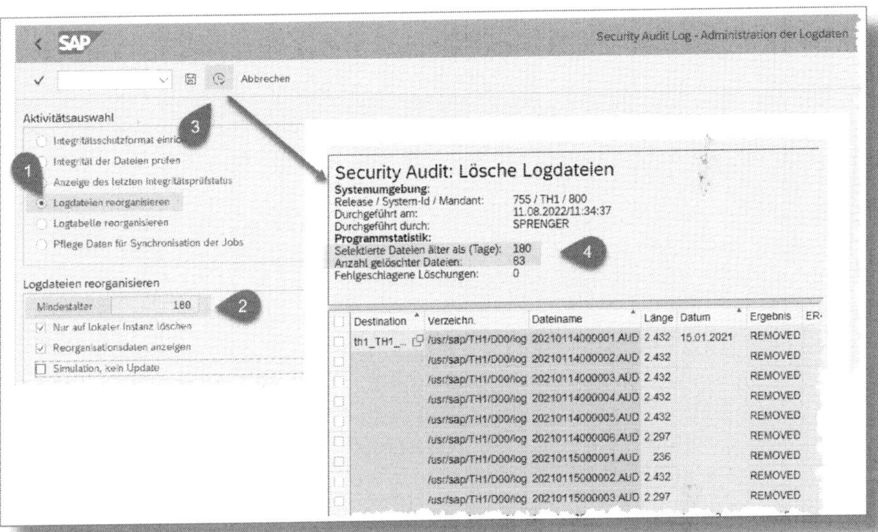

Abbildung 14.15: Logdateien reorganisieren

Wenn die Ablage für das Security-Audit-Log in Datenbanktabellen erfolgt, müssen diese reorganisiert werden (siehe Abbildung 14.16). Wählen Sie dazu die Option LOGTABELLE REORGANISIEREN ❶. Die Reorganisation erfolgt in diesem Falle technisch durch eine Archivierung der Logdaten. Starten Sie dazu die Funktion ARCHIVIEREN ❷. Die Archivierung nutzt das ARCHIVIERUNGSOBJEKT BC_SAL ❸. Wie Sie sehen, stehen Ihnen Funktionen für das SCHREIBEN der Daten in das Archiv zur Verfügung, ebenso Funktionen zum LÖSCHEN der archivierten Protokollzeilen und auch das LESEN archivierter Daten ❹.

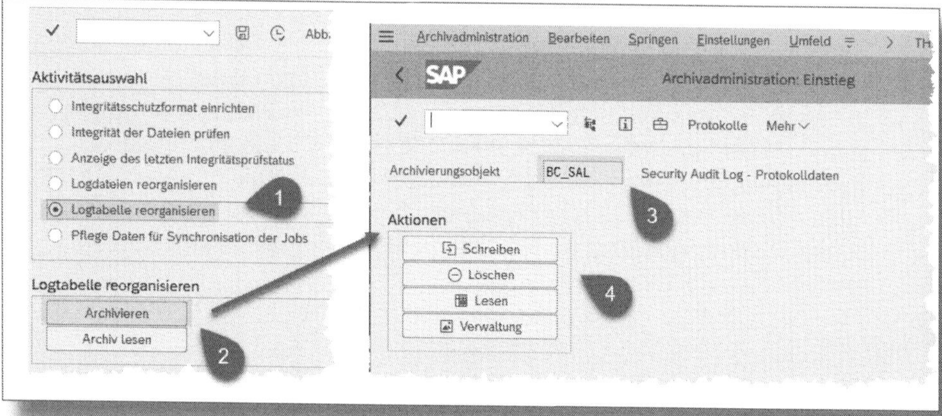

Abbildung 14.16: Logtabelle reorganisieren

Wenn Sie mehr Informationen zum Thema »Archivierung« benötigen, schauen Sie in den Abschnitt 13.1.

15 Fazit

Wenn Sie tatsächlich die Zeit hatten, sich mit allen Kapiteln dieses Buchs zu befassen, haben Sie bestimmt den Eindruck bekommen: Es gibt noch eine Menge zu tun und zu optimieren!

Das SAP-Berechtigungskonzept bietet Ihnen einen mächtigen Funktionsumfang – und doch muss ich Ihnen sagen: Sie haben noch nicht alles gesehen! So dürfen Sie nicht vergessen, dass z. B. das SAP BW das Berechtigungskonzept um »Reportingberechtigungen« erweitert und das SAP HCM um »strukturelle Berechtigungen«.

Mit großer Wahrscheinlichkeit werden SAP-Systeme nicht die einzigen Bestandteile Ihrer IT-Landschaft sein. Auch für Nicht-SAP-Systeme wie Datenbanken, Mailserver und PC-Arbeitsplätze gilt es, Benutzer und Berechtigungen zu definieren. Wenn Sie hier nach einer Lösung suchen, die Sie global für möglichst alle Systeme einsetzen können, sollten Sie sich einmal mit dem SAP Identity Management auseinandersetzen. Hier werden Sie fündig, wenn Sie nach Workflows suchen, die Sie von der Beantragung über die Genehmigung bis hin zur Pflege und Zuweisung von Benutzerstammsätzen und Rollen unterstützen.

Wenn ich jetzt Ihr Interesse geweckt habe: Schauen Sie sich einmal die Kategorie »Sicherheit + Berechtigungen« im Shop von Espresso Tutorials an. Hier gibt es viel zu entdecken.

A Der Autor

Der Diplom-Mathematiker **Manfred Sprenger** ist seit 1992 als SAP-Trainer und -Berater tätig: Zunächst war er bei Siemens Nixdorf und Siemens Business Services angestellt, seit 2005 arbeitet er selbstständig. Zu seinen Themenschwerpunkten gehören ABAP-Entwicklung, SAP-Systemadministration und der SAP Solution Manager.

Manfred Sprenger ist Mitglied des Trainernetzwerks TOBA-Team e. V.

B Index

A

Abschnitt 43
Access Control 14
ALE 177
ALV IDA 22
Archivierung 237
Archivierungsobjekt 237
ASPECT PFCG_AUTH 16
Attributquelle 27
Audit-Profil 251
Auswertungswege 114
AUTHORITY-CHECK 97

B

Backend-System 66
Benutzerstammsatz 25
Berechtigungsfeld 92
Berechtigungsobjekt 87
Berechtigungsprüfung 13
Bereich 41
Bereichslayout 42, 55
Business Catalog 41, 47
Business Group 40, 47
Business-Objekt 74
Business Role 47
Business User 27, 37

C

CCMS 187
CDS-Rolle 14, 102
CDS-View 13, 77, 102
    COMBINATION MODE AND 18
    REDEFINITION 18
Core Data Services 13
CUA 143

D

Datenquelle 201
DEFAULT-Profil 219
dynamische Konfiguration 251

F

F2288A 28
Feldselektion 159
Fiori 39
Fiori Apps Reference Library 44, 84
Fiori-Frontend-Rollen 81
Fiori-Integration-Add-ons 68
Fiori Launchpad (FLP) 39, 41
Fiori-UI-Add-ons 68
Frontend-Server 66

G

Geschäftspartner 26
Geschäftspartnerstammsatz 25

H

HR-Integration 34

I

IDoc 177
Instanz-Profil 219
integriertes Deployment 69

J

J2EE 189
J2EE_ADMIN 206
J2EE_GUEST 206
Java-Stack 189
JEE-Sicherheitsrollen 190

K

Kachelgruppe 40
Kachelkatalog 41
Kacheln 40
kritische Berechtigung 123
kritische Kombination 124

L

Launchpad-Bereiche 42
Launchpad-Content-Manager 57
Launchpad Designer 49
Launchpad-Gruppen 40
Launchpad-Kataloge 41
Launchpad-Seiten 42
Launchpad-Space 42
logische Systemnamen 146
Log Viewer 213

O

Objektklasse 87
OData-Service 65, 104
Organisationsmodell 109

P

Partnervereinbarung 157
Persistenzmanager 201
Personalisierung 72
Personalstammsatz 26, 36
Profilparameter 219

R

RSAU_TRANSFER 261
RSDELCUA 183
RSPFPAR 219

S

SAP Enterprise Search 74
SAP Fiori Kachelgruppe 40
SAP Gateway-Server 68
SAP-Hinweis
257096 31, 34
380029 227
419933 238
539404 255
1642106 167
1645544 187
1647157 199
1917098 114
1941526 249
2000585 149
2570961 27
SAPJSF 204
SAP NetWeaver AS Java 189
SAP NW Gateway 68
SAP Solution Manager 189, 202
Security-Audit-Log 249
Security Log 213
Segregation of Duties (SOD) 125
Sicherheitsrichtlinie 231
SOD-Matrix 125
SQL-Trace 17
statische Konfiguration 251
Suchkategorien 74
Suchkonnektor 75
Systemalias 67

T

Tabelle
- PRGN_CUST 228
- SSM_CUST 227
- T77S0 27, 34
- TBZ_V_EEWA_SRC 27, 30, 33, 37
- USR40 225

technischer Kachelkatalog 41
Transaktion
- AOBJ 238
- BDLS 147
- ESH_COCKPIT 75
- FILE 239
- OOAW 114
- PFUD 121
- PPOME 109
- RSAU_ADMIN 252
- RSAU_CONFIG 252
- RSAU_READ_LOG 252
- RZ10 219
- RZ11 220
- SALE 146, 153
- SARA 238, 240
- SCC4 146
- SCUA 186
- SCUL 173
- SE92 249
- SECPOL 231
- SM59 151
- SPRO 226
- STC01 48, 71
- SU20 92
- SU21 88, 94
- SUIM 126
- UI2/FLPCM_CUST 58
- /UI2/FLP_CUS_CONF 74, 230
- WE20 179

U

UME 190
UME-Konsole 192
UME-Rollen 190

V

Verteilungsmodell 154
Verteilungsprotokoll 169
Vorschlagswert 83, 98

W

WITH PRIVILEGED ACCESS 20

Z

ZBV 143
ZBV-Master 143
ZBV-Tochtersystem 144
Zentrale Benutzerverwaltung 143
Z_FLP_ADMIN 71
Z_FLP_USER 71
Zulässige Aktivitäten 89

C Disclaimer

Die in diesem Werk wiedergegebenen Gebrauchsnamen, Handelsnamen, Warenbezeichnungen usw. können auch ohne besondere Kennzeichnung Marken sein und als solche den gesetzlichen Bestimmungen unterliegen. Sämtliche in diesem Werk abgedruckten Bildschirmabzüge unterliegen dem Urheberrecht der SAP SE, Dietmar-Hopp-Allee 16, 69190 Walldorf.

In dieser Publikation wird auf Produkte der SAP SE Bezug genommen. SAP, R/3, SAP NetWeaver, Duet, PartnerEdge, ByDesign, SAP BusinessObjects Explorer, StreamWork und weitere im Text erwähnte SAP-Produkte und -Dienstleistungen sowie die entsprechenden Logos sind Marken oder eingetragene Marken der SAP SE in Deutschland und anderen Ländern. Business Objects und das Business-Objects-Logo, BusinessObjects, Crystal Reports, Crystal Decisions, Web Intelligence, Xcelsius und andere im Text erwähnte Business-Objects-Produkte und -Dienstleistungen sowie die entsprechenden Logos sind Marken oder eingetragene Marken der Business Objects Software Ltd. Business Objects ist ein Unternehmen der SAP SE. Sybase und Adaptive Server, iAnywhere, Sybase 365, SQL Anywhere und weitere im Text erwähnte Sybase-Produkte und -Dienstleistungen sowie die entsprechenden Logos sind Marken oder eingetragene Marken der Sybase Inc. Sybase ist ein Unternehmen der SAP SE. Alle anderen Namen von Produkten und Dienstleistungen sind Marken der jeweiligen Firmen. Die Angaben im Text sind unverbindlich und dienen lediglich zu Informationszwecken. Produkte können länderspezifische Unterschiede aufweisen.

Der SAP-Konzern übernimmt keinerlei Haftung oder Garantie für Fehler oder Unvollständigkeiten in dieser Publikation. Der SAP-Konzern steht lediglich für SAP-Produkte und -Dienstleistungen nach der Maßgabe ein, die in der Vereinbarung über die jeweiligen Produkte und Dienstleistungen ausdrücklich geregelt ist. Aus den in dieser Publikation enthaltenen Informationen ergibt sich keine weiterführende Haftung.

Weitere Bücher von Espresso Tutorials

Marcel Schmiechen:

Berechtigungen in SAP® ERP HCM – Einrichtung und Konfiguration

- Rollen- und Profilvergabe im SAP-Personalwesen
- Aufbau eines HCM-Berechtigungskonzepts
- Strukturelle und kontextsensitive Berechtigungen
- SAP-Portalrollen vs. Backend-Rollen

http://5160.espresso-tutorials.de

Marcel Schmiechen:

Berechtigungen in SAP® ERP HCM – Erweiterung und Optimierungen

- Erweiterungen durch Implementierung von BAdI-Definitionen
- Optimierung von Laufzeiten bei der Pufferung struktureller Profile
- Grundlagen der sicheren Programmierung in SAP HCM
- Verwendung und Vorteile der logischen Datenbank

http://5161.espresso-tutorials.de

Martin Metz & Sebastian Mayer:

Schnelleinstieg in SAP® GRC – Access Control

- Analyse und Simulation von Berechtigungsrisiken
- Privilegierte Berechtigungen und Notfallzugriffe
- Herzstück »Access Risk Analysis«: Regelwerke erstellen
- Mindernde Kontrollen für unvermeidbare Risiken

http://5164.espresso-tutorials.de

Julian Harfmann, Sabrina Heim, Andreas Dietrich:

Compliant Identity Management mit SAP® IdM und GRC AC

- Vorteile eines Compliant Identity Managements
- Stärken und Schwächen von SAP IdM und GRC AC
- Integrierte Rollen- und Berechtigungsverwaltung
- Gemeinsame Benutzeroberfläche über SAP Enterprise Portal

http://5222.espresso-tutorials.de

Andreas Prieß, Manfred Sprenger:

Schnelleinstieg SAP®-Berechtigungen für Anwender und Einsteiger –

2., erweiterte Auflage

- Berechtigungsprüfungen verstehen und Fehler analysieren
- Voraussetzungen und Konzepte für das Berechtigungswesen
- Rollenbasierte Berechtigungen mittels Profilgenerator (PCFG)
- Berechtigungen für das Fiori Launchpad

https://es-tu.de/9abQwV